RESPONSABILIDADE PELA SEGURANÇA NA CONSTRUÇÃO CIVIL E OBRAS PÚBLICAS

J. SOARES RIBEIRO

RESPONSABILIDADE PELA SEGURANÇA NA CONSTRUÇÃO CIVIL E OBRAS PÚBLICAS

(Regime Jurídico do Decreto-Lei n.º 273/2003)

REIMPRESSÃO DA EDIÇÃO DE FEVEREIRO/2005

RESPONSABILIDADE PELA SEGURANÇA
NA CONSTRUÇÃO CIVIL E OBRAS PÚBLICAS

REIMPRESSÃO DA EDIÇÃO DE FEVEREIRO/2005

AUTOR
J. SOARES RIBEIRO

EDITOR
EDIÇÕES ALMEDINA. SA
Av. Fernão Magalhães, n.º 584, 5.º Andar
3000-174 Coimbra
Tel.: 239 851 904
Fax: 239 851 901
www.almedina.net
editora@almedina.net

PRÉ-IMPRESSÃO | IMPRESSÃO | ACABAMENTO
G.C. – GRÁFICA DE COIMBRA, LDA.
Palheira – Assafarge
3001-453 Coimbra
producao@graficadecoimbra.pt

Fevereiro, 2009

DEPÓSITO LEGAL
223246/05

Os dados e as opiniões inseridos na presente publicação
são da exclusiva responsabilidade do(s) seu(s) autor(es).

Toda a reprodução desta obra, por fotocópia ou outro qualquer
processo, sem prévia autorização escrita do Editor, é ilícita
e passível de procedimento judicial contra o infractor.

Biblioteca Nacional de Portugal - Catalogação na Publicação

RIBEIRO, J. Soares

Responsabilidade pela segurança na construção
civil e obras públicas : regime jurídico do
Decreto-Lei nº 273/2003

ISBN 978-972-40-2476-9

CDU 349
    69

NOTA INTRODUTÓRIA

Se bem que pelo título da obra pudesse intuir-se, ou esperar-se, uma abordagem das várias modalidades de responsabilidade jurídica pela segurança no sector da construção civil e obras públicas, é bem mais modesto o escopo do autor.

Na realidade, sem descurar completamente a responsabilidade civil, criminal e em curta medida a disciplinar, privilegia-se a responsabilidade contra-ordenacional que perpassa, aliás, por todo o domínio da segurança e encontra especial ressonância no regime do planeamento, da organização e da coordenação da segurança, higiene e saúde no trabalho nos estaleiros temporários ou móveis, contido no Decreto-lei n.º 273/2003, de 29 de Outubro.

Trata-se de uma abordagem não meramente cognoscitiva, e assertiva, do regime, porque se faz também análise crítica de algumas das soluções legais e se propõem caminhos que se reputam mais adequados para melhor alcançar um objectivo verdadeiramente nacional: que o país deixe definitivamente de ser o campeão da sinistralidade laboral.

Mas se tal não for desde já conseguido, porque neste domínio, como em todos os outros na vida, se tem de *caminhar, caminhando*, já seriam bem empregues as horas gastas na elaboração deste trabalho se se tivesse contribuído para reduzir, um pouco que fosse, o sofrimento de todos aqueles que têm de buscar no trabalho árduo das *obras* o meio de sustento próprio e de suas famílias, e nele encontram tantas vezes, ao invés, e por incúria nossa, a rude crueza de um acidente incapacitante e de uma vida sofrida, sem esperança, sem trabalho. Quando não mesmo, o fim de tudo.

O Autor

ABREVIATURAS MAIS UTILIZADAS

Art. – artigo
Cf. – conforme
Cfr. – conferir
CJ – Colectânea de Jurisprudência
Col – Contra-ordenações laborais
CRP – Constituição da República Portuguesa
CT – Código do Trabalho
DL – Decreto-Lei
Epis – Equipamentos de protecção individual
IDICT – Instituto de Desenvolvimento e Inspecção das Condições de Trabalho
IGT – Inspecção Geral do Trabalho
OIT – Organização Internacional do Trabalho
PSS – Plano de segurança e saúde
PGR – Procuradoria Geral da República
Rgcol/99 – Regime geral das contra-ordenações laborais (anexo à Lei 116/99)
RPCC – Revista Portuguesa de Ciência Criminal
Shst – Segurança, higiene e saúde no trabalho
TRC – Tribunal da Relação de Coimbra
TRE – Tribunal da Relação de Évora
TRL – Tribunal da Relação de Lisboa
TRP – Tribunal da Relação do Porto
Vd. – veja-se
vg – (verbi gratia): por exemplo

PARTE I

EVOLUÇÃO HISTÓRICA

Princípios e Ideias Gerais

1. Introdução

Ao contrário do que os menos atentos à problemática da sinistralidade laboral pudessem imaginar, a preocupação do legislador nacional com a regulamentação das questões de segurança, higiene e saúde no trabalho (shst), seja na construção civil e obras públicas, de que de seguida nos vamos ocupar, seja na segurança em geral, não é de agora.

Já no longínquo ano de 1895, através de um Decreto de 6 de Junho, se procurava garantir protecção aos operários, e até a terceiros[1], e se imputava a responsabilidade à pessoa encarregada da direcção das obras[2].

Foi, porém, com a publicação do Decreto-Lei n.º 41 820, e do seu Regulamento de Segurança no Trabalho na Construção Civil[3], que foi dado um passo significativo no quadro legislativo com vista à prevenção dos acidentes de trabalho e das doenças profissionais neste sector de actividade, passo que se não tem revelado, todavia, e infelizmente, suficiente para deixar de considerar o nosso país como o "campeão" europeu da sinistralidade laboral[4].

---

[1] Conforme afirma Alberto Sérgio Miguel – Manual de Higiene e Segurança do Trabalho, p. 7, para quem a protecção de segurança terá começado por ser uma preocupação com terceiros relativamente às obras.

[2] No Livro Branco dos Serviços de Prevenção das Empresas, edição do IDICT, 1999, pode ver-se uma resenha histórica da prevenção dos riscos de acidentes no trabalho.

[3] Introduzido pelo Decreto n.º 41 821, um e outro dos diplomas datados de 11 de Agosto de 1958.

[4] Embora no Relatório Anual de Actividades da IGT de 2001 se afirmasse que "*não é completamente claro que Portugal seja, na UE, o país com mais elevada taxa de sinistralidade na Construção*", já no de 2002 (p.58), disponível em htp/ www.igt.pt, se admitia que" *a taxa de incidência dos acidentes de trabalho mortais na construção, em Portugal, é ligeiramente superior ao dobro da média europeia*".É a seguinte a evolução dos acidentes de trabalho mortais (em todos os sectores): 1998=294; 1999=307;

Embora igualmente se possa afirmar que se essa legislação de meados do Séc. XX – inspirada em instrumentos adoptados pela Conferência Internacional do Trabalho, como é o caso da Convenção da OIT n.º 62 sobre prescrições de segurança na construção de 1937 e da Recomendação n.º 53 da mesma data – não provocou tal efeito, quase outro tanto se passou com a produzida no seu final, designadamente após a adesão de Portugal à União Europeia em 1986 e através da transposição das Directivas Comunitárias.

Expediente que aponta, afinal, para uma ideia feita, verdadeiro lugar comum, que aqui, porém, cabe por inteiro: a de que não é com meras alterações legislativas que se atalham e resolvem as questões difíceis do país, designadamente os mais graves problemas de ordem social. O que é necessário, mas difícil e moroso, é alterar as mentalidades, corrigir os comportamentos, modificar os hábitos, melhorar a cultura cívica.

Na verdade, o problema da **sinistralidade**, quer a de âmbito laboral quer a de natureza rodoviária, terá a ver com uma aspecto sociológico bem mais profundo do que aquele que um simples acto legislativo pode atingir. É manifestamente uma questão cultural, de civilização, uma questão que por certo levará uma ou mais gerações para ser ultrapassada e um problema que demorará outro tanto a ser resolvido.

O que não invalida, antes pressupõe, que se prossiga no esforço que está a ser feito, e tem de ser intensificado, e que passa pelo combate às suas causas e por uma crescente consciencialização cívica das suas consequências, designadamente, no aspecto que aqui relevamos, da segurança no sector da construção civil e das obras públicas.

Entre tais causas será ajustado desde já apontar as seguintes:

– A falta de integração sistemática dos procedimentos de segurança na gestão das organizações e nos métodos de trabalho das empresas do sector;

– A falta de prévio planeamento das diversas fases, sobretudo nas mais perigosas e complexas operações de construção;

2000=287; 2001=280; 2002=219; 2003=181. Na construção civil: 1999=152; 2000=132; 2001=156; 2002=103; 2003=88.

Evolução histórica – Princípios e ideias gerais 13

– A falta de qualidade técnica e organizativa de muitas empresas da construção por vezes resultante de deficiências no seu processo de licenciamento[5];
– A falta de técnicos com a missão de coordenar e zelar pela segurança nas frentes das obras, assim como a pouca qualidade técnica dos que têm sido formados, muitas vezes com subvenções públicas;
– A falta de clareza nas longas e labirínticas cadeias de subcontratação de subempreiteiros sem qualificações e admissão de trabalhadores desqualificados onde se incluem também os independentes;
– A falta de vínculos contratuais estáveis com muitos trabalhadores, sobretudo os que acedem ao sector em períodos de crescimento;
– A falta (por último) de uma intervenção fiscalizadora mais eficaz com vista a uma maior efectividade no cumprimento da lei.

Vejamos, porém, a mais recente evolução do quadro legal neste sector de actividade.

1.1. *A responsabilidade contravencional nos diplomas de 1958 e 1965*

No regime jurídico da segurança que vigorou desde meados do século XX até 1995, a primeira linha da responsabilidade penal/ contravencional era ocupada pelos **técnicos responsáveis das obras**. Só se estes não estivessem nomeados eram responsabilizados os **empreiteiros** e se não houvesse contrato de empreitada respondia, por último, o **dono da obra**[6].

Vê-se assim que a responsabilidade de uma destas entidades excluía a dos outros, pelo que não havia responsabilidade simultânea (responsabilidade conjunta – uma vez que se não admitia responsabi-

---

[5] Cfr. sobre as condições de acesso e permanência nas actividades de empreiteiro de obras públicas e de industrial de construção civil o DL 12/2004, de 9 de Janeiro, e Portarias n.os 15/2004; 16/2004; 17/2004; 18/2004; 19/2004, todas de 10 de Janeiro.

[6] Cfr. art. 3.º do DL 41 820.

14 *Responsabilidade pela segurança na construção civil e obras públicas*

lidade solidária porque se estava no domínio do direito penal) dos diversos "operadores", como agora se vai dizendo.

A mera nomeação de cada um deles era condição necessária e suficiente para ser responsabilizado pela contravenção dos regulamentos, como decorria, para além do mais, do disposto no artigo 174.º: *"As multas são aplicáveis ao técnico responsável da obra; se este não estiver nomeado, ao empreiteiro; não havendo empreiteiro ao dono da obra"*. Tal responsabilidade traduzia-se, como se vê, no pagamento de multas, que podiam ir até 10.000$[7], sendo certo, porém, que nos casos de maior gravidade as obras podiam ser embargadas pelas entidades fiscalizadoras (a **Inspecção do Trabalho** e as **Câmaras Municipais**), ou até o técnico ser suspenso do exercício da profissão[8].

1.2. *O enquadramento legal da segurança do Dec-Lei n.º 155/95*

Durante muitos anos a segurança, higiene e saúde no trabalho foi tratada de um modo espartilhado, porque perspectivada sob uma abordagem temática. Era vista essencialmente como um conjunto de normas que eram erigidas para acudir aos problemas que se verificavam num ou noutro sector de actividade onde era maior a sinistralidade ou a morbilidade. Aliás, a vertente de longe mais merecedora da atenção dos poderes públicos foi a da medicina no trabalho, se bem que numa óptica simultaneamente preventiva e curativa.

Por virtude da lei de enquadramento da segurança, higiene e saúde no trabalho[9], que transpôs para o direito português a **Directiva Comunitária n.º 89/391/CEE,** de 12 de Junho, foi consagrada uma nova filosofia de abordagem, de carácter global e de matriz essencialmente preventiva.

---

[7] Sem tomar em linha de conta as actualizações que, por diplomas avulsos, estes montantes foram sofrendo. Cf. a actualização do montante das multas produzida pelos DL 667/76, de 5/8 e DL 131/82, de 23/4. Nos termos deste último diploma, aquele montante da multa fixado em 1958 é multiplicado pelo coeficiente 9.

[8] Arts. 177.º e 178.º do Decreto 41821, de 11/8/58. Cfr. também os arts. 47.º e ss. do Dec. 46427, de 10/7/65.

[9] Decreto-Lei n.º 441/91, de 14/11, designado de lei-quadro da shst, que o Código do Trabalho não revogou, mas cuja disciplina para ali foi quase toda transposta – cfr. arts. 272.º a 279.º.

Evolução histórica – Princípios e ideias gerais 15

Em sequência, foi publicado em 1995 um diploma sobre as prescrições de segurança a aplicar especialmente nos estaleiros temporários ou móveis[10], diploma este que, por sua vez, resultava da transposição de uma outra directiva comunitária[11].

A razão para o estabelecimento de regulamentação de segurança específica nos locais onde se efectuam trabalhos de construção de edifícios[12] e de engenharia ou onde se desenvolvam actividades de apoio directo a esses trabalhos radicava, segundo o preâmbulo daquele diploma legal, na existência de *"específicos e frequentes riscos de acidentes"* derivados ou de falta de *"planificação adequada dos trabalhos"* ou da *"inexistência de uma eficiente coordenação dos trabalhos efectuados pelas diversas empresas"*.

Eram estas, pois, as ideias-mestras do diploma que apontava especificamente para a prevenção dos riscos logo ao nível da concepção, ao nível do projecto e ao nível da instalação, mas também, necessariamente, e de modo mais marcante, ao nível da execução.

Mas, como veremos de seguida, o quadro normativo específico para a segurança deste subsector de actividade, não só, mas também quando conjugado com o normativo da prevenção da sinistralidade laboral em geral, enfermava de várias debilidades, ou até mesmo de contradições. Umas, eventualmente assumidas, outras, quiçá não descortinadas pelo legislador, que importa ainda agora assinalar para uma melhor compreensão e clarificação deste tão importante regime jurídico que toca directamente com a vida, a integridade física e a saúde dos trabalhadores portugueses da construção e, necessariamente, com as condições de vida, ou de sobrevivência, de centenas de milhares de famílias portuguesas e até **estrangeiras**[13].

---

[10] Decreto-Lei n.º 155/95, de 1/7.

[11] Directiva n.º 92/57/CEE, do Conselho, de 24 de Junho

[12] O facto de genericamente se falar aqui de trabalhos de "construção" não significa que não se incluam também os trabalhos de escavação, terraplanagem, ampliação, alteração, reparação, demolição bem como todos os outros com estes relacionados, como claramente resulta do Anexo I do DL 155/95.

[13] Referimo-nos, naturalmente, ao preocupante fenómeno da imigração de cidadãos dos países de Leste, da África, do Brasil, a trabalhar na construção civil. Segundo os Relatórios Anuais de Actividades de 2000, 2001 e 2002 da IGT(este disponível em www.idict.gov.pt), em 1997 houve 787 contratos de trabalho de estrangeiros depositados, em 1998 foram 720, em 1999 esse número subiu para 3.663 e em 2.000 atingiu 5.292. Em

16 Responsabilidade pela segurança na construção civil e obras públicas

Por sobre estas críticas, outras eram feitas pelos organismos de classe[14], designadamente a de o Decreto-Lei n.º 155/95, de 1 de Julho, para além de não ter sido precedido da audição dos seus representantes, surgir desagarrado das restantes disposições relativas à elaboração dos projectos e à execução das obras ou dos regimes legais de âmbito construtivo, tais como o de licenciamento urbano ou o regime das obras públicas. Como se a coordenação da segurança fosse uma actividade à parte do processo construtivo. Mas porque assim surgiu legalmente enquadrada, não terá obtido o desejado efeito, antes se tornando numa fonte de criação de novas áreas de negócios oportunísticos, ligados designadamente na formação e até á elaboração e venda de planos de segurança.

Acresce que a evidenciação de tais debilidades, entre as quais a menor não era decerto a indefinição sobre a responsabilidade pela concepção e elaboração dalguns dos principais instrumentos de prevenção, se mostra também importante para compreender as alterações provocadas no regime da segurança nos estaleiros pelo Decreto-Lei n.º 273/2003, de 27 de Outubro.

2. Os responsáveis contra-ordenacionais pela segurança no âmbito do Dec-Lei n.º 155/95

Sendo certo que, nos termos gerais do direito, responsável(eis) pela contra-ordenação é o agente(s) que tiver(em) causado a infracção[15]/[16], não é menos verdade que o legislador do ilícito de mera ordenação preocupou-se em estabelecer, neste domínio da segurança

---

2001 foram registados 141.636 processos de trabalhadores estrangeiros não comunitários regularizados, sendo o maior volume de ucranianos (50.898) seguido de brasileiros (25.940) e moldavos (9.607) para em 2002 tal número se ter reduzido para 60.111, continuando os ucranianos, moldavos, russos e romenos a preponderar. Segundo os últimos dados do SEF em finais de 2003 residiam em Portugal 250.697 estrangeiros legalizados.

[14] Designadamente a Ordem dos Engenheiros, mas também a dos Arquitectos.

[15] *"Autor de um crime será todo aquele que tiver dado causa à sua realização"* – Eduardo Correia – Direito Criminal, II, Coimbra 1971, p.246

[16] Sobre o conceito extensivo de autor no ilícito de mera ordenação, face ao conceito restrito do CP (arts. 26.º e 27.º) vd. Frederico Lacerda da Costa Pinto, *"O Ilícito de Mera Ordenação Social e a Erosão do Princípio da subsidariedade da Intervenção Penal"* in RPCC, 7, 1997, maxime, p. 21 e ss.

Evolução histórica – Princípios e ideias gerais　　17

nos estaleiros temporários ou móveis[17], quem é, dentro dum quadro possível de actores, aquele(s) a quem incumbe o dever e aquele a quem deve a responsabilidade ser imputada no caso da sua violação. Determinando-se assim, no ultracomplexo quadro de cruzamento de atribuições, competências e responsabilidades dos diversos operadores nos estaleiros, quem deve praticar a acção, positiva ou negativa, com vista à prevenção dos riscos, a quem é imputável a contra-ordenação e quem deve suportar a respectiva sanção[18].

Lembre-se aqui, porém, que na primitiva versão do regime jurídico da segurança nos estaleiros tal se não verificava[19]. A determinação da imputabilidade das diversas contra-ordenações, que inicialmente era feita, naturalmente, à pessoa(s) onerada(s) com o respectivo dever, só veio a dar-se com a alteração da redacção provocada pela Lei n.º 113/99, de 3 de Agosto.

Assim, de entre os diversos "actores" da construção civil e obras públicas a que a lei especificamente se referia como tendo especiais obrigações relativas à segurança no sector – a saber: (i)o <u>dono da obra</u>; (ii)o <u>autor do projecto</u>; (iii)os <u>coordenadores em matéria de</u>

---

[17] Como noutros, aliás. Veja-se, p. ex., o disposto na lei de entrada, permanência, saída e afastamento de estrangeiros – Dec-Lei n.º 244/98, na redacção do Dec-Lei n.º 34/2003, de 25/02 (art. 144.º, n.º 4)0.
Foi a Lei 113/99, de 4/8 que individualizou os responsáveis pelas contra-ordenações na segurança na construção.

[18] Que podem não ser uma e a mesma pessoa. Assim, p. ex., era ao <u>coordenador de segurança</u> na fase de execução da obra que competia zelar pelo cumprimento das obrigações dos <u>empregadores</u> e dos <u>trabalhadores independentes</u> (DL 155/95, art. 9.º/2/b), mas era o <u>dono da obra</u> que cometia uma contra-ordenação muito grave se tal dever de zelo não for por aquele efectuado (art. 15.º/3/a); era o subempreiteiro que era o responsável por violação das prescrições técnicas relativas a shst, mas era o empreiteiro que podia ter que pagar a respectiva coima se ao subempreitar não usasse a diligência devida (art. 4.º/2 do rgcol/99). Note-se, aliás, que o rgcol/99 ao definir os sujeitos responsáveis pela infracção (cf. corpo do art. 4.º/1) sentia necessidade de enunciar que *"são responsáveis pelas contra-ordenações laborais e pelo pagamento das coimas"*, como que a lembrar que podia haver, e por vezes havia, uma distinção entre os sujeitos de cada uma dessas duas formas de responsabilidade – a responsabilidade contra-ordenacional, por um lado e a responsabilidade pelo pagamento da coima, por outro – o que podia ter importantes consequências práticas. Ver, agora, o artigo 617.º

[19] Cf. art 15.º do Dl 155/95, na redacção anterior à da L 113/99, de 3/8, onde se não fazia qualquer referência à imputação em concreto da responsabilidade contra-ordenacional.

18 Responsabilidade pela segurança na construção civil e obras públicas

segurança na fase do projecto ou na fase de execução; (iiii)o fiscal da obra[20]; e finalmente (iiiii) o director da obra [21] – só aos dois primeiros (**dono da obra** e **autor do projecto**) imputava a responsabilidade contra-ordenacional, para além, naturalmente, de a imputar, nos termos gerais, ao **empregador** e também aos **trabalhadores independentes**[22]. A imputação da execução do projecto com opções arquitectónicas, técnicas ou organizativas que não respeitem os princípios de prevenção ao autor do projecto era, porém, feita em termos de tal modo inviesados[23] que estamos em crer que dificilmente seria (foi) operativa. Embora, ao que cremos, não tivesse que ser restrita à fase do projecto. Se as opções que não respeitem os princípios de prevenção de shst têm de ser naturalmente respeitantes a essa fase, nada obstava, a nosso ver, que o autor do projecto da obra pudesse ser responsabilizado mesmo que a deficiência só viesse a ser detectada na fase da execução ou quiçá depois da obra realizada. Subsistia (e subsiste), por conseguinte, como marca especialmente distintiva e caracterizadora deste diploma sobre a segurança nas obras em estaleiros a **responsabilidade contra-ordenacional do dono da obra.**

Isto não significava, e continua a não significar, contudo, que a **responsabilidade criminal**, se a ela houver lugar, e porque, nos parâmetros do Código Penal continua a ser uma responsabilidade eminentemente pessoal, não possa ser atribuída a uma qualquer dessas entidades, incluindo, designadamente, os coordenadores de segurança, o fiscal da obra, o técnico responsável ou o director da obra, ou mesmo a outras não expressamente referidas no diploma da segurança na construção, nos termos do conceito de autoria próprio do direito penal (arts. 11.º, 12.º, 26.º e 27.º do Código Penal) [24]. E isto, quer

---

[20] Alves Dias (vd. nota subsequente) prefere à de "fiscal da obra" a designação de "representante do dono da obra".

[21] Há quem entenda que o "director da obra" é uma figura que nunca existiu na legislação portuguesa, sugerindo, por isso, a sua abolição – vd. L.M. Alves Dias, na revista "Segurança", Jan/Mar 2001, p.31/32.

[22] Cfr. art. 15.º/3/4, mas, quanto aos trabalhadores independentes, especialmente o n.º 4/c do DL 155/95.

[23] Cf., designadamente, o n.º 2 do art. 15.º do DL 155/95.

[24] Sobre o **conceito restritivo** de autoria do direito penal, face ao conceito extensivo de autoria do ilícito de mera ordenação, veja-se Costa Pinto no já citado – *O ilícito de mera ordenação...*in RPCC (1997) pp. 21 e ss.

Evolução histórica – Princípios e ideias gerais   19

como autores directos singulares *"quem executar o facto por si mesmo"*, quer como autores mediatos *"quem executar o facto... por intermédio de outrem"*, como co-autores *"quem... tomar parte directa na sua execução"* como instigadores *"quem, dolosamente, determinar outra pessoa à prática do facto"* quer, finalmente, como cúmplices *"quem, dolosamente e por qualquer forma, prestar auxílio material ou moral à prática por outrem de um facto danoso"*.

Verifica-se, por conseguinte, que o leque de eventuais responsáveis pela violação das regras de construção[25] é paradoxalmente maior na responsabilidade criminal – onde vigora um conceito mais restrito de autor[26] – que na responsabilidade contra-ordenacional – onde vigora um conceito mais extensivo. Isto, apesar de o princípio geral da **responsabilidade por actuação em nome de outrem**, consagrado no Código Penal[27], se verificar no âmbito do direito das contra-ordenações[28] de modo bem mais frequente e de forma mais extensa e específica[29] que ali não merecendo, porém, consagração legal expressa.

---

[25] Cfr. art. 277.º do CP.

[26] Cf. art. 26.º do CP.

[27] O art. 12.º do CP dispõe: *1- É punível quem age voluntariamente como titular de um órgão de uma pessoa colectiva, sociedade ou mera associação de facto, ou em representação legal ou voluntária de outrem, mesmo quando o respectivo crime exigir: a) Determinados elementos pessoais e estes só se verificarem na pessoa do representado; ou b) Que o agente pratique o facto no seu próprio interesse e o representante actue no interesse do representado.* Note-se, porém, que, como ensina o Prof. Figueiredo Dias, a função deste art. 12.º do CP não é a de estender o conceito de autoria mas, muito mais modestamente, a de estabelecer a punibilidade nos denominados "crimes próprios".

Ver, com muito interesse, sobre o conceito de autor *"A estrutura da autoria nos crimes de violação de dever. Titularidade versus domínio do facto"*, de Teresa Pizarro Beleza, RPCC2 (1992) pp. 337 a 351.

[28] Cfr. sobre a compartcipação em contra-ordenação o art.16.º/1 do DL 433/82, de 27/10. Quanto à aplicação da actuação em nome de outrem, designadamente em representação de entidades colectivas, que nada tem a ver, naturalmente, com a compartcipação, ela é muito maior no âmbito do direito das contra-ordenações – e também no do direito penal secundário – que no do direito penal de justiça, por força do que dispõe o art. 11.º do CP.

[29] Cfr. sobre o assunto o Acórdão do Tribunal Constitucional n.º 359/2001, in DR, 2.ªs., de 14/11/2001:*"Todavia, em sede de ilícito de mera ordenação social, assume uma relevância particular a questão da responsabilidade por actuação em nome de outrem, desde logo porque se afasta do carácter eminentemente pessoal da responsabilidade criminal".*

20   *Responsabilidade pela segurança na construção civil e obras públicas*

Mas, mesmo considerando o leque de responsáveis contra-ordenacionais no domínio do Dec-Lei n.º 155/95, se não considerarmos agora o "empregador", reduzido ao <u>dono da obra</u> e ao <u>autor do projecto</u>, ainda assim era possível afirmar sem rebuço que se tornava necessário fazer uma *interpretação revogatória*[30] do disposto nas normas conjugadas dos artigos 1.º e 4.º do Regime Geral das Contra-Ordenações Laborais/99, anexo à Lei n.º 116/99, de 4 de Agosto, porque, de outro modo, não caberiam estas entidades (dono da obra / autor do projecto) no âmbito subjectivo dessas normas, dado que nem um (dono da obra) nem outro (autor do projecto) eram *"sujeitos de relação laboral"*[31], nos termos constantes da definição de contra-ordenação laboral apresentada pelo legislador de 1999.

Na verdade, quer o dono da obra, quer o autor do projecto surgem, no âmbito da legislação da promoção da segurança e prevenção dos riscos laborais, desprovidos da veste de empregadores ou de trabalhadores pelo que, nesta qualidade especial, não se encontram em nenhum dos lados da relação laboral. Nem constava sequer este último – autor do projecto[32] – do elenco dos "sujeitos" indicados no artigo 4.º do Decreto-Lei n.º155/95[33]. O mesmo comentário se poderia fazer relativamente aos "trabalhadores independentes" que precisamente por serem "independentes" e não terem, por isso, nem empregador nem pessoal ao seu serviço, igualmente não cabiam, como é bom de ver, no conceito de *sujeitos de relação de trabalho*.

---

[30] Cfr. Pires de Lima e Antunes Varela – Noções Fundamentais de Direito Civil, 4.ª ed. 1.º- p.161.

[31] Ao menos não é na qualidade de sujeitos da relação laboral que praticam a contra-ordenação.

[32] Ao contrário do dono da obra que constava expressamente da alínea d) do n.º 1 do art. 4.º. Esta asserção era suficiente para comprovar o erro da definição de contra-ordenação laboral constante do artigo 1.º, uma vez que este agente (o dono da obra) era sujeito responsável pela infracção e, no entanto, não era "sujeito de relação de trabalho" ou, pelo menos, não era nessa qualidade que intervinha como agente contra-ordenacional laboral. Constata-se assim que a definição não abrangia todo o âmbito do pretensamente definível. Confrontar, agora, o artigo 614.º do Código, segundo o qual a contra-ordenação pode ser imputada *"a qualquer sujeito no âmbito das relações laborais"*

[33] Sujeitos, nos termos do art. 4.º do RGCOL/99, eram apenas a entidade patronal, a empresa de trabalho temporário e o utilizador ou a cedente e a cessionária, o agente da entidade patronal em conjunto com ela e o dono da obra.

Mas apareciam (e aparecem), contudo, na lei dos estaleiros como sujeitos activos de contra-ordenações e, concomitantemente, como sujeitos passivos de coimas[34].

Não se compreendia, por estas razões, a posição de autores que interpretavam restritivamente aquela norma (art.1.º do rgcol/99), defendendo que só o empregador – e não também o trabalhador – podia ser sujeito de coimas: " *A leitura deste enunciado* (desse art. 1.º do rgcol/99) *parece sugerir que tanto o empregador como o trabalhador podem ser alvo da aplicação de coimas. Mas não é assim. O art. 4.º do mesmo regime legal esclarece quais são os destinatários possíveis das sanções previstas: a entidade patronal, a empresa de trabalho temporário e o utilizador; as empresas cedente e cessionária, nos casos de cedência ocasional de trabalhadores, o agente da entidade patronal, o dono da obra. Trata-se, afinal, de diversas corporizações em que se pode apresentar ou desdobrar, na realidade, a posição jurídica e prática de empregador"*[35].

Se mais não fora, e era, haveria, no mínimo, que considerar a situação em que a lei, sem margem para quaisquer dúvidas, imputava a responsabilidade contra-ordenacional aos trabalhadores – trabalhadores subordinados – e os tornava sujeitos passíveis de coimas, tal como resultava do disposto nos números 4 e 6 do artigo 48.º do Decreto-Lei n.º 409/71[36]. É que, para além de os considerar alvo de aplicação de coimas, o legislador ia ao ponto de, consagrando para certos contratos especiais de trabalho um regime específico que não podia ter em conta, como sucede geralmente com os empregadores, a "dimensão da empresa", enquadrar os trabalhadores nesse contexto regulativo: *"as coimas aplicáveis ao trabalhador...são as correspondentes às infracções aos regimes jurídicos do serviço doméstico..."*[37].

---

[34] Cfr. arts. 10.º, 15.º/4/c e 15.º/6 do DL 155/95 e agora os arts. 25.º/3 e 26.º do DL 273/2003. Mas, atente-se, no domínio das contra-ordenações, nem sempre há coincidência entre a responsabilidade pela contra-ordenação e pelo pagamento da coima. Há situações em que o responsável pelo pagamento da coima possa não ser quem praticou a infracção contra-ordenacional.

[35] Cfr. Monteiro Fernandes, Direito do Trabalho, Almedina,11.ª edição, p. 57.

[36] Na redacção dada pela L 118/99, de 4/8.

[37] Cf. o art. 8.º do RGCOL/99.

3. Os responsáveis contra-ordenacionais pela segurança na construção civil e obras públicas no âmbito do Decreto-Lei n.º 273/2003

3.1. Os sujeitos no Dec-Lei n.º 273/2003

Ultrapassado o constrangimento da definição de contra-ordenação laboral e da elencagem dos sujeitos no domínio do rgcol/99 – já que o Código, por um lado, alarga o âmbito subjectivo da contra-ordenação laboral[38] e, por outro, deixou, pura e simplesmente, de se preocupar com o elenco dos sujeitos[39] – é tempo de passarmos à análise desses sujeitos no domínio da nova regulamentação da segurança nos estaleiros que vigora na ordem jurídica interna desde que, em 28 de Dezembro de 2003, iniciou a sua vigência o Dec-Lei n.º 273/2003.

Da definição do **elenco dos sujeitos do artigo 3.º** constam os seguintes: (i) autor do projecto da obra; (ii) coordenador em matéria de segurança e saúde durante a elaboração do projecto da obra; (iii) coordenador em matéria de segurança e saúde durante a execução da obra; (iv) responsável pela direcção técnica da obra; (v) director técnico da empreitada; (vi) dono da obra; (vii) empregador; (viii) entidade executante; (ix) equipa de projecto; (x) fiscal da obra; (xi) representante dos trabalhadores; (xii) subempreiteiro; (xiii) trabalhador independente.

Um mero cotejo desta enumeração com a que constava anteriormente do diploma de 1995, leva a concluir que, para além do "director da obra", que passou a designar-se por "responsável pela direcção técnica da obra", e de se clarificar a definição do "fiscal da obra"[40], foram introduzidos o "**director técnico da empreitada**", a "**entidade executante**", a "**equipa de projecto**", o "**representante dos trabalhadores**" e o "**subempreiteiro**".

---

[38] Art. 614.º do Código.

[39] Art. 617.º/1 do CT criando, eventualmente, um outro problema agora de imputação da col ao empregador quando o agente material é o trabalhador

[40] Do regime anterior (DL 155/95) parecia resultar que o "fiscal da obra" era, por oposição ao "técnico responsável da obra", o representante na obra do dono das obras públicas

Evolução histórica – Princípios e ideias gerais

3.2. O desaparecimento da referência sobre responsabilidade do técnico responsável da obra

Estranha, quiçá insólita, era a referência à responsabilidade (contra-ordenacional) do técnico responsável da obra no n.º 4 do artigo 5.º do Dec-Lei n.º 155/95. Nesse preceito era dito que *"a nomeação do coordenador em matéria de segurança e saúde ou de director de obra **não exonera** o dono da obra, o autor do projecto, **o técnico responsável da obra** e o empregador das responsabilidades em matéria de segurança e saúde que a cada um cabem, **designadamente nos termos do presente diploma"**.* Ora, o que resultava no fim de contas, é que – ao contrário do que, como vimos, se verificava até è entrada em vigor do regime de 1995 em que o técnico da obra era o primeiro responsável – nenhuma responsabilidade contra-ordenacional era atribuída a esse "técnico responsável da obra" [41] que era o técnico *responsável pela direcção técnica da obra,* nos termos do regime de licenciamento de obras particulares[42]. Um tanto estranhamente até, a violação dessa norma era tida como contra-ordenação grave imputável apenas ao empregador[43]. Pensávamos mesmo tratar-se aí de um lapso de redacção legislativa, já que se não vislumbrava nessa norma a estatuição de qualquer dever cujo incumprimento pudesse ser imputado ao empregador. Era, isso sim, o caso duma norma meramente programático-esclarecedora.

Tanto era assim que a norma que no regime do Dec-Lei n.º 273/ /2003 lhe corresponde – agora autonomizada no artigo 10.º – não somente deixou de fazer qualquer referência a esse técnico, agora

---

[41] Cf. art. 3.º/g do DL 155/95.

[42] Sobre a responsabilidade do técnico no licenciamento das obras particulares, cf. o DL 250/94, de 15/10 e a Portaria n.º 1115-A/94, de 15/12.

[43] Cfr. art. 15.º/4/b (*in principium*) do DL 155/95. A redacção do n.º 4 do art. 5.º deste diploma, parecia não estar adaptada para ser tipificada como contra-ordenação. Tratava-se duma norma programática cujo único objectivo seria o de reforçar a ideia – que resultava do facto da violação do art. 9.º implicar responsabilidade para o dono da obra – de que o **coordenador de segurança,** apesar do importante papel que a lei lhe atribui na prevenção dos riscos de acidentes laborais nos estaleiros, nenhuma sanção pecuniária sofrerá se incumprir os seus deveres. Ficará "apenas" sujeito à tutela disciplinar do dono da obra por conta e no interesse de quem actua.

24 Responsabilidade pela segurança na construção civil e obras públicas

correctamente designado por responsável pela direcção técnica da obra[44], como deixou de ser tipificada como contra-ordenação.

Também, apesar de lhe serem atribuídas obrigações[45] nenhuma responsabilidade contra-ordenacional era atribuída pela lei de 95 aos *coordenadores de segurança*[46], ao *fiscal da obra*, pessoa encarregada pelo dono da obra do controlo da execução da obra[47], ou ao *director da obra* – técnico designado pelo empregador para assegurar a direcção efectiva do estaleiro[48], contentando-se o legislador com a tutela disciplinar a que estavam sujeitos perante a entidade que os nomeou, o que, em nosso entender, era (e é) manifestamente pouco perante o objectivo último que está em causa com a criação desta legislação.

Esta solução – que se mantém na disciplina do diploma de 2003, com a única excepção do coordenador de segurança poder ser responsabilizado contra-ordenacionalmente se intervier na execução da obra como executante, subempreiteiro, trabalhador independente ou trabalhador por conta de outrem, salvo, neste caso, se actuar como fiscal da obra[49] – é, a nosso ver, criticável.

Na verdade, se no âmbito das contra-ordenações de carácter burocrático-administrativo (elaboração ou preenchimento de mapas, envio de comunicações, relatórios e outros documentos) se poderia aceitar a imputação da responsabilidade não directamente ao agente envolvido (normalmente um trabalhador) mas à entidade empregadora[50], já naquelas em que está em causa de forma directa e imediata a segurança (quantas vezes a integridade física ou a vida de pessoas, ao menos de modo abstracto e mediato) nos parece que aquela tutela

---

[44] Cf. al. d) do n.º 1 do art. 3.º.

[45] Cfr. arts. 8.º/3 e 9.º do DL 155/95.

[46] Atente-se no "fundamentalismo legal" que era impor a existência de um *Coordenador de Segurança* logo que houvesse uma empresa e um trabalhador independente numa qualquer obra de reparação... (art. 5.º/1/2/3). Parecia ser caso de dizer-se que "o óptimo é inimigo do bom"...

[47] Cf. art. 3.º/f do DL 155/95.

[48] Cf. art.3.º/h do DL 155/95.

[49] Cf. art. 9.º/6 do DL 273/2003.

[50] Mas veja-se *infra* (n.º 5) sobre o critério de imputação da contra-ordenação às pessoas colectivas.

Evolução histórica – Princípios e ideias gerais

(patronal?) baseada nos deveres de escolha ou de vigilância (*obligationes eligendi vel vigilandi*) é desadequada para a finalidade social de prevenir os riscos e evitar a sinistralidade[51]. Numa situação como a que aqui está em causa, pruridos de cariz pseudo ideológico ou político são, mais do que descabidos, contraproducentes. Na verdade o que há que ponderar, e decidir, é sobre o meio mais eficaz para atingir o objectivo de reduzir a sinistralidade e em particular a mortalidade, sabido como é que ainda consta do relatório anual de actividades da IGT do ano de 2003 a seguinte afirmação: " *A taxa de incidência dos acidentes de trabalho mortais na construção, em Portugal, é ligeiramente superior ao dobro da média europeia"*[52]

Também o responsável pela direcção técnica da obra, nos termos do regime de licenciamento das obras particulares, nenhuma responsabilidade contra-ordenacional tinha, directamente imposta pelo diploma sobre a segurança nos estaleiros temporários ou móveis ou indirectamente por aquele regime.

Resta, porém, a questão de saber se a responsabilidade que lhe era imputável pelo regime consagrado pelo artigo 3.º do Decreto-Lei n.º 41 820 subsiste, uma vez que não foi expressamente revogada, ou se, por outro lado, se terá operado uma revogação de sistema. Sem prejuízo de melhor opinião, inclinamo-nos para esta segunda hipótese, tanto mais que a lei se referia a responsabilidade contravencional que desapareceu da ordem juslaboral portuguesa a partir, pelo menos, da entrada em vigor do regime das contra -ordenações laborais contido no Código[53].

---

[51] Esta é também, ao que parece, a opinião de Teresa Serra *"Contra-Ordenações: Responsabilidade de Entidades Colectivas*, RPCC 9 (1999), p. 200 (nota 38), quando defende que a existência de ordens ou instruções expressas em sentido contrário à actuação do agente que com a sua conduta preencheu um tipo legal de contra-ordenação, afastará a responsabilidade da entidade colectiva.

[52] Relatório que pode ser consultado em www.idict.gov.pt. A afirmação do texto encontra-se na pág. 42. A taxa de incidência é um dos valores mais fiáveis e demonstrativos, pois que é medida em percentagem dos acidentes mortais por cada 100.000 trabalhadores. É a seguinte a evolução da taxa: 1998= 30,19; 1999= 28,10; 2000= 22,24; 2001= 26,60; 2002= 16,5;2003= 15,1.

[53] Já antes, apesar do que dispunha o art. 27.º do regime constante do anexo à Lei n.º 116/99, de 4/8, que se referia às contravenções laborais em termos abstractos, não se vislumbrava na ordem juslaboral portuguesa uma única contravenção depois de 1 de Dezembro de 1999, data em que entrou em vigor aquele regime.

26 Responsabilidade pela segurança na construção civil e obras públicas

Na sequência do que já exprimámos *supra* (vd. n. 2), pode, contudo, o técnico responsável (assim como qualquer outro agente de infracção penal) ser punido criminalmente por infracção das regras de construção, como aliás tem já sucedido[54], ou por outro qualquer crime constante do CP, designadamente o de homicídio por negligência.

3.3. *As obrigações do dono da obra*

Da análise do conteúdo das obrigações de tutela da shst que impendem sobre os diversos intervenientes na construção civil/obras públicas, e do confronto do actual com o antecedente regime, parece resultar que o principal papel que era dado ao dono da obra, um pouco ao arrepio do que vinha sendo tradicionalmente considerado, designadamente no âmbito criminal, ficou um tanto esbatido. Penalmente poderia a posição da doutrina pautar-se pelo comentário de Paula Ribeiro de Faria ao artigo 277.º do Código Penal sobre infracções às regras de construção[55]: " *Director da obra é, em princípio, o empreiteiro, ou aquele em quem este delega as suas funções, e não o dono da obra. Mesmo que este último dê indicações sobre a execução da obra parte-se da aceitação de que o faz no pressuposto de que as suas indicações não são contrárias a regras elementares da técnica cujo cumprimento cabe ao empreiteiro assegurar. Claramente distinta é a situação em que o dono da obra procede à construção sob a sua própria responsabilidade.*" Saber se esta "inversão" da responsabilidade dos intervenientes na construção nas contra -ordenações, face às responsabilidades penais, e face à consciência do

---

[54] Veja-se, p. ex., a sentença do Tribunal Colectivo de Coimbra de 5/6/97, publicada em *Questões Laborais*, 1998, 11, pp. 99 a 105 e anotada por Jorge Leite, em que um dos três condenados era precisamente o técnico responsável da obra – os outros eram o dono da obra/empregador e um empreiteiro/empregador, ou a sentença do Tribunal Judicial da Comarca de Vila Nova de Gaia em que, na sequência da morte por soterramento de um operário foram condenados o sócio-gerente da empresa empreiteira, o subcontratante, engajador de pessoal e um encarregado da construção civil.

[55] In *Comentário Conimbricense ao Código Penal*, T. II, pp. 911 a 931, *maxime*, p. 916.

Evolução histórica – Princípios e ideias gerais | 27

cidadão comum, vai resultar na prática, só o futuro o dirá, quando se fizer a avaliação do impacto sobre a Directiva dos estaleiros[56].

Eram cerca de vinte as obrigações do dono da obra no regime de 1995, entre as quais pelo menos oito através de interposta pessoa, designadamente o coordenador do projecto, o coordenador da obra ou o director da obra, cuja violação acarretava o cometimento de contra-ordenações.

Independentemente da bondade da solução[57] trata-se duma figura não desconhecida do âmbito da autoria ´do direito sancionatório de que é exemplo o disposto no artigo 26.º do Código Penal: "*É punível como autor quem executar o facto, por si mesmo ou por intermédio de outrem...*" (autoria mediata).

Apesar de que esta situação também poderia ser absorvível no conceito de comparticipação contra-ordenacional[58], uma vez que o dono da obra é o titular do especial dever social de controlo das condições de segurança (intraneus), enquanto o coordenador de segurança é o mero agente material (extraneus)[59]. Mas não nos parece dever a figura ser aqui aplicável sob pena de contraditoriedade ao espírito e à letra do diploma sobre os estaleiros[60].

Da análise do regime actualmente contido no Dec-Lei n.º 273/ /2003 resulta que são cerca de nove (art. 17.º) as obrigações directa-

---

[56] Segundo os Relatórios Anuais de Actividades da IGT de 2001, 2002 e 2003, estes últimos disponíveis em www. idict.gov.pt, a partir de 90 houve tendência para um certo abaixamento até 95, ano a partir do qual se verificou estabilização ou ligeira tendência de aumento do número total de acidentes (2000=226.220) para depois se verificar uma nova curva descendente. São os seguintes os acidentes mortais: 95=353; 96= 373; 97=285; 98=294; 99=307; 2000=287; 2001=280; 2002= 219; 2003=181.

Em 2001 verificaram-se, pois, 280 acidentes mortais, sendo que destes 156 (55,7%) ocorreram na construção civil e obras públicas. Em 2002, ocorreram 219 acidentes mortais, 103 dos quais (47%) na construção civil e obras públicas Em 2003, aconteceram 181, sendo 88 no sector de que vimos trartando neste trabalho.

[57] É sempre mais eficaz, por desincentivador da infracção, atribuir a responsabilidade à entidade que está incumbida da respectiva obrigação ou dever.

[58] Do art. 16.º/1 do DL 433/82.

[59] Cfr. sobre a teoria de Roxin dos *Pflichdelikte* "A Estrutura da Autoria nos Crimes de Violação de Dever, Titularidade versus Domínio do Facto", Teresa Pizarro Beleza, RPCC 2 (1992) pp.337/351.

[60] Para maiores desenvolvimentos, vd. infra n. 15.4.

28 Responsabilidade pela segurança na construção civil e obras públicas

mente impostas ao dono da obra, ou "promotor" como em Espanha é referido, que a Directiva comunitária de1992[61] passou a erigir como o mais importante em termos da responsabilidade pela segurança, enquanto três delas são asseguradas através do coordenador de segurança em projecto (art. 19.º/1) e dez através do coordenador de segurança em obra (art. 19.º/2).

Refira-se, por último, que várias outras obrigações são impostas ao coordenador de segurança em projecto e ao coordenador de segurança em obra em relação com o dono da obra, mas que não têm sanção contra-ordenacional, pelo que o seu incumprimento apenas levará a responsabilidade disciplinar perante este se aquele for um trabalhador subordinado.

Continuamos a entender que do ponto de vista da desincentivação ao incumprimento seria mais vantajosa a imposição de responsabilidade contra-ordenacional aos coordenadores de segurança e, em certas circunstâncias, a imputação de **responsabilidade conjunta** a estes e ao dono da obra, solução que, em termos genéricos, já esteve prevista em lei mas que, infelizmente, por falta de concretização prática, nunca foi implementada[62]. Mas é a solução que melhor serve os interesses da prevenção sem pôr em causa as garantias de defesa e da responsabilidade individual dos agentes, desde que se não vacile na aplicação da punição segundo o princípio da culpa de cada qual.

3.4. *A responsabilidade dos trabalhadores subordinados*

3.4.1. *A questão até à entrada em vigor do Código*

Para além da responsabilidade legal imputada no âmbito do Dec-Lei n.º 273/2003 ao dono da obra, ao autor do projecto, ao próprio coordenador de segurança, à entidade executante, aos em-

---

[61] Directiva n.º 92/57/CEE, do Conselho, de 24 de Junho.

[62] Referimo-nos ao disposto na alínea c) do n.º 1 do artigo 4.º do regime das contra-ordenações laborais anexo à Lei n.º 116/99 que dispunha: *"São responsáveis pelo pagamento das contra-ordenações laborais e pelo pagamento das coimas.... c)O agente da entidade patronal, conjuntamente com esta, nos casos em que a lei especialmente o determine"*. Porque nunca houve nenhuma lei que determinasse expressamente essa responsabilidade conjunta, nunca o preceito teve aplicação.

Evolução histórica – Princípios e ideias gerais

pregadores e aos trabalhadores independentes, outra questão que aqui, e genericamente no âmbito da problemática da shst se coloca, respeita à responsabilidade dos próprios trabalhadores pelo incumprimento das prescrições de segurança, higiene e saúde, nos termos do que prescreve o Código do Trabalho nos arts 274.º, n.º 1, al. b) e 671.º, n.º 1. Antes, porém, façamos a análise evolutiva da legislação sobre a responsabilidade dos trabalhadores por violação das normas legais e regulamentares ou das ordens e directrizes da entidade empregadora.

Pareceria existir a ideia generalizada a partir de 1982, data da entrada em vigor do direito de mera ordenação social em Portugal, de que os trabalhadores, não respondendo contra-ordenacionalmente[63], só podiam ser alvo de processos disciplinares instaurados pelo empregadores e destinados a apurar " *a falta culposa de observância de normas de higiene e segurança no trabalho*"[64]. Será, porém, assim?

No regime dos Decretos de 1958 e 1965, os trabalhadores que não se submetiam às prescrições de segurança podiam ser punidos, para além do mais, com suspensão (de dois a quinze dias de trabalho)[65]. Tratava-se, como se vê, duma sanção que para além da natureza pecuniária, uma vez que a suspensão determina, naturalmente, a perda do salário correspondente, ia para além dela, representando também a inflição de um castigo que, em termos estigmatizantes,

---

[63] Na verdade, em diversos fóruns sobre a temática da prevenção da sinistralidade e dos riscos profissionais era frequente invectivar-se a falta de responsabilidade dos trabalhadores incumpridores das normas ou desrespeitadores das ordens dos superiores hierárquicos.

[64] Genericamente consagrada na alínea h) do n.º 3 do art. 396.º do CT.

[65] Cfr. art. 4.º do DL 41820, art. 172.º do Dec. 41821 e art. 53.º do Dec. 46427.

O primeiro dispõe: *Os trabalhadores que não se submetam às prescrições de segurança estabelecidas poderão ser punidos com suspensão de dois a quinze dias de trabalho.*

O segundo determina: *O trabalhador que violar o preceituado nos artigos 154.º, 155.º, 156.º, 158 ° e 164.º será punido com suspensão de dois a quinze dias de trabalho.*

O último prescreve: *O trabalhador que violar o preceituado nos artigos 5.° e 33.º será punido com suspensão de três dias de trabalho, e de quinze se se mancomunar com os executores de obras, com o fim de serem dispensados do cumprimento do disposto nos artigos 16.° e 17.º.*

poderia ser bem mais grave, e sentido pelo trabalhador – a impossibilidade de executar trabalho durante o período de suspensão.

Não era dito expressamente naqueles diplomas legais a quem competiria a aplicação de tal sanção: se ao empregador, como seria normal e resultaria da tutela disciplinar, se a outra entidade.

Todavia, independentemente da interpretação e prática seguida durante o período do Estado Novo, que desconhecemos, parecia resultar claro da interpretação e da própria sistematização dos diplomas, que a sanção seguiria as vias que então seguiam as multas imputadas aos empregadores. Estas, como é sabido, eram originadas num auto de notícia que logo determinava o montante pecuniário a aplicar (e que podia ser graduado pelo próprio autuante) e, se não fosse pago voluntariamente pelo autuado, seguia para o tribunal do trabalho a quem competia o julgamento das transgressões aos preceitos daqueles regulamentos.

Ora, outrotanto parecia suceder com as violações dos deveres dos trabalhadores.

Tomemos o exemplo do artigo 172.º do Regulamento de Segurança na Construção Civil (Dec. 41.821). Diz-se aí que *"o trabalhador que violar o preceituado nos artigos 154.º, 155.º, 156.º, 158.º e 164.º será punido com suspensão de dois a quinze dias de trabalho"*. Se o trabalhador fosse encontrado por um inspector do trabalho a subir ao topo da obra pela parte exterior do andaime, apesar de na parte interior deste existirem escadas ou rampas de acesso, ou a descer do cimo da obra pela corda de içar o balde da massa de cimento, face à disposição que determina que *"nenhum operário pode utilizar, para atingir ou abandonar qualquer lugar de trabalho, meios diferentes dos estabelecidos pela entidade patronal ou pelo encarregado da obra"* estaria a violar este preceito. Como deveria proceder o inspector? Esquecer e esperar que não morra desta vez? Ir fazer queixa do trabalhador ao empregador? Invectivar o superior hierárquico daquéle trabalhador que possivelmente alegará já lhe ter chamado a atenção por diversas vezes? E se o inspector do trabalho resolver intervir junto do trabalhador prevaricador como deveria actuar? Será que estes preceitos que integram os Regulamentos para onde o próprio Dec-Lei n.º 155/95 remete se deverão considerar tacitamente revogados?

Evolução histórica – Princípios e ideias gerais

Para além da disposição já convocada do Código que regula a cessação do contrato de trabalho[66], encontra-se no artigo 274.º uma outra que sob a epígrafe – *obrigações gerais dos trabalhadores* – dispõe: 1 – *Constituem obrigações dos trabalhadores:*

a) *Cumprir as prescrições de segurança, higiene e saúde no trabalho estabelecidas nas disposições legais e em instrumentos de regulamentação colectiva de trabalho, bem como as instruções determinadas com esse fim pelo empregador;*

b) *Zelar pela sua segurança e saúde, bem como pela segurança e saúde das outras pessoas que possam ser afectadas pelas suas acções ou omissões no trabalho;*

c) *Utilizar correctamente, e segundo as instruções transmitidas pelo empregador, máquinas, aparelhos, instrumentos, substâncias perigosas e outros equipamentos e meios postos à sua disposição, designadamente os equipamentos de protecção colectiva e individual, bem como cumprir os procedimentos de trabalho estabelecidos;*

d) *Cooperar, na empresa, estabelecimento ou serviço, para a melhoria do sistema de segurança, higiene e saúde no trabalho;*

e) *Comunicar imediatamente ao superior hierárquico ou, não sendo possível, aos trabalhadores que tenham sido designados para se ocuparem de todas ou algumas das actividades de segurança, higiene e saúde no trabalho, as avarias e deficiências por si detectadas que se lhe afigurem susceptíveis de originarem perigo grave e iminente, assim como qualquer defeito verificado no sistema de protecção;*

f) *Em caso de perigo grave e iminente, não sendo possível estabelecer contacto imediato com o superior hierárquico ou com os trabalhadores que desempenhem funções específicas nos domínios da segurança, higiene e saúde no local de trabalho, adoptar as medidas e instruções estabelecidas para tal situação..*

---

[66] Art. 396.º/3/h

32 Responsabilidade pela segurança na construção civil e obras públicas

....

5. *As obrigações dos trabalhadores no domínio da segurança e saúde nos locais de trabalho não excluem a responsabilidade do empregador pela segurança e saúde daqueles em todos os aspectos relacionados com o trabalho.*

Não se pode, pois, afirmar que os trabalhadores não estejam sujeitos a obrigações neste domínio da shst. Elas existem e estão suficientemente expressas. Mas, o que sucede com a maioria das obrigações previstas no Código e transpostas da lei-quadro é que, tal como sucedia, aliás, com as obrigações dos empregadores, elas não têm aí sanção expressa. De facto, originariamente, o Decreto-Lei n.º 441/91, certamente por ser uma lei de enquadramento, não estatuía quaisquer sanções. Estas só lhe foram introduzidas pela Lei n.º 118//99, de 4 de Agosto[67].

Mas isso não pode significar que as sanções preexistentes se não aplicassem, desde que não tivessem sido expressa ou tacitamente revogados. Sendo inquestionável que não houve revogação expressa[68], a única que poderia ser invocada seria a revogação de sistema, resultante da profunda revisão das concepções da política social produzida pelo 25 de Abril de 74, que acarretou o fim do Estado Corporativo e algumas alterações à legislação do trabalho. Mas não nos parece que essa nova visão da realidade social, que terá deixado de ter o trabalhador como o "colaborador" do patrão[69], para o considerar como um antagonista colocado num outro estrato social ou, pelo

---

[67] Cfr. o art. 24.º. Razões de ordem pragmática, relacionadas com a oportunidade de aproveitar a tipificação de condutas ali estabelecidas, devem ter estado na origem da estatuição das coimas na lei-quadro da SHST.

[68] Veja-se o art. 18.º do DL 155/95: *"Em tudo o que não contrariar o disposto no presente diploma, mantêm-se em vigor as normas técnicas..."*. Este preceito parece não se querer sequer imiscuir na problemática das sanções, restringindo-se às regras técnicas. Compreende-se, todavia, a restrição, uma vez que as sanções dos empregadores foram profundamente alteradas, deixando de ser multas para passarem a coimas.

Veja-se, igualmente, o art. 29.º do DL 273/2003 que igualmente aponta para a manutenção em vigor do Regulamento de Segurança para os Estaleiros da Construção.

[69] Não nos vamos embrenhar na *vexata quaestio* que era a de saber se o princípio da mútua colaboração constante do art. 18.º da LCT estava ou não revogado. Sobre o tema vd. Jorge Leite, Questões Laborais, n.º 8, Ano de 1996, Observatório Legislativo pp. 197 e ss..

Veja-se agora, no Código, a consagração para ambas as partes do dever de boa-fé / art. 119.º/1)

Evolução histórica – Princípios e ideias gerais 33

menos, no outro lado da relação, tenha tido o objectivo de desonerar o trabalhador daquelas obrigações legalmente impostas para salvaguarda da sua própria vida ou saúde e da ameaça das correspondentes sanções tendente a torná-las efectivas. Tanto mais que nenhuma razão de ordem social ou política existe para considerar que aos trabalhadores tenham deixado de lhe poderem ser aplicáveis penas disciplinares, designadamente esta da suspensão com perda de vencimento, para mais judicialmente controlada.

Daí, não vermos qualquer razão para o inspector do trabalho não levantar o respectivo auto de notícia e remetê-lo ao tribunal do trabalho competente para eventual aplicação da correspondente sanção de suspensão de dois a quinze dias de trabalho[70].

Isto, independentemente da possibilidade[71] que tinha, e continua a ter, o empregador de elaborar processo disciplinar para apurar *a falta culposa de observância de normas de higiene e segurança no trabalho*, sempre que o trabalhador não cumpra as obrigações que lhe são impostas por lei – art. 4.º do DL 41820, art. 172.º do Dec. 41821 e art. 53.º do Dec. 46427 – desde que não tenha havido autuação por parte da IGT para evitar a repetição do sancionamento (*ne bis in idem*).

3.4.2. *A questão após a entrada em vigor do Código*

Com a entrada em vigor do Código, e do art. 671.º, n.º 1, que tipifica como contra-ordenação muito grave a violação da alínea b) do n.º 1 do artigo 274.º, precisamente aquela que consagra como obrigação do trabalhador *"zelar pela sua segurança e saúde, bem como pela segurança e saúde das outras pessoas que possam ser afectadas pelas suas acções ou omissões no trabalho"* deixou de ser legítimo suscitar qualquer dúvida sobre a **responsabilidade contra-ordenacional do trabalhador.** Em sequência, aliás, do disposto no regime geral constante dos arts. 614.º e seguintes. Desde logo na própria definição de contra-ordenação que não restringe a violação das normas que consagrem direitos ou imponham deveres ao sujeito

---

[70] Nos termos dos arts. 5.º do DL 41820, 175.º do Dec. 41821 e 54.º do Dec. 46427.

[71] Mera possibilidade, não uma obrigação, embora para alguns autores um poder/ /dever.

34 Responsabilidade pela segurança na construção civil e obras públicas

activo da relação, ao empregador, mas, antes, a *qualquer sujeito no âmbito das relações laborais*. Aliás, outro tanto já resultava do definição que constava do art. 1.º do regime das contra-ordenações laborais anexo à Lei n.º 116/99, de 4/8, quando imputava a contra-ordenação *aos sujeitos da relação de trabalho*, embora alguma doutrina, apesar disso, entendesse que apenas o empregador, e não também o trabalhador, pudesse ser alvo de coimas[72]. Estribava-se tal entendimento no facto de o art. 4.º do mesmo regime, ao elencar os sujeitos, neles não incluir o trabalhador, mas apenas o empregador nas *diversas corporizações em que se pode apresentar ou desdobrar*.

Mas o argumento não colhia. É que provava demais, pois que nesse elenco se incluíam até sujeitos que nem eram sequer sujeitos da relação de trabalho, como era o caso do dono da obra. Para além de que também podia levantar dúvida a referência ao *agente* da entidade patronal – que podia ser *conjuntamente com esta* responsável por coimas – abranger, de algum modo, o trabalhador ou, ao menos, apontar para outro sujeito que não o empregador.

Como quer que fosse, certo é que hoje as dúvidas se não levantam. A corroborá-lo aí está o n.º 1 do art. 621.º a consagrar um regime especial de coimas *nos casos em que o agente não é uma empresa*, coimas essas naturalmente menos elevadas e que dependem apenas da gravidade da contra-ordenação e não da dimensão da empresa determinada pelo volume de negócios, tal como sucede com as coimas restantes.

4. A responsabilidade dos coordenadores de segurança

O exposto no número antecedente sobre a responsabilidade contra-ordenacional dos trabalhadores subordinados, quando cotejado com o regime instituído no Dec-Lei n.º 273/2003, vem colocar um interessante problema de interpretação e aplicação de leis, tendo em conta o princípio da unidade do sistema jurídico e o tratamento sistemático da ordem juslaboral.

---

[72] Neste sentido, como se referiu *supra,* Monteiro Fernandes, Direito do Trabalho, 11.ª edição, p. 57

Evolução histórica – Princípios e ideias gerais 35

É que parece resultar claro que, ao contrário do legislador do Código, o do diploma sobre a coordenação de segurança, não quis consagrar a responsabilidade contra-ordenacional dos trabalhadores por conta de outrem. Se bem que o problema se possa colocar a nível geral, isto é, a nível da responsabilidade de todos os trabalhadores subordinados – que todos têm de zelar pela sua segurança e pela dos que possam ser afectados pelos seus actos – e particularmente ao nível dos técnicos de prevenção, vejamos especificamente o que se passa com os coordenadores de segurança.

Esta figura do coordenador de segurança, quer em fase do projecto quer em fase da obra, constava já do Dec-Lei n.º 155/95, de 1/7, designadamente nos n.os 1 e 2 do art. 5.º. Tratava-se, em princípio, de um trabalhador[73] do dono da obra, nomeado por este para, em sua representação, exercer na obra as funções de técnico de segurança com especiais e bem delimitadas responsabilidades cujo incumprimento, todavia, se reflectia directamente na esfera jurídica do representado. O que significava que a violação dos deveres do coordenador eram tidas como contra-ordenações imputadas pela lei directamente ao dono da obra[74]. Em circunstância alguma o diploma imputava as contra-ordenações, e as correspondentes coimas, ao coordenador de segurança.

De modo semelhante se passam as coisas agora com o Dec-Lei n.º 273/2003, de 29/10. Semelhante, embora não totalmente coincidente. É que há agora uma – mas uma só – situação em que ao coordenador de segurança podem ser aplicadas coimas[75]: quando actue ou intervenha na obra como entidade executante, subempreiteiro ou trabalhador independente ou trabalhador por conta de outrem salvo, neste caso, se acumular as funções de coordenador e de fiscal da obra. Fora deste caso, se acumular as duas funções comete uma contra-ordenação muito grave[76], pelo que lhe serão aplicáveis as coimas correspondentes.

---

[73] Embora nada obstasse a que pudesse tratar-se também de um prestador de serviços.

[74] Cf. art. 15.º/5, do DL 155/95, de 1/7.

[75] A esta questão já nos referimos *supra* (n. 3.2)

[76] Cf. arts 9.º/6 e 25.º/3/f) do DL 273/2003.

36 *Responsabilidade pela segurança na construção civil e obras públicas*

Mas o legislador, privilegiando no domínio da shst a responsabilidade do autor mediato, isto é, que actua por intermédio de outrem[77], e aplicando o princípio do *respondeat superior*, continua a imputar a responsabilidade por incumprimento dos deveres dos coordenadores de segurança, não a eles próprios, mas, antes, ao dono da obra que os nomeia e sob cuja responsabilidade actuam. Trata-se duma opção legislativa que continuará a considerar que estando o coordenador sob a direcção ou responsabilidade do dono da obra a este cumpre fiscalizar a sua actuação e responsabilizá-lo disciplinarmente se este não cumprir com os seus deveres.

Mas é uma opção legislativa que nos merece os maiores reparos. Já o era antes do Código do Trabalho, pois que sempre entendemos como mais adequado aos fins em vista com a prevenção, à eliminação ou redução da sinistralidade, responsabilizar (também, além do dono da obra) os coordenadores de segurança contra-ordenacionalmente, sem prejuízo, naturalmente, da responsabilidade disciplinar quando e se no caso couber.

Mas, a partir do Código este argumento sai reforçado.

De facto, coordenador de segurança em projecto ou em obra é *a pessoa singular ou colectiva que executa, durante a elaboração do projecto, ou durante a realização da obra as tarefas de coordenação em matéria de segurança e saúde previstas no Dec-Lei n.º 273//2003*[78].

Resulta assim da própria definição que as tarefas de coordenação tanto podem ser exercidas em regime de **contrato de trabalho** como em regime de **prestação de serviços**. Se o coordenador for pessoa singular nada obsta até que o dono da obra o contrate em qualquer um destes regimes. Mas se for uma pessoa colectiva, como é expressamente admitido pela alínea b) do n.º 3 do art. 9.º do Dec--Lei n.º 273/2003, então já o contrato só poderá ter a natureza de prestação de serviços, na modalidade de mandato[79].

---

[77] Cf. sobre a actuação por intermédio de outrem o art. 26.º do CP, 2.º segmento da norma.

[78] Da definição constante das alíneas b) e c) do n.º 1 do art.3.º do DL 273/2003.

[79] Cf. art. 1157.º do CC

Evolução histórica – Princípios e ideias gerais   37

Mas porque assim é, conjugando esta realidade com a responsabilidade contra-ordenacional dos trabalhadores em zelar pela sua segurança e saúde, bem como pela segurança e saúde das pessoas que possam ser afectadas pelas suas acções ou omissões (arts. 274.º/1/b) e 671.º/1 do CT), fácil é concluir que o coordenador de segurança subordinado juridicamente ao dono da obra por um contrato de trabalho pode cometer contra-ordenações. Basta, para tanto, que não cumpra com algum dos deveres que são enumerados no artigo 19.º do Dec-Lei n.º 273/2003. Assim, para dar só um exemplo, se um coordenador de segurança em projecto não assegurar que o projectista tenha em atenção as obrigações gerais dos empregadores em matéria de shst e, por este modo, elabore o projecto com opções arquitectónicas, técnicas ou organizativas correctas – o que viola a al. a) do art. 19.º que constitui contra-ordenação muito grave imputável ao dono da obra[80] – naturalmente que comete contra-ordenação muito grave da al. b) do n.º 1 do art. 274.º e pode ser responsabilizado pela coima respectiva. Não nos parece correcto defender que o simples facto de o trabalhador ser simultaneamente coordenador de segurança o excluiria daquela responsabilidade, pois então ficaria violado o princípio da igualdade: um qualquer técnico de prevenção, um representante dos trabalhadores para a shst, um qualquer trabalhador poderia cometer contra-ordenações por violação do da alínea b) do n.º 1 do art. 274.º do Código, mas já não o poderia o coordenador que tem especialíssimas responsabilidades a cumprir no âmbito da segurança na construção.

Mas já quanto à responsabilidade contra-ordenacional o mesmo não sucede com o coordenador de segurança que tenha com o dono da obra um mero contrato de prestação de serviços. É que, como é sabido, o Código só é aplicável no domínio da relação de trabalho subordinado. Assim sendo, e parece que é, então a conclusão é que é mais agravadamente penalizado quem, a final, tem uma menor responsabilidade social e até capacidade económica. Só o coordenador subordinado por contrato de trabalho seria responsável por coimas, o que afasta dessa responsabilidade todos os coordenadores que sejam pessoas colectivas ou sendo pessoas singulares tenham com o dono

---

[80] Cf. art. 25.º/3/b) do DL 273/2003, de 29/10.

38 *Responsabilidade pela segurança na construção civil e obras públicas*

da obra um mero contrato de prestação de serviços. Se bem que, em nosso entendimento, neste caso possa o dono da obra – que teve de pagar a coima por uma infracção dos deveres que ao coordenador cabia cumprir – ressarcir-se dos danos e prejuízos sofridos nos termos gerais da responsabilidade civil[81].

Por consequência, se antes era já uma má opção, por não atingir devidamente as finalidades preventivas, a partir do Código do Trabalho é, como se julga ter demonstrado, uma péssima opção legislativa esta de continuar a não responsabilizar os coordenadores de segurança, em projecto ou em obra, por contra-ordenação.

5. A suspensão dos trabalhos: medida de polícia

De entre as medidas que os inspectores do trabalho podem adoptar no âmbito da sua actividade de fiscalização do cumprimento das leis laborais[82] tradicionalmente assumem especial relevo aquelas que se designam de *medidas imediatamente executórias* (vd. *infra* n. *7.3*) que representam a concretização formal do consabido princípio de direito administrativo intitulado de *privilégio de execução prévia*[83]. Através dele, a Administração exerce especificamente a actividade preventiva, actuando, conforme ensinava o Prof. Marcello Caetano, *"antes da violação, no sentido de evitá-la"*[84]. As medidas de polícia *"têm por objecto actuar sobre um **perigo**, de modo a*

---

[81] Cf. art. 483.º do CC.

[82] Embora seja de fiscalização do cumprimento das leis laborais de que trata a inspecção do trabalho, o certo é que o sentido pejorativo que no seio da classe assume o termo fiscalização e o epíteto de "fiscal", aditado a um pretenso reforço da componente pedagógica que a IGT tem – mas sempre teve – tem levado o próprio legislador a utilizar, com rodeios, expressões tais como a que figura no art. 1.º/1 do Estatuto: *"um serviço de acompanhamento e de controlo do cumprimento"*. Porém, com o rodar dos tempos, há coisas que voltam ao seu lugar: nesta ordem de ideias a Lei Orgânica do MSST (DL 171/ /2004, de 17/7) veio dispor que *"... a IGT é o serviço de controlo e de fiscalização do cumprimento das normas relativas às condições de trabalho, emprego, desemprego e pagamento das contribuições para a segurança social"*

[83] Cfr. Marcello Caetano, Manual de Direito Administrativo, 10.ª edição, (reimpressão) Coimbra, 1980, Vol. I, p. 33

[84] Cfr. ob. cit. nota anterior, p. 54

*prevenir ou evitar um **dano**...Portanto tais medidas não são sanções, visto não castigarem factos puníveis, isto é, crimes ou meras transgressões ou contravenções de polícia. A diferença entre as medidas de segurança e as medidas de polícia estará apenas em que a aplicação das primeiras está jurisdicionalizada e pertence aos tribunais, enquanto a das segundas é de carácter administrativo e compete a órgãos da Administração".* E, mais à frente, em jeito de síntese: *"Portanto: a medida de polícia é um acto puramente preventivo que não carece da verificação de transgressão, contravenção ou crime para poder ser aplicada".*[85]

Também mais recentemente a PGR[86] doutrinou que *"a polícia administrativa traduz uma forma de actuação da autoridade administrativa que consiste em intervir no exercício das actividades individuais susceptíveis de fazer perigar interesses gerais com o objectivo de evitar que se produzam, ampliem ou generalizem os danos sociais que as leis procuram prevenir".*

Mas não se julgue que esta medida é inovatória ou resultante da nova filosofia de abordagem da shst introduzida nos Estados Membros através da transposição para o direito interno da Directiva 89//391/CEE que, em Portugal resultou no Dec-Lei n.º 441/91, de 14 de Novembro. Na verdade já no art. 3.º, § 1.º, do Dec-Lei n.º 41820 se afirmava que *"em casos de maior gravidade, e quando a aplicação desta multa se mostrar ineficiente, poderão as obras ser embargadas pelas entidades fiscalizadoras"* ou no 48.º do Decreto n.º 46.427, se falava também do embargo das obras pelas entidades fiscalizadoras, acrescentando que *"a suspensão dos trabalhos será notificada aos executores das obras e, no caso de estes se não encontrarem no local, aos respectivos encarregados (§ 2.º)* e que *"a continuação dos trabalhos depois do embargo sujeita os executores da obra às penas do crime de desobediência qualificada (§ 3.º)*

Não se deve, contudo, confundir esta específica actividade de prevenção contida nas medidas de polícia com a *actividade preventiva* da Administração de que falava o Prof. Eduardo Correia, quando, a

---

[85] Cfr. Marcello Caetano, Manual de Direito Administrativo, 9.ª edição, (reimpressão) Coimbra, 1980, Vol. II, p. 1169-1170.

[86] Através do seu Conselho Consultivo – vd. Parecer n.º 9/96-B/Complementar in DR, 2.ªs., de 29/1/2000.

40 *Responsabilidade pela segurança na construção civil e obras públicas*

propósito da distinção entre contravenções e transgressões, defendia que àquelas (contravenções) correspondia a actividade preventiva, no sentido de prevenir a violação de comportamentos que pudessem de modo remoto e indeterminado pôr em causa (ou mesmo só em perigo) valores ou bens jurídicos, enquanto a estas (transgressões) correspondia a finalidade salutista, isto é, de promoção e propulsão de bem-estar social[87].

Para tornar as coisas mais claras, e ajudar à compreensão do local certo de inserção desta medida de polícia, cada vez mais utilizada pela IGT[88] e que se vai traduzindo em resultados práticos ainda pouco visíveis, apesar que a sinistralidade laboral, sobretudo a mortal, tem vindo a dar mostras de abrandar, talvez seja vantajoso formular um esquema simplificado contendo os diversos tipos de sanções do sistema sancionatório global nacional:

	CIVIS:	de invalidação
		de imputação — responsabilidade civil / enriquecimento sem causa (supletivas)
SANÇÕES	**ADMINISTRATIVAS:**	revogação de autorizações / disciplinares (organizações hierarquizadas) / **policiais (preventivas)**
	CONTRA-ORDENACIONAIS:	coimas / sanções acessórias
	PENAIS:	penas / medidas de segurança

---

[87] Cfr. Direito Criminal, Almedina, Coimbra, 1971, pp. 218/219

[88] Segundo o Relatório de Actividades da IGT de 2003 (p.31) é a seguinte a evolução do número anual de suspensão de trabalhos no âmbito da Directiva Estaleiros: 1998=525; 1999=612; 2000=566; 2001=1710; 2002=5693; 2003=2649:

Evolução histórica – Princípios e ideias gerais

Vê-se, assim, que apesar da plena vigência do direito de mera ordenação social, continua a haver lugar para as sanções policiais de carácter preventivo que dão pela denominação de *medidas de polícia*.

É nesta linha de classificação que se insere a actividade da inspecção do trabalho consistente em *"notificar para que sejam adoptadas medidas imediatamente executórias, incluindo a suspensão de trabalhos em curso, em caso de risco grave ou probabilidade séria da verificação de lesão da vida, integridade física ou saúde dos trabalhadores"*[89].

Trata-se, como se vê, de uma medida tipicamente administrativa que se não insere ainda no campo de intervenção do direito de mera ordenação nem do ilícito contra-ordenacional, o que acarreta, desde logo, como uma das consequências de tal natureza, que sejam os tribunais administrativos, e não os comuns ou do trabalho, a dirimir quaisquer conflitos que surjam neste âmbito.

São, por isso, actuações que, apesar do seu carácter preventivo e prévio relativamente a eventual intervenção coerciva com o levantamento de autos[90] ou até a elaboração de participações criminais, não podem deixar de estar estritamente sujeitas, não apenas aos requisitos exigidos pelo comando legal *"risco grave ou probabilidade séria da verificação de lesão da vida, integridade física ou saúde dos trabalhadores"*, como também aos princípios de actuação administrativa da igualdade, proporcionalidade, justiça, imparcialidade e boa-fé, constantes do artigo 266.º da CRP.

Assim, tendo em atenção os elevados valores económicos que podem estar em jogo com a suspensão dos trabalhos – que incluem não apenas encargos sociais como o pagamento dos salários dos trabalhadores inactivos, mas mais ainda e sobretudo o pagamento de prestações económicas constantes de cláusulas compromissórias de carácter sancionatório, por eventual ultrapassagem dos prazos con-

---

[89] Cfr. al. d) do art. 10.º do Estatuto da IGT, aprovado pelo DL 102/2000, de 2/6.

[90] Note-se que o Prof. Marcello Caetano acentua (obra e local citados) que *"bastará que o **perigo** assuma proporções graves para, independentemente do facto delituoso, a polícia poder tomar as precauções permitidas por lei a título de defesa da segurança pública"*. Pensamos que, apesar da evolução dos institutos e da criação do direito de mera ordenação, esta doutrina continua a ser válida e a ter aplicação medidas de polícia como esta da "suspensão dos trabalhos" na construção civil e obras públicas.

tratualmente previstos na conclusão dos trabalhos – considerando as questões de competitividade e sã concorrência entre as diversas empresas do mercado e até, por vezes, a sua própria sobrevivência, importa que sejam ainda mais escrupulosamente seguidos do que na própria fase coerciva aqueles princípios orientadores de toda a intervenção administrativa, mormente na fase pré-processual ou ante-judicial.

E isto é tanto mais assim quanto é sabido que, determinada a suspensão de trabalhos, *"os mesmos só podem continuar com autorização expressa do inspector do trabalho"*[91], o que implica: i) a apresentação por parte da empresa atingida pela medida, de requerimento que especifique as medidas que se propõe apresentar para prevenir os riscos dos trabalhos suspensos; ii) a subsequente autorização expressa do inspector que procedeu à tomada daquela medida: por mera cautela, a autorização deverá ser precedida de visita ao local da obra, cujo estado de execução deverá ser exactamente o mesmo que se verificava quando da suspensão – sob pena do cometimento do crime de desobediência desde que disso tenha sido advertido o responsável pela obra (art. 348.º/1/b) do CP); iii) deverá ainda ser pelo inspector explicitado que a autorização de retoma não prejudica a responsabilidade da empresa por quaisquer infracções ou acidentes futuros.

Não são, porém, as suspensões de trabalhos os únicos instrumentos de intervenção da IGT. Na verdade, pode não haver necessidade de tal medida, designadamente quando a situação posa ser resolvida com a simples notificação para a tomada de medidas que, todavia, deve ser formalizada, ou até o levantamento de auto de advertência com a concessão de prazos para a regularização da situação, embora a prática tenha vindo a desaconselhar este instrumento pela sensação de facilitismo incompatível com o rigor que a situação na prevenção dos riscos profissionais no sector da construção postula. É pois mais adequado, e compatível com a política de rigor, a inter-

---

[91] Apesar de terem sido realizadas nos últimos tempos centenas de suspensões de trabalhos de construção civil e obras públicas, não se conhece qualquer contestação até ao momento, o que abona, naturalmente, quanto à adopção de criteriosa atitude por parte da IGT neste seu procedimento aplicativo.

Evolução histórica – Princípios e ideias gerais 43

venção coerciva simultânea com a suspensão de uma frente de trabalhos ou obra, designadamente perante a identificação de máquinas ou equipamentos que não apresentem condições mínimas de segurança e estejam a operar ou em vias de o estarem ou ainda de trabalhos não concluídos cuja continuidade ofereça igual grau de riscos. Mais do que uma situação de **risco efectivo**, envolvendo trabalhadores, que pode originar situações de crime de que se falará adiante (infra n. 7) deve privilegiar-se a situação de **risco potencial** (grande probabilidade de virem a estar envolvidos trabalhadores).

6. A questão das prescrições mínimas da Portaria e das normas técnicas do Regulamento

Para além de todos os deveres que incumbem aos donos da obra, aos trabalhadores independentes, aos empregadores, sucede que a maioria das infracções à segurança nos estaleiros – que é responsável pela grande sinistralidade laboral – resulta bem mais simplesmente da falta de cumprimento das prescrições das normas técnicas constantes da Portaria 101/96 que, por sua vez, remete para o Regulamento de Segurança da Construção Civil de 1958. É, por exemplo, o caso das quedas de objectos, das quedas em altura, da utilização de equipamentos e ferramentas ou das situações de trabalho em escavações, poços, zonas subterrâneas, túneis, terraplanagens, coberturas, etc.[92].

Sendo aí que se joga verdadeiramente a sinistralidade laboral, sem pôr em causa o necessário e prévio planeamento e programação da shst, sucede, contudo, que é este nicho das prescrições técnicas um dos mais deficientemente regulamentados em termos de determinação da infracção e da estatuição da sanção. Ocorre que este é um dos casos típicos da singular característica que o conceito de tipicidade assume no ilícito de mera ordenação. Este conceito, como é sabido, não é tão rigoroso quanto o do direito penal, além de que, contrariamente ao que também normalmente sucede neste, é constituída

---

[92] Cf. arts. 10.º, 11.º, 12.º,13.º da Portaria 101/96, de 3/4.

44 Responsabilidade pela segurança na construção civil e obras públicas

por normas em branco que cumpre à Administração preencher[93]. É o que aqui sucede. A norma comportamental que descreve a conduta, ou mais especificamente ainda, o dever que importa cumprir, encontra-se num diploma, enquanto a norma sancionatória se encontra noutro, muitas vezes temporalmente separados entre si por largas dezenas de anos e concomitantemente enformados por filosofias jurídico-políticas distintas.

Foi manifesta a preocupação do legislador da segurança no trabalho nos estaleiros em manter a subsistência das regras técnicas existentes, quer as relativas à segurança na construção[94], quer as relativas à higiene do pessoal das obras[95] para consagrar a sua violação como contra-ordenações[96]. Mas a forma canhestra como o Decreto-Lei n.º 155/95 o fazia deixava muito a desejar quanto à concisão e clareza que se impunha obter. Tanto mais que estamos num domínio onde a iliteracia ou analfabetismo funcional ainda campeia e, por isso, era bem mais dissuasória da conduta ilícita a existência de normas directa e imediatamente aplicáveis e compreensíveis pelos seus destinatários. Pois os problemas que se apontavam ao diploma de 1995 não foram totalmente resolvidos no de 2003.

É que, em rigor, no mínimo, são quatro as disposições do Decreto-Lei n.º 273/2003 que se impõe invocar para enquadrar a norma que sanciona uma violação duma qualquer prescrição de natureza técnica (constante do Regulamento de Segurança, do Regulamento das Instalações para o pessoal das obras ou da Portaria): i) em primeiro lugar a disposição contida na alínea m) do n.º 1 do artigo 22.º que determina que os empregadores devem adoptar as prescrições mínimas constantes de regulamentação específica; ii) em segundo

---

[93] Se bem que, no âmbito penal, há que distinguir entre o direito penal clássico ou "direito penal de justiça" e o direito penal secundário, de âmbito essencialmente económico e onde esta característica da tipicidade também ocorre com frequência. Acresce que no domínio da chamada neocriminalização também esta característica das normas em branco aparece com frequência, como é o caso dos arts. 152.º (infracção das regras de segurança) e 277.º (infracção das regras de construção).

[94] No Decreto n.º 41821, de 11/8/58.

[95] No Decreto 46427, de 10/7/65.

[96] Anteriormente, as violações dessas regras constituíam contravenções puníveis com multa – cfr. art. 171.º do Dec. 41821 e art. 50.º do Dec. 46427.

Evolução histórica – Princípios e ideias gerais 45

lugar a disposição do artigo 29.° que remete para o Decreto n.° 41.821 e para a Portaria n. 101/96; iii) em terceiro lugar a disposição da alínea d) do artigo 26.°, parte final, que tipifica a violação das prescrições como contra-ordenação grave e a imputa ao empregador; iv) por último, a disposição do n.° 4 do artigo 25.° que tipifica a contra-ordenação como muito grave e a imputa ao empregador ou ao trabalhador independente.

Por último, mas não menos importante, ainda se terá que invocar a norma (ou normas) de carácter técnico cuja violação ocorreu e, por isso, pôs em perigo a segurança, higiene ou saúde dos trabalhadores ou de terceiros.

6.1. *A unidade e pluralidade de infracções*

Um dos mais candentes problemas que aqui, no campo da violação das prescrições de carácter técnico, se põe é o de saber se, face à panóplia de comportamentos que se torna necessário assumir para cumprimento das regras de segurança nos estaleiros, há unidade ou pluralidade de infracções sempre que ocorra a detecção de mais que uma deficiência na segurança de uma obra em construção.

Se num estaleiro um trabalhador devia usar botas de protecção (art. 55.° do Regulamento) e capacete (§ 1.° desse art. 55.°), e não usa nem aquelas nem este, deverá o empregador responsável por tal falta ser responsável por uma ou duas infracções? E se a acrescer a isso numa bordadura duma laje situada a grande altura não houver protecção colectiva contra o risco de quedas em altura (art. 11.° da Portaria 101/96), um andaime não estiver provido de guarda-costas (art. 10.°,§ 1.° Regulamento) e simultaneamente as caixas do elevador não estiverem protegidas com guarda-corpos contra as quedas em altura e guarda-cabeças contra a queda de materiais e ferramentas (art. 40.° do Regulamento) ou o trabalhador que procedia a um remate exterior duma parede a grande altura não estiver ligado por um cinto de segurança (art. 44.°, § 2.° do § 2.° do Regulamento) quantas contra-ordenações se verificam? E se em vez de um, forem dois ou três trabalhadores, será legítimo multiplicar o montante da coima pelo número de trabalhadores?

A questão da unidade e pluralidade de infracções, se bem que possa ter no ilícito de mera ordenação uma aplicação prática muito

46 *Responsabilidade pela segurança na construção civil e obras públicas*

superior à do direito penal, não terá, a nosso ver, ao contrário do que sucederá com outras figuras como a da comparticipação que já aflorámos, grande especificidade ao nível do direito das contra-ordenações. Assim, terá de ser resolvida de acordo com as regras e critérios definidos no âmbito daquele direito penal.

Por isso, pensamos que continuam a ser fundamentais neste domínio os ensinamentos do Professor Eduardo Correia[97]. O primeiro, é o de que para saber se estamos perante uma só ou várias infracções o critério da unidade de conduta da <u>teoria naturalística</u> não serve. Segundo tal teoria haveria uma só infracção se uma só acção violasse uma só norma legal; mas já haveria várias infracções se várias acções independentes violassem várias normas legais – hipótese de concurso real; mas na hipótese de concurso ideal para tal teoria haveria uma só infracção se com uma só acção a mesma norma fosse violada várias vezes – concurso ideal homogéneo – ou fossem violadas várias normas legais – concurso ideal heterogéneo.

Simplesmente, há muito que esta teoria naturalística, devido à falta de um critério rigoroso determinante da unidade ou pluralidade da conduta, foi abandonada, sendo substituída pela <u>teoria jurídica</u>.

Segundo esta, o número de infracções determina-se pelo número de valorações da ordem jurídica, pelo que uma só actividade pode dar origem a várias infracções, bastando para tal que diversos valores ou bens jurídicos tenham sido negados, assim como mais do que uma acção pode dar origem a uma só infracção se um só valor foi violado. Esses valores correspondem geralmente a ilícitos tipificados pelo que a unidade ou pluralidade de infracções se mede, em princípio, pelo número de tipos legais que são preenchidos com a conduta do agente. Mas também é preciso ter presente que para haver infracção não basta o mero preenchimento objectivo do tipo. Necessário é ainda que o acto seja culposo, que seja imputado ao agente a título de dolo ou de mera negligência[98].

Pelo que o número de infracções se mede, em último grau, <u>pelo número de juízos de censura ou reprovação</u> que devem ser dirigidos ao agente.

---

[97] Cf. Direito Criminal, Almedina, Coimbra 1971, Vol. II, sobretudo pp. 197 a 203.
[98] E nas contra-ordenações laborais a negligência é sempre punível (art. 616.º do CT)

Só que, é preciso recordar aqui, no direito de mera ordenação, ao contrário do que se passa com o direito penal, não estão em causa, por definição, valores ou bens jurídicos fundamentais mas tão só valores instrumentais deles. Não há, por isso, lugar à determinação do número de infracções pelo número de valores jurídicos fundamentais violados[99]. Mas bem pode suceder que havendo várias acções naturalísticas distintas, apenas um juízo de censura deva ser formulado[100]. Esta é, ao que pensamos, a hipótese mais provável no âmbito do direito de mera ordenação atento que o valor jurídico em jogo é essencialmente a segurança. Sem prejuízo da sua natureza que pode respeitar à vida, à saúde ou à integridade física e considerando ainda o grau e gravidade da culpa.

Há pois que ter em consideração, como ensinava o Mestre, o número de resoluções medido pela forma como o acontecimento exterior se realizou. Só haverá uma infracção se para praticar a acção, mesmo que de forma descontinuada, o agente não teve de renovar o processo de resolução da conduta infraccional. Isto, porém, sem prejuízo de se ter como relevante o critério da experiência comum segundo o qual haverá normalmente renovação da resolução quando não se verifica uma determinada conexão espácio-temporal, isto é, por exemplo, quando os estaleiros das obras estão fisicamente separadas no espaço ou as condutas infraccionais se encontram separadas no tempo.

Isto dito, voltemos à questão concreta da unidade ou pluralidade de infracções por falta de cumprimento das prescrições mínimas constantes do Regulamento de Segurança na Construção Civil[101] e da Portaria conjunta da Saúde e do Trabalho[102].

A primeira delimitação a ser feita parece ser a relativa à unidade geográfica do estaleiro. Ou seja, a infracção deve reportar-se a um estaleiro concreta e geograficamente determinado, podendo verificar-

---

[99] Como sucede no direito penal quando um agente, p.ex., com um só tiro mata duas pessoas e fere uma terceira. Por aqui se revela, de algum modo, certa especificidade da figura da unidade ou pluralidade de infracções do ilícito de mera ordenação.

[100] Como sucede no direito penal quando alguém mata outrem com várias facadas, no âmbito de uma mesma resolução.

[101] Decreto n.º 41 821, de 11/8/58

[102] Portaria n.º 101/96, de 3/4

48 Responsabilidade pela segurança na construção civil e obras públicas

-se, naturalmente, várias infracções se uma mesma empresa incumpre alguma ou algumas dessas prescrições mínimas em vários estaleiros espacialmente descontínuos[103].

A questão da violação das prescrições e normas técnicas está, como acima se disse, algo deficientemente formulada no Decreto-Lei n.º 273/2003. O que este diploma nos diz[104] é que incumbe ao empregador adoptar as prescrições mínimas de segurança e saúde previstas em regulamentação específica, assim como que a sua violação constitui contra-ordenação grave imputável ao mesmo empregador, embora tenha sido criado um algo indefinido direito de asseguração do seu cumprimento pela entidade executante (art. 20.º/e))[105].

Os bens jurídicos em causa são, como se disse já, a atitude preventiva traduzida em segurança quanto à vida e à integridade física, sobretudo para o Regulamento de 1958 e a higiene e a saúde para o de 1965, sendo que todas estas valências estão contempladas na Portaria n.º 101/96.

Será que se pode dizer que há violação do valor jurídico fundamental *segurança no trabalho* sempre que há violação duma dessas prescrições mínimas?

Por definição, repete-se, com o direito de mera ordenação não se protegem directa e imediatamente valores ou bens jurídicos fundamentais. Estes, a existirem, encontram o seu assento próprio no direito penal[106].

Não é, não deverá ser, pois, pelo recurso ao número de violações das normas técnicas no âmbito contra-ordenacional da segurança nos estaleiros que se deverá contar o número de juízos de censura e, portanto, o número de infracções. Não concordamos, por isso, com a opinião daqueles que entendem que em regra um artigo da lei (*recte*, do Regulamento ou da Portaria) constitui uma "regra técnica", pelo que haveria tantas infracções quantas as regras/normas violadas.

---

[103] Não tem, assim, que ser tida como unidade, por exemplo, uma povoação. Bem pode suceder que uma empresa de construção tenha numa mesma cidade, por exemplo, vários estaleiros para a construção de diversos empreendimentos.

[104] No art. 22.º, n.º 1, al. m).

[105] Vd. *infra*, Parte II, nota I ao art. 20.º e também n. 15.3.

[106] Embora também aí se encontrem, por vezes, bens meramente instrumentais. Cfr. também *infra*.

Evolução histórica – Princípios e ideias gerais 49

Sendo certo que **só em concreto o problema da unidade ou pluralidade poderá ser resolvido**, e que a violação das regras técnicas – independentemente da sua quantidade e qualidade – tal como está legalmente formulada, constitui **um só tipo legal**, pensamos ser adequado como método ou ponto de partida para a identificação da unidade de infracção considerar os componentes técnicos que normalmente aparecem nos Regulamentos agrupados por secções ou capítulos[107].

A razão de ser para esta posição reside no facto de, em princípio, haver necessidade do empregador ter atenção a cada um deles em particular a fim de obviar aos riscos específicos que cada um comporta. Se o não tiver feito, tal indiciará que ou teve relativamente a cada um de renovar o processo de motivação da infracção ou, pelo menos, omitiu o dever de fiscalização, de zelo, de coordenação e controlo das condições de segurança próprias de cada um deles, controlo, coordenação, zelo e fiscalização que lhe eram exigíveis e de que era capaz por dominar (ou dever dominar), por si ou através dos seus colaboradores, a técnica necessária para o efeito[108].

Nesta perspectiva, na sequência do ensinamento de Eduardo Correia de que não é por ser violado um só tipo legal que se concluirá logo pela unidade da contra-ordenação, e que será tida em conta a forma exterior como o acontecimento se desenrolou, dever-se-á ter como uma unidade de infracção a violação das normas técnicas relativas, por exemplo, aos andaimes, independentemente de neles se detectar mais que um incumprimento de prescrições técnicas; mas considerar-se-á já outra infracção a relativa às plataformas suspensas; uma terceira a relativa aos passadiços, pranchadas e escadas; outra ainda relativa às aberturas. E assim por diante, de acordo com os capítulos em que estão subdivididas as prescrições técnicas constantes do Regulamento de 1958. E outrotanto se deverá passar relativamente ao de 1965. Aí, há uma infracção se houver violação do

---

[107] Assim: andaimes; plataformas suspensas; passadiços, pranchadas e escadas; aberturas em solhos; aberturas em paredes, etc. Ver, sobretudo, a arrumação na Portaria n.º 101/96 *infra*.

[108] É de presumir que todo o empregador que se dedica a actividade de construção civil e obras públicas conhece as legis artis próprias do sector.

50 Responsabilidade pela segurança na construção civil e obras públicas

abastecimento de água, mas será outra se relativa às instalações sanitárias, uma terceira se respeitante à recolha de lixos, uma quarta por falta de refeitórios, etc.

6.2. A determinação da moldura da coima pelo número de trabalhadores

Diferente é a questão da multiplicação dos montantes mínimo e máximo da coima fixada no tipo legal pelo número de trabalhadores abrangidos ou afectados pela contra-ordenação. Não se trata, pois, de uma questão de unidade ou pluralidade de infracções. Essa questão decidida, o que se impõe resolver é se, na hipótese em que são vários os trabalhadores afectados, se deverá alterar a moldura fixada naquele tipo substituindo-a por uma outra que resulte da multiplicação pelo número desses trabalhadores.

Esta questão não se poria, estamos em crer, se não tivesse o precedente da legislação anterior ao regime geral das contra-ordenações laborais de 1999. No regime de 1985[109], convém lembrar, a moldura podia ser fixada por três modos diferentes: i) ou se tinha em conta o número total de trabalhadores da empresa, ou tão-só do estabelecimento[110]; ii) ou se não tinha, de todo, em conta a dimensão da empresa em meios humanos ou outros[111]; iii) ou se tinha em conta o número de trabalhadores abrangidos ou afectados pela infracção, sendo, então, o montante da coima obtido pela multiplicação do seu

---

[109] Cf. DL 491/85, de 26/11,

[110] Cf. art. 7.º/3 do DL 491/85, sobre *comunicação do início de actividade*, em que a coima era de 5.000$ a 10.000$ se a empresa tivesse de 0 a 5 trabalhadores, de 10.000$ a 20.000$, se tivesse de 6 a 20, de 15.000$ a 30.000$, se tivesse de 21 a 50, etc. Como não havia acesso normalmente a dados globais da empresa, os autos eram levantados, normalmente, tendo em conta o número de trabalhadores do estabelecimento visitado pela inspecção.

[111] Cf. arts. 8.º e 9.º do DL 491/85, sobre *não discriminação em função do sexo* ou sobre *sistemas de conteúdo discriminatório*. Atente-se na redacção deste último: "*As entidades empregadoras que mantenham em vigor sistemas de descrição de tarefas e de avaliação de funções que impliquem discriminação baseada no sexo serão punidas com coima de 5.000$ a 40.000$*". Como se observa não se faz qualquer referência à dimensão da empresa.

Evolução histórica – Princípios e ideias gerais

montante mínimo, constante do tipo, por esse número de trabalhadores[112].

Ora, bem ou mal – não está isso aqui em causa – o facto é que a determinação da moldura da coima no Código do Trabalho, assim como já no regime de 1999, é feita em moldes completamente diferentes. Em primeiro lugar, agora tem-se sempre em conta a empresa e não o estabelecimento. Depois, é ao número total de trabalhadores da empresa que se atende sempre e não só quando isso faz parte do tipo legal da sanção como acontecia no domínio do regime de 1985. Por último, a moldura sancionatória varia com a dimensão das empresas, pelo que quanto a elas deixou de haver contra-ordenações de moldura fixa.

Nestes moldes, parecia ser de considerar que a prática anterior de multiplicar a coima pelo número de trabalhadores não só deixou de fazer sentido, como ainda a sua determinação violaria frontalmente o princípio da tipicidade. A conclusão seria a de que a existência de vários trabalhadores afectados pela contra-ordenação seria irrelevante para a determinação da moldura, embora, naturalmente, na medida em que pudesse afectar a gravidade da conduta em que se traduz a contra-ordenação, deveria ser tida em conta para a determinação da concreta medida da coima[113].

Isto só será assim, porém, sempre que a lei não disponha de forma diferente. E no presente momento, são duas as situações que se conhece em que isso se verifica. A primeira é a de **violação das normas de instrumentos de regulamentação colectiva**[114] que constitui contra-ordenação leve por cada trabalhador afectado, mas contra-ordenação grave se se reportar a uma generalidade de trabalhado-

---

[112] Cf. art. 12.º/2 do DL 491/85, sobre o registo de sanções disciplinares, *"punido com coima de 3.000$ a 15.000$ por cada trabalhador em relação ao qual falte ou se mostre irregularmente escriturado o registo"* ou os arts. 21.º e 25.º sobre o *trabalho suplementar ilegal* e sobre o *mapa de férias* cuja coima era igualmente multiplicada por cada trabalhador em relação ao qual se verifique a infracção.

[113] Neste mesmo sentido embora em análise restrita ao horário de trabalho, cf. Menezes Cordeiro, *A Isenção do horário de trabalho*, Coimbra, Almedina, 2001, p. 105: *"Na aplicação das coimas haverá que ter em conta o seguinte: após a reforma introduzida pela Lei n.º 118/99, de 11 de Agosto, a violação é tratada, no seu conjunto, como uma única infracção e não como tantas infracções quantos os trabalhadores envolvidos".*

52 *Responsabilidade pela segurança na construção civil e obras públicas*

res. Aqui já tem sentido multiplicar a moldura da coima pelo número de trabalhadores afectados para, do seu resultado, determinar a moldura a aplicar em concreto.

A segunda é a que resulta da **pluralidade de infracções** prevista no art. 624.º do Código e art. 451.º da Lei regulamentadora (L 35//2004, de 29/7).

6.3. As *"infracções em massa"*

Antes de prosseguir uma breve referência a um problema muito actual que se prende também com a pluralidade de infracções, visto porém numa perspectiva diversa.

Ao invés de, como sucede com a lei actual[115], a prática pelo mesmo agente dar lugar a uma atenuação da sanção, não falta quem entenda precisamente o contrário.

É o caso de Costa Pinto[116] que critica a solução saída da revisão do regime geral do ilícito de mera ordenação saído da reforma de 1995 por três ordens de razões: a primeira por beneficiar injustificadamente o infractor reincidente – não podemos estar mais de acordo; a segunda porque as razões de aplicação do sistema do cúmulo jurídico no âmbito penal não seriam, sem mais, transferíveis para o domínio contra-ordenacional – no que não deixa de ter razão, sobretudo tendo em conta a diferenciação que deve ser feita quanto ao princípio da culpa que perpassa num e noutro dos âmbitos e quanto ao cumprimento das "penas" e sanções; a terceira, porque cria dificuldades de actuação às autoridades administrativas quando se verifica um grande número de ilícitos ou "infracções em massa", como, com frequência, sucede no domínio específico das contra-ordenações laborais.

Mas não deixa de alertar aquele autor para que *"dentro do regime actual a autoridade administrativa está obrigada a realizar o*

---

[114] Prevista anteriormente no artigo 44.º, n.os 1, 2 e 3 do DL 519-C1/79, de 29/12, e agora no artigo 687.º do CT.

[115] Cf. art. 19.º da Lei-Quadro – Dl 433/82, de 27/10.

[116] Cf. Frederico de Lacerda da Costa Pinto – O Ilícito de Mera Ordenação Social e a Erosão do Princípio da Subsidiariedade da Intervenção Penal, in RPCC7 (1997), pp. 7 a 100, mas sobre a questão concreta versada no texto, *maxime,* pp. 60 e ss..

Evolução histórica – Princípios e ideias gerais 53

concurso entre todas as infracções que ocorram antes do trânsito em julgado de qualquer delas e também entre as infracções que conheça depois do trânsito em julgado até à extinção, prescrição ou execução da sanção (arts. 77.º e 78.º do Código Penal)[117] ".

Estamos sintonizados com o pensamento do autor. Também nos parece que, ao contrário duma tendencial diminuição da sanção por virtude da prática repetida de ilícitos, o que deveria suceder era precisamente o contrário, uma vez que as regras agravativas, designadamente a introduzida no regime geral pela reforma de 1995, segundo a qual os limites mínimo e máximo da coima podem ser aumentados em caso de obtenção pelo agente de um ilícito benefício económico[118] são de difícil operacionalização.

Deveria, por isso, criar-se, antes, uma solução adequada para as ditas "infracções em massa" que tivesse em conta esta prática seguida essencialmente por pessoas colectivas – as pessoas colectivas são o agente, por natureza, do ilícito de mera ordenação[119] – no âmbito do tráfego comercial, económico, financeiro, social, etc., tal como o autor referido dá nota de acontecer em Espanha no domínio legal e doutrinário[120]. Aí o delito de massa "consiste numa *fusão típica de condutas ilícitas com um sentido agravante...* por isso mesmo, estruturalmente semelhante à figura da infracção continuada, embora não tenha um sentido atenuador da culpa do agente, antes pelo contrário, parte da verificação de uma ilicitude e culpa particularmente intensas"[121].

6.4. A *"pluralidade de infracções"* no Código do Trabalho

Havia alguma expectativa sobre a regulação desta matéria pelo Código do Trabalho, já que poderia aproveitar-se a oportunidade para estabelecer um quadro sancionatório adequado aos grandes in-

---

[117] Ob. cit., p. 66.

[118] Cf. art. 18.º/2 do DL 433/82.

[119] Cf. art. 7.º/1 do DL 433/82.

[120] Costa Pinto cita o art. 79.º/2 do Código Penal Espanhol e invoca a doutrina de Sainz Cantero in "El delito masa", Anuario de Derecho Penal y Ciencias Penales, 1971, T. III. P 651 e ss.

[121] Costa Pinto – Ob. cit. p. 70.

54 Responsabilidade pela segurança na construção civil e obras públicas

fractores ou, ao menos, se adoptasse o sistema, mais simples e, ao que se crê mais justo, se não de simples acumulação material, ao menos se debelasse o constrangimento do n.º 2 do artigo 19.º da Lei--Quadro que impede que, em qualquer caso, o montante máximo do concurso ultrapasse o dobro do montante máximo da coima correspondente à contra-ordenação mais grave aplicável.

A novidade veio do artigo 624.º que assim dispõe: " *Quando a violação da lei afectar uma pluralidade de trabalhadores individualmente considerados, o número de infracções corresponde ao número de trabalhadores concretamente afectados, nos termos e com os limites previstos em legislação especial*".

A partir do momento que a lei tipifica que as *infracções* são tantas quantos os trabalhadores afectados, é óbvio que a solução não poderia deixar de passar, de novo, pelo crivo do concurso e pelas regras próprias da sua punição.

E não tinha necessariamente que ser assim. De facto, no domínio do Decreto-Lei n.º 491/85, de 26 de Novembro – o primeiro diploma que consagrou contra-ordenações laborais em Portugal – como se disse já, havia três modos de determinação da coima: nalguns casos a moldura da coima era fixa, isto é, não variava com a dimensão da empresa[122]; noutros a moldura dependia do número total de trabalhadores da empresa agente da infracção[123]; numa terceira modalidade a coima dependia do número de trabalhadores afectados pela infracção [124].

E nem se diga que esta última modalidade suscitava problemas de ordem constitucional. Na verdade o Tribunal Constitucional tivera já oportunidade de se pronunciar sobre a questão, considerando que não sofre de inconstitucionalidade a norma que estabelece que os limites abstractos da coima são determinados por uma simples operação aritmética, segundo um critério objectivo, desde que, naturalmente, sendo o Governo a legislar, sejam respeitados os limites estabelecidos no regime geral[125].

---

[122] Cf., p.ex., o art. 8.º sobre a "não discriminação em função do sexo"
[123] Cf., p.ex., o art. 7.º/3 sobre a comunicação do início de actividade
[124] Cf., p.ex., o art. 21.º sobre o não registo do trabalho suplementar.
[125] Cf. o Acórdão do T. Const. n.º 304/94, de 24/03/94, in DR, 2.ªs., de 27/8/94.

Evolução histórica – Princípios e ideias gerais

O sistema de encontrar a moldura da coima considerando o número de trabalhadores foi abandonado pelo regime de 1999[126] uma vez que os limites mínimo e máximo das coimas passaram a ser determinados sempre pela dimensão da empresa entrando nessa determinação dois factores: o volume de negócios e o número de trabalhadores[127].

Com o Código do Trabalho deixou, porém de se ter em conta o número de trabalhadores para passar a considerar-se para determinação da dimensão apenas o volume de negócios[128].

Esta solução terá encorajado a utilização dos trabalhadores afectados pela contra-ordenação, não propriamente para a determinação da moldura abstracta como sucedia em alguns casos no regime de 1985, nem como factor de determinação da dimensão da empresa, como sucedia em 1999, mas como mero factor agravativo da sanção[129].

No entanto, como não podia deixar de ser, a partir do momento que se equipara a uma infracção a violação dos interesses jurídicos de um trabalhador – numa óptica semelhante á que se verifica no âmbito penal quando se excepciona da continuação a violação de bens eminentemente pessoais que, de todo o modo, no âmbito contra-ordenacional, por natureza, não existem ou cuja tutela é necessariamente indirecta[130] – as regras do concurso têm necessariamente aplicação.

Por isso, quando na regulamentação do Código[131] se dispõe que a pluralidade de infracções *"...dá origem a um processo e as infracções são sancionadas com uma coima única que não pode exceder o dobro da coima máxima aplicável em concreto"* está-se, segundo se

---

[126] Introduzido pela Lei n.º 116/99, de 4/8.

[127] Cf. art. 9.º do regime anexo à Lei n.º 116/99, de 4/8

[128] Cf. o art. 620.º.

[129] A inserção no texto do Código do art. 624.º resultou, ao que se crê, do Acordo Tripartido gerado e concretizado após as fases de projecto e proposta, mas antes da versão final.

[130] É sempre ao direito criminal que cabe a ultima ratio da intervenção do Estado enquanto garante dos valores ou bens jurídicos que põem em causa a vida ou o livre desenvolvimento da personalidade individual ou do interesse colectivo da sociedade.

[131] Art. 451.º da L 35/2004, de 29/7.

Responsabilidade pela segurança na construção civil e obras públicas

crê, a aplicar a disciplina do concurso ideal homogéneo, embora a expressão "coima única" fosse mais adequada às regras da absorção ou exasperação na determinação da sanção.

De qualquer sorte, a aplicação do regime resulta apenas nos casos em que os trabalhadores "...*forem expostos a uma situação concreta de perigo ou sofram um dano que resulte da conduta ilícita do infractor*".

O que, se bem entendemos e interpretamos o alcance da norma – sem prejuízo duma necessária, melhor e mais aturada reflexão – a sua concretização implica, por um lado, que seja feita a prova do perigo, em termos semelhantes aos que se verificam no âmbito dos designados crimes de perigo concreto de que falaremos de seguida e, por outro, que da conduta do agente tenha já resultado um dano efectivo, e não meramente potencial, para os trabalhadores afectados, o que, na prática, se traduzirá num campo restrito de aplicação. E daí que se possa perder parte da sua função dissuasória tão necessária no contexto das acima faladas "infracções em massa".

7. Os crimes de infracção de regras de segurança e de regras de construção

7.1. *Infracção de regras de segurança*

Subordinado à epígrafe "Maus tratos e **infracções às regras de segurança**" dispõe o artigo 152.º do Código Penal[132] que:

"1 – *Quem, tendo ao seu cuidado, à sua guarda, sob a responsabilidade da sua direcção ou educação, ou a trabalhar ao seu serviço, pessoa menor ou particularmente indefesa, em razão da idade, deficiência, doença ou gravidez e:*
a) Lhe infligir maus tratos físicos ou psíquicos ou a tratar cruelmente;
b) A empregar em actividades perigosas, desumanas ou proibidas; ou

---

[132] Redacção das Leis 65/98, de 2/9, 7/2000, de 27/5 e 108/2001, de 28/11.

c) A sobrecarregar com trabalhos excessivos;
é punido com pena de prisão de 1 a 5 anos, se o facto não for punível pelo artigo 144.º[133].

....

4 – A mesma pena é aplicável a quem, não observando disposições legais ou regulamentares, sujeitar trabalhador a perigo para a vida ou perigo de grave ofensa para o corpo ou a saúde."

Trata-se aqui de um crime de consagração recente, inserido na política de neocriminalização de meados do século passado, por contraposição à política de descriminalização também desses tempos que levou ao desaparecimento da ordem jurídica de condutas com cariz moral ou religioso ou à desgraduação doutras de crimes em contra-ordenações, para relevar condutas que anteriormente eram tidas como naturais por resultantes dos poderes do chefe (de família, da empresa, etc.).

O tipo legal do artigo 152.º, que protege a pessoa e a sua dignidade humana, no que toca ao seu aspecto que tem a ver com a relação de trabalho subordinado (deixando de lado os aspectos relacionados com a educação e a coabitação conjugal ou análoga), é simultaneamente um **crime específico** porque exige ao agente a detenção do poder de direcção e ordenação e ao sujeito passivo uma relação de subordinação (no nosso caso, laboral), e um **crime próprio**, porque as condutas relativas ao emprego em actividades perigosas ou de sobrecarga com trabalhos excessivos ou violação das normas de protecção da segurança, são tipificadas *ex novo*, ao contrário do que se passa com as outras (os maus tratos físicos, por exemplo) que podiam constituir já crimes de ofensas corporais simples, de difamação ou de injúrias.

As condutas típicas podem consistir em:
a) utilizar um *menor*, um *deficiente*, um *doente* ou uma *grávida* em: i) *actividades perigosas* como, por exemplo, trabalhos na construção civil a grande altura ou em superfícies aquáticas de grande profundidade; ii) *actividades desumanas,*

---

[133] Refere-se ao crime de ofensa à integridade física grave.

como em ambientes térmicos excessivos (altos fornos ou câmaras frigoríficas); iii) *actividades proibidas*, como manipulação de produtos contendo chumbo, amianto, agentes cancerígenos, químicos ou biológicas, etc.; (Vd. art.os 42.º e ss.; 84.º e ss.; e 116.º e ss. da Lei n.º 35/2004).

b) sobrecarregar essas pessoas, sujeitas a uma protecção especial, com trabalhos excessivos;

c) sujeitar trabalhador a perigo para a vida ou perigo de grave ofensa para a o corpo ou a saúde, não cumprindo as regras de segurança.

Se este último elemento aponta para uma conduta omissiva, a maior parte dos comportamentos revestirão necessariamente a forma de acção, sendo normalmente ainda necessário que haja reiteração, pelo que um só acto isolado ou o decurso de um longo hiato entre um e outro acto sugere a sua desqualificação.

Por outro lado, exige-se para o preenchimento do tipo legal, segundo os princípios gerais do direito penal, o dolo – embora com a reforma penal de 1995 (DL 48/95) tenha desaparecido do tipo legal a "malvadez ou egoísmo" a que por vezes se chamava também "dolo específico". Torna-se pois necessário que o agente conheça pelo menos, para além da relação de subordinação, a situação de menoridade, deficiência, doença ou gravidez.

Por fim, não se trata de um crime em que o dano faça parte dos pressupostos objectivos, mas de um **crime de perigo**, bastando-se o seu preenchimento com uma situação de perigo, ou seja, da forte probabilidade da ocorrência do evento danoso

7.2. *Infracção de regras de construção*

Por sua vez, sob a epígrafe "**Infracção de regras de construção**, dano em instalações e perturbação de serviços" diz o artigo 277.º do mesmo CP:

"*1 – Quem:*

a) *No âmbito da sua actividade profissional infringir regras legais, regulamentares ou técnicas que devam ser observadas no planeamento, direcção ou execução de construção, demolição ou instalação, ou na sua modificação;*

Evolução histórica – Princípios e ideias gerais

b) Destruir, danificar ou tornar não utilizável, total ou parcialmente, aparelhagem ou outros meios existentes em local de trabalho e destinados a prevenir acidentes, ou, infringindo regras legais, omitir a instalação de tais meios ou aparelhagem;

c)...

d)...

e criar deste modo perigo para a vida para a integridade física de outrem, ou para bens patrimoniais de valor elevado, é punido com pena de prisão de 1 a 8 anos.

2 – Se o perigo referido no número anterior for criado por negligência, o agente é punido com pena de prisão até 5 anos.

3 – Se a conduta referida no n.º 1 for praticada por negligência, o agente é punido com pena de prisão até 3 anos ou com pena de multa.

Este artigo 277.º consagra um mero **crime de perigo comum** para tutela do bem jurídico **segurança**, designadamente no âmbito do trabalho subordinado[134]. Para haver punição basta a criação do perigo, não sendo pois necessária a existência de um dano, embora este, traduzido muitas vezes na perda dos valores "integridade física" ou "vida" possa frequentemente apresentar-se de grande gravidade, o que terá de se reflectir na pena[135]. Tratar-se-á, então, de agravação pelo resultado, situação em que a agravação também terá, ela própria, de provir pelo menos de uma atitude negligente[136]. Além de que também o próprio crime se realiza com a mera negligência, quer para a verificação do perigo, entendido como séria probabilidade de ocorrência do dano[137], quer para a prática da conduta.

---

[134] Mas não só. Também no âmbito da prestação de serviços ou fornecimentos públicos.

[135] Cfr. sobre a possibilidade de constituição de assistente neste crime, quando ocorra o resultado que se pretendia evitar, por parte da pessoa afectada em bens pessoais ou patrimoniais o Ac. do TRP de 11/02/2004, relatado por Coelho Vieira – in www.dgsi.pt.

[136] Cf. art. 18.º do CP.

[137] Cuja verificação tem de resultar sempre de uma análise posterior, ou seja, o juízo do julgador é sempre de prognose póstuma ou posterior ao facto: *"Provado que: a) na instalação de sistemas de aquecimento, embora não existam normas legais que regulamentem a actividade*[está-se perante uma decisão de atribuição de responsabilidade civil

60   Responsabilidade pela segurança na construção civil e obras públicas

Mas trata-se também de um crime de perigo concreto pelo que, não o presumindo a lei, ter-se-á de fazer a demonstração dos factos de onde se extraia a evidência do perigo.

O exposto significará que a violação, por parte dum empregador, enquanto "director"[138] duma construção ou dum arquitecto, enquanto responsável pelo "planeamento", duma "regra" (legal, regulamentar ou técnica) de segurança ou saúde (prevista, por exemplo, nos DL n.ºs 441/91 ou 273/2003, na Portaria 101/96, ou no Decreto n.º 41821) poderá dar origem a um crime, mesmo que este venha a ser punido só com pena de multa[139] cujo montante pecuniário poderá até ser inferior ao da coima aplicável em caso de uma contra-ordenação de contornos algo semelhantes. O que não invalida, todavia, que, mesmo neste caso, se trate duma sanção (pena) mais grave que a coima (de montante mais elevado) do ilícito de mera ordenação.

Importa assinalar, porém, que aqui, diferentemente do que se passa com o tipo legal do artigo 152.º acima analisado, não é só o empregador que pode cometer o crime. Na realidade, pode não integrar o tipo qualquer relação de poder/subordinação própria do contrato de trabalho subordinado, embora ela possa existir (mas não necessariamente) no que toca à violação de regras de "direcção". Por isso a qualquer profissional, seja ele dono da obra, empregador, fiscal da obra, director técnico da empreitada, técnico responsável da

---

por danos materiais], *é considerada sua regra técnica essencial que «o sistema de termo-sifão: exige a montagem de órgãos de segurança, designadamente, válvula de segurança, vaso de expansão e termómetro; b) o arguido desrespeitou essa regra técnica, não colo-cando nenhum desses órgãos; c) representou a possibilidade de daí resultar a explosão que veio a verificar-se, embora não se haja conformado com o resultado, a sua conduta preenche o tipo legal previsto e punido pelo art. 263.º, n.s 1 e2 do Código Penal de 1982 (conforme art. 277, n.s al. a) e n. 2 do CP de 1995) – Ac. do TRP de 19/06/96, relatado por Marques Salgueiro – in www.dgsi.pt.*

138   Cf. alínea a) do n.º1 do artigo em análise.

139   A jurisprudência tem sido no sentido de aplicação de pena de prisão que é, todavia, suspensa face à primariedade da condenação. Apesar da consagração destes dois tipos legais de crimes relacionados com a construção civil, "infracção das regras de construção" e "infracção das regras de segurança", há casos em que, tendo-se verificado a morte de um operário, o arguido da prática de contra-ordenações por violação do regulamento de segurança na construção civil foi acusado e condenado pelo crime de homicídio negligente (negligência grosseira) do art. 137.º/2 do CP (Sentença do Tribunal Judicial de Vila Nova de Gaia de 26/06/2000 – Proc. 178/99- 1.º Criminal).

Evolução histórica – Princípios e ideias gerais

obra, técnico de segurança ou operário pode ser imputado o crime desde que na execução de construção (demolição, instalação ou simples modificação) infrinja regras (legais, regulamentares ou técnicas) no âmbito da sua actividade profissional. Assim como será imputado o crime de destruição, danificação ou de colocação fora de utilização a aparelhagem existente no local de trabalho destinada a prevenir acidentes[140] a quem, independentemente da posição que ocupe na relação laboral, for por eles responsável.

A violação de tais regras, mais propriamente a violação das normas legais inseridas naqueles diplomas, poderá dar simultaneamente origem a contra-ordenações que são imputáveis nos termos estatuídos, conforme já vimos, e unicamente aos sujeitos que o legislador quis implicar especialmente na promoção da segurança e na prevenção da sinistralidade, designadamente os donos da obra, detentores do poder económico e concomitantemente os determinadores da técnica de da organização do estaleiro e os executantes, que igualmente têm competência decisória sobre a obra, além de serem os responsáveis pelos equipamentos e máquinas cuja perigosidade potencia os riscos.

Estamos pois, nesses casos, perante a situação de concurso de crime e contra-ordenação, caso em que a Administração haverá de remeter "o processo ao Ministério Público"[141].

Porém, diferentemente do que se passa com os crimes laborais, que a lei permite possam ser imputados não só aos agentes materiais como às pessoas colectivas que representam[142], estes crimes de aplicação no âmbito laboral, e designadamente nas situações de violação de normas legais regulamentares ou técnicas da construção civil e obras públicas previstos no Código Penal, obedecem ao princípio da responsabilidade pessoal estabelecido no art. 11.º.

---

[140] Ou a simples omissão de instalação da aparelhagem quando imposta por normas legais, regulamentares ou técnicas.

[141] Cfr. arts. 38.º, 39.º e 40.º do DL 433/82. Pensamos que mais correcto teria sido a utilização da palavra *auto* ou *autos*, em vez de processo, uma vez que este (processo de inquérito) só deverá iniciar-se no Tribunal.

[142] Cf. art. 607.º do CT

7.3. A actuação da IGT perante indícios de infracções sobre segurança

A questão que se põe muitas vezes a quem tem a incumbência de fiscalizar o cumprimento das leis laborais, e que simultaneamente está consciente de, enquanto funcionário, ter obrigação de denunciar os crimes de que tome conhecimento no exercício das suas funções e por causa delas[143], é a seguinte: será que a participação ao Tribunal deverá ser feita em todas as circunstâncias em que seja detectada pela Inspecção do Trabalho uma violação a normas de segurança, higiene e saúde[144]? E, se não, quando o fazer?

A hipótese do crime de infracção das regras de segurança, previsto no n.º 3 do artigo 152.º do Código Penal, é a de mais rara e difícil verificação[145], pois que terá de haver indícios de que, pelo menos, o agente, designadamente o empregador, representou como possível a morte ou ofensa grave à integridade física do trabalhador e, apesar disso, conformou-se com a sua realização[146]/[147]. É um cri-

---

[143] Cf. art. 242.º/1/b) do CPP.

[144] Tenha-se presente que para além dos diplomas acima referidos existem muitos outros que consagram normas específicas destinadas a prevenir riscos de acidentes de trabalho ou doenças profissionais, designadamente as chamadas "directivas específicas" sobre: cloreto de vinilo monómero – DL 273/89, de 21/8(revogado a partir de 29/04/2003, cf. art. 21.º/2 do DL 301/2000); chumbo – DL 274/89, de 21/8; amianto – DL 284/99, de 24/8, alterado pelo DL 389/93, de 20/11; exposição a substâncias químicas – DL 275/91, de 7/8; exposição ao ruído – DL 72/92, de 28/4; movimentação manual de cargas – DL 330/93, de 25/9; locais de trabalho – DL 347/93, de 1/10; equipamentos de protecção individual – DL 348/93, de 1/10; equipamentos dotados de visor – DL 348/93, de 1/10; DL 378/93, de 5/11 – concepção e fabrico de máquinas; assistência médica dos trabalhadores a bordo dos navios – DL 274/95, de 23/10; sinalização de segurança – DL 141/95, de 14/6; indústrias extractivas e de perfuração a céu aberto ou subterrâneas – DL 324/95, de 29/11; exposição a agentes biológicos – DL 84/97, de 16/4; segurança e saúde no trabalho a bordo dos navios de pesca; equipamentos de trabalho – DL 82/99, de 16/3; exposição a agentes cancerígenos ou mutagénicos durante o trabalho – DL 301/2000, de 18/11.

[145] Taipa de Carvalho dá como exemplo do crime p.p. pelo n.º 1, al. b), o de um menor a fabricar objectos pirotécnicos – Comentário Conimbricense ao Código Penal, T I, p. 333.

[146] Hipótese de dolo eventual – cfr. art. 14.º/3 do CP.

[147] Problema é o de considerar se o tipo legal de crime é preenchido quando quem sujeita o trabalhador ao perigo é, não o empregador mas um outro trabalhador, superior hierárquico daquele colocado hierarquia da empresa, não no topo "top management", antes no "middle management" (encarregado/capataz).

Evolução histórica – Princípios e ideias gerais

me que também pressupõe normalmente, como vimos, a **reiteração** das condutas e em que a punição, quando agravada pelo resultado, resulta de um juízo de prognose póstuma, ou seja, da determinação feita pelo Tribunal, após o evento danoso e o elemento agravativo, da representação do facto infraccional e do seu resultado como consequência directa, necessária, ou meramente possível, conformando-se ou não com a sua realização[148]. É que o art. 18.º impõe que *a agravação é sempre condicionada pela possibilidade de imputação desse resultado ao agente pelo menos a título de negligência.*

Por seu lado, tratando-se no artigo 277.º do Código Penal de um **crime de perigo concreto**[149], cuja verificação prática embora não sindicada, infelizmente ocorre com demasiada frequência, também só quando a violação da regra legal criar perigo para a vida, integridade física ou bens patrimoniais de valor elevado se poderá considerar a indiciação desse crime de infracção das regras de construção. Ou seja, é necessário fazer em cada caso concreto a **prova do perigo** comum de facto verificado[150]. *"A conduta delitiva não se esgota na mera omissão da conduta exigida, sendo igualmente necessário que dela resulte a criação do perigo de lesão para a vida ou a integridade física de outrem"*[151]. É o que ocorrerá, por exemplo, no âmbito da construção, sempre que estejam a operar trabalhadores a um determinado nível de altura do solo[152] sem a respectiva protecção contra as quedas em altura[153] ou em escavações com mais de 5m de profundi-

---

[148] Ou nem sequer representando o facto como possível, como sucede na negligência inconsciente.

[149] A distinção entre perigo concreto e abstracto é que para a verificação daquele tem de se fazer a prova do perigo, ao passo que neste existe uma presunção legal *juris et de jure* dessa verificação.

[150] Neste sentido, Paula Ribeiro de Faria, *Comentário Conimbricense...*T II, p. 912

[151] Cfr. a anotação de Jorge Leite à sentença do Tribunal Colectivo de Coimbra de 5/6/97, Questões Laborais, 1998, 11, p. 109.

[152] Mais de 4 metros de altura (art. 1.º do Dec. 41821, de 11/8/69). Torna-se, pois necessário, que seja presenciada a prática laboral de trabalhadores a operar em situação de risco grave e de iminente perigo para a vida ou saúde. Não basta a mera inexistência de protecção ou que aí esteja um trabalhador de mãos nos bolsos ou a operar sem risco de queda.

[153] Falta de guarda-corpos – cf. arts. 23.º e 44.º do Dec. 41821)

64 Responsabilidade pela segurança na construção civil e obras públicas

dade sem a respectiva entivação metálica[154], desde que, e apenas e só, quando a situação for de perigo iminente, prestes a acontecer, isto é, um perigo que esteja para desabar em tragédia.

Embora possa coincidir muitas vezes com esta hipótese, caso em que haverá necessariamente concurso de crime e contra-ordenação, será diversa a situação em que a Inspecção do Trabalho, por força do seu Estatuto, pode notificar uma empresa para que proceda à imediata **suspensão dos trabalhos** em curso na construção[155].

Verificando-se aqui que *medidas imediatamente executórias*, incluindo tal suspensão, podem ser tomadas *em caso de risco grave ou probabilidade séria da verificação de lesão da vida, integridade física ou saúde dos trabalhadores*, bem pode suceder que se não apresente perante o inspector uma situação de **perigo concreto**, mas tão só de **perigo abstracto,** ou de **risco potencial**, caso em que a suspensão pode legitimamente ser tomada como medida cautelar especialmente apta a evitar a sinistralidade laboral[156]. Estamos, então, perante uma mera hipótese de contra-ordenação, tal como sucede, aliás, em todas as outras situações em que, havendo embora violação de um dever, se não verifica, contudo, aquela iminente probabilidade de lesão. Como sucede, por exemplo, com a maioria das contra-ordenações previstas nos artigos 5.º a 24.º do Decreto-Lei n.º 273//2003 que tutela o planeamento, a coordenação e a execução da segurança e saúde nos estaleiros temporários ou móveis.

8. O critério de imputação da responsabilidade às pessoas colectivas

Questão genérica, mas que por certo se porá muitas vezes no âmbito da segurança na construção civil e obras públicas, respeita ao critério de imputação da contra-ordenação às pessoas colectivas, designadamente às sociedades comerciais.

A primeira asserção a fazer é a de que, tendo o direito de mera ordenação sido criado com o propósito, entre outros, de ser aplicável

---

[154] Cfr. arts. 67.º e 70.º§3.º do Dec. 41821.

[155] Cfr. art. 10.º/1/d, do Estatuto da IGT- DL 102/2000 de 2/6.

[156] Sobre a notificação para suspensão imediata dos trabalhos cfr. *supra* (n.º 5).

Evolução histórica – Princípios e ideias gerais

às pessoas colectivas, não é necessária aqui, para a sua responsabilização[157], a intermediação do representante legal, ou do responsável pela gestão ou administração, tal como sucede no âmbito do direito penal[158]. É isso que também diz o Prof. Figueiredo Dias quando afirma que *"na doutrina e na legislação, tanto portuguesas como alemãs, parece aceitar-se sem problemas de maior a capacidade de responsabilização das pessoas colectivas por contra-ordenações"*. A contra-ordenação é assim imputada originariamente, como dissemos já, à própria pessoa colectiva[159].

Só que as pessoas colectivas actuam, necessariamente, através de pessoas físicas que formam, corporizam e executam a sua vontade. Assim, embora a intermediação duma pessoa física não seja necessária para a responsabilização e punição, uma vez que se pode e deve responsabilizar a pessoa colectiva *"qua tale"*, e não apenas os seus legais representantes, já o será para efeitos de imputação, para a ligação do facto infraccional à pessoa colectiva. Há que, neste domínio, quiçá, mais do que relevar o conceito específico de culpa no ilícito de mera ordenação, fazer a distinção entre a culpa que é sempre individual e, portanto, relacionada com uma pessoa física e a responsabilidade, essa sim reportada directamente às pessoas colectivas. Ora, conforme o círculo de pessoas que actuam em nome, no interesse, ou por conta do ente colectivo é mais ou menos alargado, assim a sua responsabilização e a consequente punibilidade é maior ou menor.

---

[157] Para a responsabilização, que não para a actuação pois que sempre a intervenção colectiva tem de ser actuada por um (ou vários) agente concreto.

[158] Designadamente, sempre que se aplica uma pena privativa da liberdade. Não já assim, porém, no âmbito do designado direito penal económico ou secundário, embora continue a haver tendência, mesmo aqui, para a responsabilização pessoal e individual – cf. Figueiredo Dias – *Para uma dogmática do direito penal e secundário* – Revista Direito e Justiça, vol. IV, 1998/1999, p. 48/49.

[159] Esta é também a posição da PGR: Cfr., p. ex., Proc. 10/94, in DR, 2.ªs. n.º 99, de 28/04/95 onde se afirma que *"As pessoas colectivas ou equiparadas actuam necessariamente através dos titulares dos seus órgãos ou dos seus representantes, pelo que os factos ilícitos que estes pratiquem, em seu nome e interesse, são tratados pelo direito como factos daquelas, nomeadamente quando deles advenha responsabilidade criminal,**contra-ordenacional** ou civil"*. Esta é também a posição de Teresa Serra – *Contra-Ordenações: Responsabilidade...*- RPCC 9 (1999), p. 190: *"A entidade colectiva age... originariamente através dos seus órgãos"*.

66 Responsabilidade pela segurança na construção civil e obras públicas

Em abstracto poder-se-á dizer que são basicamente três os critérios que podem ser seguidos quanto à imputação:

i) O primeiro, curiosamente o fixado na lei-quadro das contra-ordenações[160], é baseado na teoria da identificação (o titular do órgão identifica a própria entidade colectiva) de acordo com uma pura **concepção orgânica**, e é o mais restrito.

ii) O mais extenso é o que atribui à pessoa colectiva o facto praticado por **todo aquele que aja no seu interesse, em seu nome ou por sua conta.**

iii) No meio se situam os critérios que imputam à entidade colectiva os factos praticados pelos **órgãos, mandatários ou representantes** ou, além destes, ainda os **agentes** e por vezes os próprios **trabalhadores** (assim, p.ex., no Código do Mercado de Valores Mobiliários, as entidades colectivas são responsáveis pelas contra-ordenações praticadas pelos **membros dos seus órgãos sociais**, pelos seus **trabalhadores** ou por quaisquer mandatários ou representantes) [161]. No primeiro regime das contra-ordenações laborais, também o critério de imputação era mais extenso[162] uma vez que abrangia, para além dos "órgãos", os "representantes" e ainda também os "agentes". Simplesmente a norma que o determinava foi revogada e não foi substituída por nenhuma outra. Tal facto acarretou a aplicação subsidiária da lei-quadro cujo regime pode criar, no mínimo, lacunas de punibilidade[163], embora para alguns autores[164] a consequência poderá até ser

---

[160] Cfr. art 7.º/2 do DL 433/82, de 27/10.

[161] Sobre os diversos critérios de imputação da responsabilidade das entidades colectivas e até os problemas constitucionais que eles suscitam face ao critério restritivo da lei-quadro das contra-ordenações (art. 7.º/2 do DL 433/82),Vd. Teresa Serra – *Contra-Ordenações: Responsabilidade...*, RPCC, Ano 9, Abril/Junho 1999, (pp. 187 a 212).

[162] Cfr. art. 5.º/1/2 do DL 491/85, de 26/11, revogado pela L. 116/99, de 4/8.

[163] Cfr. Costa Pinto, ob. cit., p. 52, nota 79, onde afirma que: *"Literalmente o preceito (art. 7.º, n.º 2, do regime geral das contra-ordenações) não abrange condutas de pessoas que não sejam **órgão**s (ou, no mesmo plano, titulares de órgãos com poderes de representação) podendo por isso criar **lacunas de punibilidade**: se o facto for praticado por um funcionário ele não é titular de dever e não pode, por isso, ser considerado autor. Mas neste caso, o facto também não poderá ser imputado à pessoa colectiva porque o gente que actuou não é titular de um órgão".*

[164] Como é o caso de Teresa Serra, ob. cit. pp. 190/1- notas 8 e 10

Evolução histórica – Princípios e ideias gerais   67

mais grave por implicar uma decisão de política criminal que põe em causa princípio constitucionais como o da universalidade, igualdade e proporcionalidade.

Vemos então que se poderá questionar, se não mesmo verdadeiramente precludir, a responsabilidade contra-ordenacional das pessoas colectivas, sempre que quem actuou em concreto e preencheu os pressupostos do tipo legal de ilícito contra-ordenacional não foi um membro de um seu órgão representativo. E, se quem actuou não tem essa qualidade, nem existe norma específica que faça imputar a punibilidade por actuação por intermédio de outrem[165], o que vai suceder é que a contra-ordenação também não lhe vai poder ser imputável, pelo que, apesar de ter havido violação material duma norma que prevê a contra-ordenação, esta não se terá verificado por falta de sujeito a quem a imputar. E por esse modo se perde, ou estiola, o efeito dissuasor das condutas que põem em perigo a segurança, se anula o efeito preventor dos riscos e se dá azo a um aumento da sinistralidade laboral.

Dava conta Teresa Serra[166] duma proposta de alteração do regime do ilícito de mera ordenação segundo a qual *"as pessoas colectivas ou equiparadas são responsáveis pelas contra-ordenações praticadas pelos seus órgãos, mandatários, representantes ou trabalhadores, quando os mesmos actuem no exercício das suas funções"*. Tratar-se-ia, como se vê, dum critério de imputação muito mais amplo que o existente e certamente mais adequado para a punibilidade dos entes colectivos, mas também, segundo a mesma autora, tão amplo que não promoveria a sua auto-responsabilidade. Designadamente, daria flanco à crítica de que, se se justifica a responsabilidade das entidades colectivas quando os factos são praticados pelos seus órgãos e representantes, já seria excessivo responsabilizá-las pelos actos dos trabalhadores e mandatários sem poderes de representação, nomeadamente se não fosse prevista a exclusão da respon-

---

[165] Como sucede com os arts 25.º e 26.º que imputam a responsabilidade ao dono da obra, quando quem actuou foi o coordenador de segurança ou o autor do projecto. O facto de estar prevista a extensão da ilicitude para o caso da comparticipação na contra-ordenação (art. 16.º do DL 433/82) não releva para o caso por não se tratar aqui dessa figura.

[166] Ob. cit., p. 208.

68   *Responsabilidade pela segurança na construção civil e obras públicas*

sabilidade quando conseguissem provar que cumpriram todos os seus deveres e, apesar disso, houve infracção contra a sua vontade ou sem a sua vontade. Sendo esta a posição daquela autora, não nos parece, contudo, que esta última crítica seja certeira. O facto de a própria norma consagrar apenas a responsabilidade dos entes colectivos quando aquele círculo de pessoas que lhes estão especialmente ligadas actue *"no exercício das suas funções"* é, para nós, suficiente para se excluir a responsabilidade das pessoas colectivas sempre que provem que deram ordens expressas em sentido diferente do acto ou omissão do agente. Isto, sem prejuízo de nestes casos se verificarem os pressupostos fácticos duma contra-ordenação que fica, todavia, sem punição porque ao agente falta uma qualidade típica (é um extraneus) ou não é titular do dever cujo valor jurídico a norma quer tutelar.

Simplesmente, esta proposta (de 1999), desconhecemos se pela crítica que fica relatada ou por qualquer outra razão, não foi avante, pelo que se mantém o *status quo*, verdadeira atitude de asofia legislativa que, para o ilícito social laboral é muito grave e pode ser frustrante do ponto de vista da prevenção dos acidentes de trabalho e doenças profissionais.

8.1. *A (in)imputação de responsabilidade à entidade empregadora por alteração da norma sobre os sujeitos*

Uma questão levantada por alguma jurisprudência tem a ver com a alteração da norma sobre os sujeitos no regime das contra-ordenações laborais.

De facto, a norma do art. 4.º do regime de 1999[167] determinava que *são responsáveis pelas contra-ordenações laborais e pelo pagamento das coimas: a) A entidade patronal, quer seja pessoa singular ou colectiva, associação sem personalidade jurídica ou comissão especial,*

Diferentemente dispõe agora a norma do art. 617.º, sob a epígrafe dos sujeitos, que *quando um tipo contra-ordenacional tiver por agente o empregador abrange também a pessoa colectiva, associação sem personalidade jurídica bem como a comissão especial.*

---

[167] Aprovado pela Lei n.º 116/99, de 4/8.

Ora, da diferente redacção destas duas normas, pretende retirar-se a conclusão que até à entrada em vigor do Código a lei imputava "quase objectivamente" a contra-ordenação à entidade patronal e que agora tem de se demonstrar que ela actuou com culpa.

É uma questão que vem tendo aplicação prática sobretudo no âmbito da disciplina do controlo dos tempos de condução de viaturas pesadas por trabalhadores das empresas de transportes (e outras). Se até agora se admitia sem mais a responsabilidade patronal quando o agente material da contra-ordenação fosse o motorista, agora exigir-se-ia a prova de que a empresa deu ordens ao motorista para violar aquela disciplina (ultrapassando, p.ex., os tempos de condução ou não respeitando os tempos de repouso ou descanso) ou, pelo menos, que não lhe deu ordens ou estabeleceu directrizes para a não cumprir. Mas é uma questão que pode generalizar-se a todas as situações em que o agente material da contra-ordenação é, não o titular de um dos órgãos sociais da empresa, mas um simples trabalhador (mesmo que um quadro superior) ou um representante, legal ou voluntário, daquela.

Ora, salvo o devido respeito, este raciocínio contém uma falácia. De facto, não nos parece que em circunstância alguma a entidade patronal devesse responder objectivamente por actuações dos seus trabalhadores. O designado "risco de empresa" que por vezes se invoca, não nos parece adequado para uma responsabilização sancionatória, dir-se-ia quase penal. O problema, a nosso ver, é outro e tem a ver com o facto de inexistência de norma que directamente impute a actividade mesmo que ilícita do trabalhador à esfera jurídica da empresa. É, de todo o modo, como já deixamos dito, um problema semelhante ao que sucede se, em vez do trabalhador, a entidade empregadora actuar um ilícito contra-ordenacional através de um seu representante, legal ou voluntário. Também aí a questão se põe, face à redacção do n.º 1 do art. 7.º do Dec-Lei n.º 433/82, aplicável subsidiariamente.

Foi esta questão que levou alguma doutrina a ponderar a existência de uma comparticipação necessária[168] sempre que o agente

---

[168] Neste sentido Costa Pinto – O Ilícito de Mera Ordenação...cit. p. 18 e ss..

70 Responsabilidade pela segurança na construção civil e obras públicas

material da contra-ordenação fosse uma pessoa física não titular de um órgão. Porque este não tem a qualidade necessária que o tipo legal exige (é um extraneus), não poderia cometer a contra-ordenação. Mas já assim não será se for um comparticipante porque, nessa altura, a lei lhe faz estender essa qualidade[169]. Mas, mesmo assim, a contra-ordenação ainda não seria imputável à pessoa colectiva, por causa do rígido critério orgânico do art. 7.º/1 que exige que intervenha um órgão, *recte*, um titular de um órgão. Como resolver o problema? Pois fazendo intervir para estabelecer a ligação com o empregador, uma pessoa física, titular do órgão (fiscalizador, de direcção, deliberativo), que teria sempre a seu cargo o *jus vigilandi*, o dever de vigiar a actuação dos trabalhadores. Então este seria o elo necessário para estabelecer a cadeia de responsabilidade da pessoa colectiva. Esta solução parece implicar, porém, uma comparticipação necessária de três entidades sempre que o agente seja um trabalhador, e todas elas seriam responsáveis embora segundo a culpa de cada uma (art. 16.º do Dec-Lei n.º 433/82)

Não parece ser uma solução nem prática nem juridicamente isenta de dúvidas. A solução está, a nosso ver, na alteração da referida norma do n.º 1 do art. 7.º alargando o elenco de pessoas e entidades cuja actuação se repercute directamente na esfera jurídica colectiva e quanto às situações como a acima descrita sobre os motoristas ela deverá merecer uma intervenção legislativa clarificadora e que se propugna no sentido da responsabilização conjunta da entidade patronal e do seu agente (representante ou trabalhador), na linha do que estabelecia a alínea c) do n.º 1 do art. 4.º do revogado regime das contra-ordenações laborais de 1999.

É evidente que a responsabilização da pessoa colectiva através dum qualquer agente nunca pode ser absoluta, pois tem sempre de pressupor que aquele actuou no interesse colectivo e no exercício das suas funções.

Interesse colectivo significa que, não tendo necessariamente que ser uma contra-ordenação que tenha trazido proveito material à pessoa colectiva, tem de não se determinar de modo exclusivo pelo interesse pessoal do agente. Actuando este no seu próprio e exclusivo

---

[169] Cf. art. 16.º/1 do DL 433/82, de 27/10.

Evolução histórica – Princípios e ideias gerais   71

interesse, ou fora do exercício das funções, intervindo dolosamente –
não se verificando, por isso, nenhuma conexão ente o facto ilícito e
as funções do agente – claro que fica excluída a responsabilidade do
ente colectivo.

8.2. *O especial critério de imputação ao dono da obra no âmbito da segurança nos estaleiros móveis*

Convém ter presente que, se as regras gerais acima enunciadas
se aplicam genericamente, no âmbito do diploma da segurança nos
estaleiros temporários ou móveis existem, contudo, algumas normas
especiais de imputação das contra-ordenações às pessoas (colectivas
ou singulares) envolvidas na actividade do sector da construção civil
e das obra públicas que aí assumem a qualidade de dono da obra.

De facto, em circunstâncias normais, quando a lei determina
quais são as obrigações dos coordenadores de segurança na fase do
projecto, quais são as obrigações dos coordenadores de segurança na
fase da execução da obra e as suas obrigações resultantes quer da
evolução dos trabalhos quer das alterações ao projecto da obra, se-
guir-se-ia a sua responsabilização pelo incumprimento ou pelo cumprimento defeituoso dos respectivos deveres.

Todavia, não é isso que se verifica. Como dissemos já quando
falámos da responsabilidade do dono da obra[170], a lei imputa directamente a este a responsabilidade pela violação de deveres que a mesma lei atribui aos coordenadores do projecto ou da obra.

Figuremos o exemplo da elaboração da compilação técnica.
É sabido que compete ao coordenador de segurança e saúde na fase
do projecto elaborar um dossier (na tradução portuguesa da Directiva
adoptou-se e expressão *"compilação técnica"*) com todos os elementos relevantes em segurança e saúde tendo em vista intervenções
posteriores à conclusão da obra[171]. O que bem se compreende, e se
louva, já que com tal dossier se poderão prevenir muitos riscos para
a integridade física ou para a vida dos trabalhadores que depois da

---

[170] Cfr. supra, n.º 3.3.
[171] Cfr. art. 16.º do DL 273/2003, de 29/10.

obra feita nela intervêm quer na limpeza, quer na manutenção, conservação, alteração e ampliação, quer mesmo na sua demolição.

Pois, apesar do dever da elaboração desse dossier competir ao coordenador do projecto, a sua violação acarreta a responsabilidade do dono da obra e só do dono da obra[172]. Não era esta a solução que decorreria da norma genérica constante do artigo 10.º do Decreto-Lei n.º 273/2003, de 29/10: *"A nomeação dos coordenadores de segurança em projecto e em obra não exonera o dono da obra, o autor do projecto, a entidade executante e o empregador das responsabilidades que a cada um deles cabe nos termos da legislação aplicável em matéria de segurança e saúde no trabalho"*. Da sua interpretação parecia defluir, antes, a responsabilidade conjunta do coordenador e do dono da obra. A circunstância da nomeação daquele (coordenador) não exonerar este (dono da obra) das responsabilidades em matéria de segurança e saúde, parecia querer significar que para o legislador ambos assumiam, como agentes, a qualidade típica integradora dos pressupostos objectivos do ilícito. Ambos seriam *"intranei"*, pois que sendo responsáveis pelo cumprimento de um dever, embora o dono da obra com um dever de carácter mais genérico, ambos seriam passíveis de censura e, concomitantemente, de sanção. Repare-se, aliás, que podendo ser o dono da obra perfeitamente leigo em matéria de shst, e sendo o coordenador um profissional altamente qualificado nesta matéria, temos até dúvidas em aceitar que não seja este verdadeiramente o detentor do domínio do facto, na consagrada distinção de Claus Roxin[173]. Embora, como é bom de ver, aquele (dono da obra) seja normalmente a parte detentora não só do poder económico como da determinância técnica e organizacional e, por esse facto, tenha o condão de influenciar (positiva ou negativamente) a implantação das condições de shst no estaleiro.

Por outro lado, como já acentuámos, não se olvide que estaremos muitas vezes perante casos em que não há vínculo de subordinação jurídico-laboral entre o dono da obra e o coordenador de segurança. Nomeado, a sua actuação pode perfeitamente processar-

---

[172] Cfr. art. 25.º/3/a, do DL273/2003, de 29/10.

[173] Cfr. sobre este tema Teresa Pizarro Beleza – A Estrutura da Autoria nos Crimes de Violação de Dever, Titularidade versus Domínio do Facto?, RPCC 2 (1992).

Evolução histórica – Princípios e ideias gerais

-se no âmbito dum contrato de prestação de serviços, na sua modalidade de contrato de empreitada, com plena autonomia técnica e mesmo jurídica, embora, também neste caso, deva ser identificada, e aceitar a função a pessoa singular que vai, de facto, coordenar[174]. Por isso, não nos parece que se esteja aqui perante um caso de responsabilidade por actuação em nome de outrem tal como é configurado pelo artigo 12.º do Código Penal que, de resto, consequenciaria a responsabilidade do coordenador, solução que o legislador parece ter afastado[175].

Trata-se, isso sim, de uma solução legal em que, certamente por razões de perseguição e responsabilização social pela segurança por parte dos detentores do capital produtivo e de maior capacidade económica, o titular dum especial dever imposto por lei, um *intraneus*, é desresponsabilizado contra-ordenacionalmente quando viola esse dever. Não se trata aqui, a nosso ver, duma situação de autoria mediata, em que o facto é praticado através de outrem. É que dono da obra não é (pode não ser) detentor do domínio do facto. Tem, isso sim, um dever genérico de não violar as normas e prescrições de segurança. É a violação desse dever que é feita através de outrem (o coordenador de segurança) que vai implicar a sua responsabilidade.

Claro e óbvio é que esta solução legislativa é restrita à responsabilidade contra-ordenacional, diferentemente se passando as coisas na responsabilidade penal onde, como vimos, se aplicam as regras próprias da imputação do facto ao agente. Mas, ainda aqui, convém notar que pode o dono da obra ser responsabilizado por, podendo e devendo cumprir as normas legais, regulamentares ou técnicas que eram adequadas a evitar que os acidentes não ocorressem, ou tão-somente a minimizar os seus efeitos, não o ter feito, sendo, por isso censurável o seu comportamento omissivo e sancionável a sua conduta.

---

[174] Cf. art. 9.º/3.
[175] Cf. art. 9.º/6 e 25.º/3/f).

74 Responsabilidade pela segurança na construção civil e obras públicas

9. A comparticipação

Sendo certo que casos de comparticipação poderão ocorrer, fora do âmbito da violação de normas de shst, é, todavia, este e, mais precisamente, o sector da construção civil e obras públicas, o domínio por excelência da colaboração de diversas entidades na prática de uma (ou várias) infracções contra-ordenacionais.

Não acompanhamos, assim, como dissemos já[176] aqueles autores que entendem haver *comparticipação necessária* sempre que um ente colectivo pratica uma contra-ordenação. Haveria aí a intervenção, pelo menos, de: i) um *órgão*, ou mais exactamente de um titular de um órgão com poder de representação, responsável por omissão de um dever objectivo de cuidado, pela não actuação com vista a evitar a infracção(omissão de controlo); e de ii) o próprio *ente colectivo*, titular do dever infringido; iii) sendo normal ainda a comparticipação de um terceiro autor (co-autor) – a pessoa física, o agente material, normalmente um funcionário ou trabalhador da pessoa colectiva ou equiparada. Assim, glosando um exemplo por Costa Pinto apresentado[177], e transportando-o para o ilícito de mera ordenação laboral, figuremos uma empresa, titulada por uma sociedade por quotas, que não envia à IGT o mapa do quadro de pessoal até 30 de Novembro e que comete, por isso, uma contra-ordenação[178]. Pois bem, haveria, neste caso tão simples, uma comparticipação necessária entre o trabalhador que estava encarregado do seu envio (o chefe do sector de pessoal, por hipótese), o titular do órgão encarregado do controlo desse dever (o gerente, director ou administrador) e o próprio ente colectivo.

Em rigor, transportando esta interpretação para o domínio do direito laboral, a consequência seria a de que os trabalhadores iriam ser praticamente responsáveis, ou melhor **co-responsáveis**, por uma grande parte das contra-ordenações laborais, porque, pelo menos as resultantes da violação dos deveres burocrático-administrativos rela-

---

[176] Supra, n. 8.1
[177] Cf. O Ilícito de Mera Ordenação, cit. p. 50 a 54
[178] Contra-ordenação leve, por violação do disposto no artigo 490.º/1/b da L 35/ /2004, de 29/7.

cionados com a verificação das condições de trabalho, resultam muitas vezes da sua intermediação. E, mesmo não tendo os trabalhadores a qualidade de entidade empregadora que, em princípio, o tipo legal exigirá[179], sempre se poderia ir buscar a extensão da punibilidade ao invocado artigo 16.º/1 da lei-quadro. *"se vários agentes comparticipam no facto, qualquer deles incorre em responsabilidade por contra-ordenação mesmo que a ilicitude ou o grau de ilicitude do facto dependam de certas qualidades ou relações especiais do agente e estas só existam num dos comparticipantes".* A qualidade de "empregador" detida pela pessoa colectiva (a empresa ou organização) e que é exigida pelo tipo legal estendia-se ao seu representante legal (gerente, director, administrador) e ao próprio trabalhador para qualquer deles (*recte*, todos eles) ser(em) responsável(eis) pela infracção.

Não nos parece, contudo, que este tenha sido o propósito legislativo, nem muito menos a interpretação que melhor se coaduna com os objectivos da promoção da shst e da diminuição da sinistralidade laboral no âmbito dos estaleiros temporários ou móveis.

Com Teresa Serra[180], defendemos, ao contrário, que, de acordo com a teoria da identificação fundada na concepção orgânica, a entidade colectiva age originariamente através dos seus órgãos, pelo que a contra-ordenação é imputada originariamente ao próprio ente colectivo, à sociedade titular da empresa, embora esta se tenha servido das pessoas como instrumento para a sua actuação[181]. Também Cardoso da Costa[182] é de opinião que as sanções *"serão normalmente aplicáveis de forma directa às pessoas colectivas".*

Não vemos que haja, pois, comparticipação necessária, sempre que uma contra-ordenação é praticada por uma entidade colectiva.

---

[179] **Ilícito próprio**, no sentido de que em direito penal se fala em crimes próprios.

[180] Ob. cit. p. 190, e nota 8. E de acordo, também, com o conselho consultivo da PGR, parecer constante do Proc. 10/94, já atrás identificado.

[181] Sobra sempre, porém, a questão do critério de imputação de que falámos acima. A menos que se defenda a actuação, por omissão, do representante legal (gerente, p. ex.,) titular do dever de controlo, estaríamos caídos no problema do art. 7.º/2 do DL 433/82 (concepção orgânica)

[182] Joaquim Pedro Formigal Cardoso da Costa, *O Recurso para os Tribunais Judiciais da Aplicação de Coimas pelas Autoridades Administrativas,* Ciência e Técnica Fiscal, n.º 366, p. 46 (nota 15).

76 Responsabilidade pela segurança na construção civil e obras públicas

O que receamos é que o estrito critério do regime geral seja uma porta aberta para a fuga à punição das empresas (*recte*, sociedades titulares das empresas) por não terem actuado através dum titular de um dos seus órgãos. Resta, porém, a imputação por conduta omissiva sempre que, e será a maioria dos casos, o ente colectivo esteja sujeito a um dever legal e, por isso, haverá por parte do titular do órgão respectivo ou um dever de actuar para que o resultado típico se não produza, uma omissão do dever de controlo[183].

9.1. *Os deveres de cooperação e coordenação*

Na perspectiva de evitar a *"inexistência de uma eficiente coordenação dos trabalhos efectuados pelas diversas empresas"* que, como dissemos supra[184], é um dos propósitos enunciados pelo legislador no preâmbulo da lei-quadro da shst quando transpôs a Directiva (CEE) 89/391, foi consagrado no art. 8.º/4 do Decreto-Lei n.º 441/ /91 um dever de cooperação *no sentido da protecção da segurança e saúde,* dever esse que foi igualmente transposto para o CT[185].

Segundo aquele normativo, existirá tal dever, a cargo dos empregadores, sempre que várias empresas, estabelecimentos ou serviços desenvolvam simultaneamente actividades com os respectivos trabalhadores no mesmo local de trabalho.

O legislador identifica então as empresas a cargo de quem fica a obrigação de assegurar a promoção das necessárias condições de higiene e segurança. Assim, é à **empresa utilizadora,** ou à empresa em cujas instalações outros trabalhadores prestam serviço, que compete tal dever. Como nota Dias Coimbra[186], criticando, aliás, a pouca amplitude do regime português de cooperação quando comparado

---

[183] Sobre as infracções de dever, e as *infracções em massa*, versus infracções de domínio do facto, Costa Pinto ob. cit., pp.31 a 37; 56 a 60 e 69 a 71.

[184] Cfr. 1.2- O enquadramento legal no Dec-Lei n. 155/95.

[185] Assim dispõem o art. 8.º, n.º 4 do DL 441/91 e o art, 273.º/4: *"Quando várias empresas, estabelecimentos ou serviços desenvolvam, simultaneamente, actividades com os respectivos trabalhadores no mesmo local de trabalho, devem os empregadores, tendo em conta a natureza das actividades que cada um desenvolve, cooperar no sentido da protecção da segurança e da saúde,..."*

[186] A. Dias Coimbra, *Empresas exteriores e condições de higiene e segurança: o dever de cooperação*, Questões Laborais, n.º 8, 1996, pp. 121 a 131.

Evolução histórica – Princípios e ideias gerais 77

com as realidades francesa ou italiana, este dever traduz-se não apenas na necessidade de utilização pelos trabalhadores adventícios das instalações sociais da empresa acolhedora, tais como refeitórios, vestiários, instalações sanitárias, etc., como, sobretudo, o dever de informação sobre os riscos para a saúde e segurança em que passam a ficar envolvidos.

Mas vai mais longe o legislador quando impõe que, fora destas situações de utilização do trabalho temporário ou de prestação de serviços de vigilância e limpeza, mas quando haja várias empresas a exercer actividade num só local, deverá ser a **empresa adjudicatária** da obra ou serviço a **coordenar** os demais empregadores, organizando as actividades de shst cujo regime constava do Decreto-Lei n.º 26//94[187]. Naturalmente que o incumprimento destes deveres constitui contra-ordenação a imputar àquela empresa que estava onerada com o respectivo dever de organizar a coordenação e cooperação. Mas também pode acontecer que a infracção deste **dever de coordenação** tenha dado origem a outras infracções resultantes de incumprimento de normas de carácter técnico para as quais são responsáveis (também) os empregadores relativamente aos seus trabalhadores[188]. Estamos aqui, então, perante situações de **comparticipação infraccional**, aquelas que na perspectiva legislativa serão as principais responsáveis pela sinistralidade laboral neste sector de actividade e que importa, por isso, pôr a nu para determinar a sua imputação e correspectiva responsabilização.

Mas parece-nos que este **genérico dever de coordenação** da empresa adjudicatária, agora constante do n.º 4 do art. 273.º do CT, deverá ceder o passo aos deveres de coordenação específicos previstos no art. 9.º e seguintes do Dec-Lei n.º 273/2003, que incumbem ao dono da obra, pelo que quando a falta de coordenação se verifica nos estaleiros temporários ou móveis são as regras próprias deste sector que se deverão aplicar em detrimento das disposições gerais daquele n.º 4 do art. 273.º.

---

[187] O DL 26/94, de 1/2, fora alterado pela L 7/95, de 29/3 e pela L 118/99, de 11/8. Nesta última versão, a lei deixou de falar em, "actividades" de shst, para passar a falar em "serviços". Com a entrada em vigo da Lei Regulamentar do CT (L 35/2004) ter-se-á operado a revogação tácita do DL 26/94.

[188] Cfr. parte final do art. 273.º/4/c) do CT.

9.2. A comparticipação resultante da lei

Sendo que, como já foi dito, existe comparticipação sempre que vários agentes cooperem no cometimento de uma contra-ordenação, neste caso de participação simultânea de várias empresas com trabalhadores num mesmo local de trabalho, terá o legislador querido figurar um caso de comparticipação, o que se explica, e justifica, pela necessidade de reforçar o sobredito dever de coordenação.

É por todos conhecida a cada vez maior complexidade da realização de obras de engenharia que envolvem uma cada vez maior e mais complexa teia de contratações e subcontratações geradora de intrincadas cadeias de comando e cujas responsabilidades vão enfraquecendo até quase se esvaírem[189]. Por isso, e também devido à enorme mobilidade e volatilidade da mão-de-obra neste sector e à existência de numerosas empresas clandestinas, dado este bem conhecido da opinião pública, não raro se encontram nas obras trabalhadores que, pura e simplesmente, desconhecem quem é o seu empregador ou que estão, de facto, sob as ordens e direcção de mais do que uma entidade. Basta pensar na situação frequente de trabalhadores em obras que são "recrutados" por engajadores que, de um momento para outro, desaparecem de cena sobretudo quando surge algum problema, como, p ex., um acidente de trabalho.

Para de algum modo obviar a estas dificuldades e atalhar a complexidade destas situações, sem prejuízo da responsabilidade solidária de que falaremos de seguida, pretendeu o legislador, com a expressão: *"sem prejuízo das obrigações de cada empregador relativamente aos respectivos trabalhadores"*[190] envolver todas aquelas entidades patronais que, por terem trabalhadores nas obras e por falta de adequada protecção colectiva, ficam sujeitos aos graves riscos específicos delas decorrentes. Tais entidades têm, pois, um especial dever de cuidado para evitar os sinistros, até porque lhes compete

---

[189] A que se soma, não haja dúvida sobre isso, as pressões do dono da obra para concluir os trabalhos em tempo demasiado escasso para projectar, planear, programar e realizar com deveria ser que, também por implicarem contratação de mão-de-obra precária, consequenciam aumento da sinistralidade

[190] Constante da parte final do art. 8.º/4/c do DL 441/91 e do art. 273.º/4/c do CT.

Evolução histórica – Princípios e ideias gerais 79

sempre, entre outros, o dever de *"garantir as condições de acesso, deslocação e circulação necessários à segurança de todos os postos de trabalho no estaleiro"*[191].

Daí que, por regra, havendo **violação das prescrições técnicas** constantes dos regulamentos, que impliquem com falta de adequada protecção colectiva (falta ou deficiência dos andaimes, falta de protecção contra quedas em altura nas bordaduras das lajes ou nas aberturas dos pavimentos, falta de entivação das valas a determinada profundidade, etc. etc.) deverão ser envolvidos **todos os empregadores** que, por terem aí trabalhadores ao serviço utilizam, de facto, ou potencialmente, essas estruturas, locais, meios ou equipamentos, onde comparticipadamente concorreram para a violação dessas prescrições e, por isso, há indícios de terem concausado a contra-ordenação.

A responsabilização comparticipada, uma vez que permite a sanção de acordo com a culpa de cada agente, e na medida até em que permite a **extensão da ilicitude** àquele comparticipante que não tem certas qualidades que só outro possui[192] e que fazem parte do tipo legal, tem, manifestamente, um acentuado cunho pedagógico e de prevenção geral, por isso desincentivador da repetição da infracção.

É essa a razão pela qual se defende que as indiciadas infracções comparticipadas devem ser autuadas em conjunto e as responsabilidades dos comparticipantes averiguadas num mesmo processo. A circunstância da comparticipação no âmbito contra-ordenacional ter deixado de possuir, a partir da reforma da lei-quadro operada em 1995[193], um conceito unitário devido à atenuação extraordinária obrigatória para o cúmplice[194], tornou imperiosa a diferenciação abstracta do envolvimento dos comparticipantes no facto e imbricados por uma forte conexão. Mas a comparticipação no âmbito da shst nos estaleiros tem, para além disso, por finalidade obstar a que os empregadores se refugiem nas costas uns dos outros para tentar escapar às

---

[191] Cfr. art. 22.º/1/c do DL 273/2003 de 29/10.
[192] Cfr. art. 16.º/1 do DL 433/82, de 27/10
[193] Pelo DL 244/95, de 26/11
[194] Cfr. art. 16.º/3 do DL 433/82, de 27/10

obrigações, que são de todos e de cada um, de obtenção e utilização dos meios técnicos (que, em geral, existem) adequados a evitar ou reduzir os riscos profissionais e, por este meio, reduzir as altas taxas de sinistralidade laboral em Portugal.

Havendo, pois, várias empresas a desenvolverem actividades num mesmo local de trabalho com os respectivos trabalhadores, todas serão responsáveis desde que a falta de adequada protecção os possa atingir ou fazer perigar a sua vida, integridade física ou saúde.

De todo o modo, se a lei se limitasse a esta responsabilidade de todos, facilmente se constataria uma falta de coordenação que por certo seria fonte de outros tantos perigos. Por isso a lei esclarece a quem compete o dever de organizar a cooperação com vista à boa organização da segurança.

Naturalmente que havendo numa empresa trabalhadores temporários ou trabalhadores cedidos (temporariamente) por outra, assim como trabalhadores por conta própria, independentes ou simplesmente profissionais vinculados por contrato de prestação de serviços, é à empresa que os utiliza ou onde prestam actividade que tal obrigação compete.

Mas também nas situações frequentes dos estaleiros temporários ou móveis em que há várias empresas envolvidas, a responsabilidade pela organização da cooperação depende da empresa adjudicatária.

Verifica-se, por isso, aqui que mesmo que a adjudicatária não tenha aí trabalhadores ao serviço – como tantas vezes acontece com empresas que apenas "emprestam" o alvará para se candidatarem aos concursos públicos – ainda assim deverá ser sancionada por falta de cumprimento do **dever de coordenação** dos restantes empregadores, o que implicará um acrescido dever de fiscalização do cumprimento das normas de shst por parte dos restantes (sub)contratantes. Para o efeito deve a empresa adjudicatária organizar as actividades designando para o efeito um ou mais trabalhadores, que poderão, ou até deverão, ser trabalhadores especializados que façam parte dos seus serviços de shst. Entendemos, por isso, que sempre que os trabalhadores não sejam designados para a realização das tarefas de coordenação ou não estejam presentes na obra, independentemente de a adjudicatária não ter nenhum trabalhador ao seu serviço, comete a contra-ordenação prevista na alínea c) do n.º 4 do art. 273.º do CT (ou do art. 8.º do Dec-Lei 441/91). Só assim não será, obviamente, se

Evolução histórica – Princípios e ideias gerais

na obra houver apenas uma empresa a laborar, caso em que o dever de coordenação deixa de ter sentido.

10. A responsabilidade solidária

10.1. *A responsabilidade solidária natural*

Somos de opinião que se há casos de comparticipação geradores de responsabilidade conjunta, a analisar de acordo com a culpa de cada um dos comparticipantes[195], outros há de responsabilidade solidária, o que acontecerá sempre que se verificar que uma pluralidade de agentes comete uma só infracção e todavia a responsabilidade não possa ser individualizada, ou seja situações de responsabilidade solidária por natureza, situação que se não verifica no domínio penal mas que com frequência sucede no domínio civil[196].

Figuremos o exemplo de uma contra-ordenação derivada da falta de aprovação do desenvolvimento de um plano de segurança imputável ao dono da obra[197]. E suponhamos que este é um consórcio, (o que hoje em dia é frequentíssimo) constituído por duas (ou mais) empresas que se associaram para a realização de certa obra e que, tendo combinado repartir entre si os lucros, mantêm a sua individualidade jurídica, não constituindo, como poderiam, um agrupamento complementar de empresas[198].

Nesse caso, parece indubitável existir uma só infracção, traduzida na falta do desenvolvimento do plano (um só plano de segurança e saúde), cuja aprovação, porém, competiria igualmente às duas empresas, porque ambas são o dono da obra..

---

[195] Cfr. art. 16.º/2 do DL 433/82, de 27/10.

[196] Isto, apesar de se saber que na lei civil (art. 513.º do CC) a solidariedade passiva só existe se a lei o determinar ou a vontade das partes o estabelecer (problema este que aqui não se põe) e de a lei penal, para além da indemnização cível, se referir apenas à solidariedade relativamente ao pagamento da taxa de justiça (art. 514.º/2 do CPP)

[197] Cfr. art. 12.º/1 do DL 273/2003, de 29/10.

[198] Cfr. sobre Consócios o DL 231/81, de 28/7 e sobre os ACE a Lei n.º 4/73, de 4/6. Apesar do ACE adquirir personalidade jurídica com a inscrição no registo comercial, as empresas constituintes respondem solidariamente pelas dívidas (Base II/2).

82 *Responsabilidade pela segurança na construção civil e obras públicas*

A única solução viável aqui parecerá ser a de imputar a responsabilidade contra-ordenacional a ambas as empresas porque ambas praticaram a contra-ordenação. Mas, a ter de haver condenação, a nosso ver, esta terá de ser feita em regime de solidariedade. Isto é, a coima deverá ser uma só pelo que o seu pagamento, por impossibilidade de individualização da culpa, deverá obedecer às regras próprias do regime de solidariedade. Ora, como é sabido, tratando-se de um caso de solidariedade passiva, a coima paga por qualquer uma das empresas iliba automaticamente a outra dessa obrigação[199].

Havia uma dificuldade prática que respeitava à determinação, nesse caso, da moldura sancionatória da coima. Claro é que se a dimensão das empresas comparticipantes for a mesma (se se tratar, por hipótese de duas pequenas, duas médias ou duas grandes empresas) o problema não se põe. Mas o mesmo já não sucede se as comparticipantes forem de dimensão diversa (uma pequena e uma média empresa ou uma micro e uma grande empresa, por hipótese). O Código do Trabalho (art. 622.º/2) veio resolver o problema, estabelecendo como critério da dimensão a considerar, nesse caso, a empresa com maior volume de negócios[200].

É a posição que defendemos, apesar do disposto no art. 19.º/2 do Dec-Lei n.º 231/81, de 28/7.

10.2. *A responsabilidade solidária do empreiteiro no regime do Código*

No novo regime das Contra-Ordenações Laborais do Código do Trabalho surge consagrada a responsabilidade solidária do empreiteiro pelo pagamento da coima devida por infracção dos subempreiteiros ou, mais genericamente, do contratante face aos subcontratantes.

---

[199] Nem se argumente que a nível do ilícito de mera ordenação não há casos de consagração de responsabilidade solidária pela contra-ordenação, mas tão só pelo pagamento da coima. Prova o contrário o disposto no art. 144.º/4 do DL 244/98, redacção do DL 4/2001, de 10/1 e DL 34/2003, de 25/2, assim como o disposto no n.º 2 do art. 622.º do CT, que remete para os arts. 69.º e 92.º/1/2.

[200] Para maiores desenvolvimentos da responsabilidade solidária pala contra-ordenação, e não apenas da coima, ver o nosso "A responsabilidade solidária no Código do Trabalho", in Prontuário do Direito do Trabalho, n. 67, p. 87 e ss..

Para que tal responsabilidade se verifique torna-se, porém, necessário:

a) Que a empreitada ou o serviço sejam realizados, total ou parcialmente, pelo subempreiteiro/subcontratante no local de trabalho do empreiteiro/contratante;

b) Ou, independentemente do local, que o subempreiteiro ou subcontratante actue sob a responsabilidade do empreiteiro/ /contratante;

c) Que o subempreiteiro/subcontratante viole disposições a que corresponda uma infracção muito grave;

d) Que o empreiteiro/contratante não demonstre que agiu, ao contratar o subempreiteiro/subcontratante, com a diligência devida.

Verificados estes pressupostos, então o empreiteiro/contratante responde solidariamente com o subempreiteiro/subcontratante, **não pela contra-ordenação**, que essa é imputada somente a quem violou as disposições legais, mas tão-somente pelo **pagamento da respectiva coima**. Nisto se traduz a responsabilidade solidária do empreiteiro em face do que estabelece o Código do Trabalho[201]. Faltará acrescentar que o empreiteiro/contratante terá, necessariamente, de ser acusado de ter agido sem a diligência devida para que se possa defender. Mas agora, ao contrário do que sucedia com o regime das contra-ordenações laborais de 1999, é o contratante que terá, necessariamente, de fazer a prova de ter actuado com diligência, e não a Administração, a provar a falta de diligência daquele, o que se traduzia numa grande dificuldade visto se tratar de um facto negativo.

Aqui, com a responsabilidade do contratante, ao contrário do que sucede com a responsabilidade dos gerentes, directores ou administradores[202] onde, em nossa opinião, existe uma presunção *juris et de jure*, verifica-se uma mera presunção *tantum juris*, resultante da formulação legal *"salvo demonstrando* [o contratante] *que agiu com a diligência devida"*[203]. Não será de admitir que a defesa do emprei-

---

[201] Cfr. art. 617.º/2 do CT.

[202] Consagrada no art. 617.º/3 do CT.

[203] Diferente é a posição de Beça Pereira, in, Questões Laborais, Ano VIII, 2001, n.º 18, *"Contra -ordenações laborais..."*p. 148, para quem: *"O responsável solidário pelo*

teiro/contratante possa consistir na mera apresentação de um documento subscrito pelo subempreiteiro ou subcontratante em que este se comprometia a respeitar as disposições legais sobre shst.

A simples inclusão de uma qualquer fórmula tabelioa ou uma cláusula de adesão previamente redigida sem qualquer manifestação concreta e específica de vontade assumida pelo subempreiteiro/subcontratante não pode ser desresponsabilizante para o empreiteiro/contratante. A exclusão de uma responsabilidade que sem ser penal não é meramente civil – que resulta de lei e tem, por isso, um cariz vinculante, ao qual se pode atribuir a característica de imperatividade, por ser de interesse e ordem pública – não pode ser afastada sem mais por uma qualquer declaração integrante de um contrato puramente civilista, como é o contrato de empreitada ou subempreitada. A responsabilidade contra-ordenacional, visto o carácter exclusivamente pecuniário da sanção, não sendo, tal como a penal, eminentemente pessoal – apesar de poder a lei, como se observa, fazer autonomização da infracção face à sanção, sendo aquela imputada a um agente e esta ser satisfeita por outro – não deverá ser afastada por uma simples declaração escrita. Apesar da cláusula, que normalmente é aposta no contrato de subempreitada, segundo a qual a responsabilidade pelo cumprimento das normas e condições de shst pertence ao subempreiteiro, entendemos que, por esse simples facto, nem é transferível a "responsabilidade contra-ordenacional", por natureza intransferível, nem a própria "responsabilidade pelo pagamento da coima" que, apesar de se analisar numa soma meramente pecuniária, não é, de todo o modo, uma mera responsabilidade civil.

Assim, entendemos igualmente não se poder constituir validamente um seguro com vista à satisfação dos montantes de eventuais coimas.

Note-se ainda que no domínio do contrato de empreitada de obras públicas, e ao contrário do que cremos suceder com as obras

---

pagamento da coima, salvo melhor juízo, só poderá ter intervenção no processo contra-ordenacional laboral depois de proferida a decisão condenatória da autoridade administrativa; isto é, não pode intervir no processo na fase administrativa" e mais à frente "Assim o responsável solidário não tem, nomeadamente, a faculdade de, na fase administrativa, efectuar o pagamento voluntário da coima, nem o direito de audição e defesa".

Evolução histórica – Princípios e ideias gerais

particulares, se consagrou a responsabilidade do empreiteiro perante o dono da obra no que toca à violação do contrato, não só quanto aos subempreiteiros por aquele contratados como pelos actos ou omissões praticados por outro qualquer subempreiteiro[204].

10.3. A responsabilidade solidária no trabalho de estrangeiros ilegais

O Decreto-Lei n.º 244/98, que regula das condições de entrada, permanência, saída e afastamento dos estrangeiros do território nacional, foi alterado primeiro pelo Decreto-Lei n.º 4/2001, de 10 de Janeiro, no sentido de permitir uma rápida regularização dos numerosos imigrantes que então demandavam o país na busca de melhores condições de vida e de trabalho e pelo Decreto-Lei n.º 34/2003 depois, numa perspectiva completamente diferente, visando nitidamente pôr um travão à forte onda de imigração que varreu o país e poderá eventualmente vir a criar problemas graves não tanto de acolhimento, como sobretudo de integração.

De facto, certamente impulsionado pela opinião pública, que frequentemente dava conta de abusos provocados por empregadores sem escrúpulos dessa mão-de-obra, o Governo, aproveitando a oportunidade para rever a regulamentação da entrada e permanência desses imigrantes, através do Ministério da Administração Interna, fez publicar em 2001 algumas normas de âmbito laboral de protecção a esses trabalhadores que nos parecem verdadeiramente extraordinárias e que, como se verá, se relacionam, algumas delas, directamente com a actividade da construção civil onde, consabidamente, grande parte dessa população encontra trabalho[205].

É, designadamente, o que sucede com os números 4 a 8 do artigo 144.º daquele diploma legal.

E, apesar de ser uma outra filosofia aquela que presidiu às mais recentes alterações do Dec-Lei n.º 244/98, operadas pelo Dec-Lei n.º 34/2003, de 25 de Fevereiro, e sendo certo que também foi envolvi-

---

[204] Cfr. art. 271.º do DL 59/99, de 2/3.

[205] Embora, nem sempre, remuneração! Vd. alguns elementos estatísticos, supra, n. 1.2. (nota 13).

do nelas o referido artigo 144.º, manteve-se intocada a responsabilidade solidária "pelo incumprimento da legislação laboral". A alteração no âmbito deste preceito mais importante parece ter sido a da reatribuição da competência que passou da IGT para o SEF, atendendo à nova redacção não apenas do art.144.º como, sobretudo, do artigo 153.º.

Nesta modalidade da responsabilidade solidária, ao contrário do que vimos suceder com o empreiteiro/contratante perante as violações de shst por parte dos subempreiteiros, em que tal responsabilidade não vai além do **pagamento da coima** se bem interpretamos a lei, a solidariedade é relativa à **própria contra-ordenação**.

De facto, se a responsabilidade pelo pagamento dos *créditos salariais* decorrentes do trabalho efectivamente prestado, ainda não é uma responsabilidade pela contra-ordenação, embora já não seja uma mera responsabilidade por pagamento da coima, tem manifestamente essa caracterização a responsabilidade *"pelo incumprimento da legislação laboral"*, ficando a dúvida sobre a responsabilidade *" pela não declaração de rendimentos sujeitos a descontos para o fisco e a segurança social, relativamente ao trabalho prestado pelo trabalhador estrangeiro ilegal"*. Esta responsabilidade tanto pode referir-se à infracção, consistente na não declaração – e será responsabilidade por contra-ordenação – como referir-se à responsabilidade pelo pagamento dos montantes resultantes dessa não declaração – caso que assumirá, então, uma caracterização de responsabilidade meramente civil, tal como sucede com os créditos salariais.

Trata-se, como se observa, duma solução bem mais grave que a prevista no Código do Trabalho e a prenunciar uma eventual tomada de posição sobre a sua constitucionalidade material, não tanto quanto ao princípio da igualdade[206], mas quanto aos princípios da necessidade e da proporcionalidade extraídos do artigo 2.º da CRP. É que, para além do mais, todas as contra-ordenações resultantes do incumprimento da legislação do trabalho, sejam leves ou graves, dada a circunstância de se reportarem a um trabalhador estrangeiro ilegal, transformam-se, *ipso facto*, em contra-ordenações muito graves.

---

[206] Pois sempre se poderá argumentar que é diferente a situação dos trabalhadores imigrantes face aos nacionais.

Mas a responsabilidade solidária não ocorre sempre que haja alguma situação de violação do trabalho de estrangeiros. De facto, importa acentuá-lo, a lei não se refere ao trabalho ilegal de estrangeiros, mas, antes, ao trabalho de estrangeiros ilegais, mais precisamente *ao trabalho prestado pelo trabalhador estrangeiro ilegal*. O que significa que se o estrangeiro estiver a trabalhar legalmente em Portugal, se, por exemplo tem um contrato de trabalho devidamente celebrado e depositado, já não beneficia da garantia da solidariedade estabelecida nesta lei, mas eventualmente tão-só das garantias gerais de que beneficiam os trabalhadores nacionais quando houver violação da shst ou de outros direitos, a que acima nos reportamos.

Mas esta específica situação de **solidariedade na responsabilidade pela contra-ordenação**, viu agora generalizar-se no Código do Trabalho sempre que um trabalhador trabalhe para vários empregadores entre os quais exista uma relação societária de participações recíprocas, de domínio ou de grupo ou que mantenham estruturas organizativas comuns[207].

Quem são, então, os responsáveis solidários em caso de violação das leis de trabalho tocantemente a um trabalhador estrangeiro ilegal?

O primeiro é, naturalmente, o **empregador**; o segundo o **utilizador,** seja por força de um contrato de prestação de serviços, seja de trabalho temporário; o terceiro é o **empreiteiro geral**, no caso, obviamente, de contrato de empreitada, designadamente de construção civil. Por último pode responder solidariamente, nesta última hipótese, o **dono da obra** que não obtenha do outro contratante declaração de cumprimento das obrigações relativamente a trabalhadores imigrantes.

Resulta dos princípios gerais que, tratando-se de responsabilidade solidária, o cumprimento da prestação e, se for o caso, o pagamento da coima, podem ser exigidos indistintamente a qualquer destes responsáveis, que não pode opor o benefício da divisão, pelo que a ordenação feita tem um cariz meramente expositivo. Mas aqui se volta a pôr o problema da moldura da coima quando os responsáveis solidários pelo incumprimento da legislação laboral são de dimensão

---

[207] Cfr. arts. 92.º e 622.º/2 do Código

diferente, o que implica uma aplicação do disposto no art. 622.º do CT.

A circunstância de a lei se bastar com uma declaração do contratante (empresa adjudicatária) de cumprimento das obrigações da lei dos trabalhadores imigrantes para afastar a responsabilidade solidária do dono da obra, poderia, para alguns intérpretes, sugerir que apenas outrotanto seria necessário para igualmente afastar a responsabilidade do empreiteiro ou contratante relativamente ao subempreiteiro ou subcontratante contemplada no Código[208]. Ou seja, nessa óptica, teria agido com a diligência devida o empreiteiro que exigisse, e obtivesse, do subempreiteiro com quem subcontratou uma mera declaração de cumprimento das normas de shst ou da idade mínima de admissão. Já afirmámos supra que essa não é a nossa opinião, porque a responsabilidade contra-ordenacional não pode ser afastada pela simples vontade das partes constante de um contrato.

Temos, assim, que há três tipos, ou espécies, de responsabilidade solidária. Uma primeira respeita à própria contra-ordenação, e é imposta pela lei sempre que haja qualquer violação das leis laborais relativamente a trabalhadores estrangeiros ilegais. Uma segunda responsabilidade solidária, aqui responsabilidade meramente civil, quanto ao pagamento dos créditos salariais e também, eventualmente, quanto às contribuições da Segurança Social e impostos devidos às Finanças (IRS). Uma terceira, que alguns autores também catalogam de "civil", mas que não será rigorosamente assim por ter características sancionatórias, e que tem a ver com as sanções pecuniárias resultantes das contra-ordenações – as coimas.

O facto de haver vários responsáveis solidários pelas contra-ordenações laborais, *responsáveis pelo incumprimento da legislação laboral*, nas palavras da lei, leva a que a todos e a cada um sejam imputáveis as contra-ordenações, o que poderá ter importantes efeitos práticos, por exemplo, para efeitos de reincidência. É que, como acima já dissemos, a lei cataloga como muito graves todas e quaisquer contra-ordenações relacionadas com estes trabalhadores estrangeiros ilegais[209] e há reincidência sempre que um agente *cometer*

---

[208] Cfr. art. 617.º/2 do CT.
[209] Cfr. art. 144.º/7 do DL 244/98

uma infracção grave praticada com dolo ou uma infracção muito grave, depois de ter sido condenado por outra infracção grave praticada com dolo ou uma infracção muito grave, se entre as duas infracções não tiver decorrido um prazo superior ao da prescrição da primeira[210]. Donde se segue que se houver um trabalhador estrangeiro ilegal a trabalhar numa empresa de construção civil, trabalhador que não pertence a essa empresa (empresa utilizadora) mas, por hipótese, a uma empresa de trabalho temporário, a contra-ordenação (a **contra-ordenação**, note-se bem, não apenas a coima) estende-se: a) à empresa de construção (utilizadora); b) à empresa de trabalho temporário(empregador); c) ao empreiteiro geral (admitindo que não o é a empresa referida em a); ao dono da obra (que não obteve da empresa referida em c) – empreiteiro geral/adjudicatário da obra – a declaração de que este iria respeitar as normas legais sobre admissão de estrangeiros).

É tal o propósito legislativo de protecção dos trabalhadores imigrantes ou, talvez mais correctamente, o propósito de desincentivar o trabalho ilegal de imigrantes ilegais que, para lá de todas as coimas poderem ser agravadas com **sanções acessórias**[211] consistentes na privação do direito de participar em arrematações ou concursos públicos, etc., o simples auto de notícia contendo o **apuramento salarial** do trabalho efectivamente prestado constitui **título executivo**, sem passar, por isso, pelo crivo da instrução e sem necessidade da sua inserção na decisão do processo de contra-ordenação.

Esta solução, que tem paralelo na encontrada pelo legislador do actual Estatuto da IGT[212] relativamente à **falta de pagamento de quantias devidas à Segurança Social,** certamente ditada por razões de celeridade no objectivo de rapidamente repor a legalidade nas situações de mais grave atropelo ao ordenamento sócio-laboral, pode

---

[210] Cfr. art. 626.º/1 do CT.

[211] A mais recente posição de Figueiredo Dias sobre as sanções acessórias continua a ser crítica desta solução e a considerá-la de duvidosa constitucionalidade *"A natureza de muitas destas sanções... aproxima-se sensivelmente da das sanções criminais... a regulamentação respectiva pode vir a ser declarada inconstitucional"* – Temas Básicos... p. 152. De resto o legislador do CT foi sensível a estes princípios tendo estabelecido condições muito mais rigorosas para a aplicação dessas sanções (art. 627.º)

[212] Cfr. art. 7.º/5/6 do DL 102/2000, de 2/7.

90   *Responsabilidade pela segurança na construção civil e obras públicas*

contudo oferecer o flanco a dúvidas de ordem constitucional. A primeira é, desde logo, resultante da invasão pela Administração da esfera de competência própria dos Tribunais, uma vez que nestes casos – de condenação no pagamento de salários – diferentemente do que se passa com a simples aplicação de coimas, e de sanções acessórias, já se trata de matéria de âmbito **materialmente judicial**[213]. A Administração, ao fazer o mapa de apuramentos salariais, determinando na decisão a obrigação do pagamento dos montantes apurados[214] ou simplesmente remetendo o documento para execução, está a jurisdizer, a "dizer o direito" no caso concreto. E a função de **jurisdição** é própria do órgão de soberania que são os Tribunais, pelo que a actividade de que o legislador incumbiu a Administração pode estar afectada pelo pecado da espúria miscigenação de poderes ou pela não separação de poderes[215]. Acresce que, nos casos em que não passa o mapa contendo o apuramento das diferenças salariais pelo crivo da instrução processual, mesmo realizada perante a Administração em processo de contra-ordenação, impossibilita ou, pelo menos, dificulta extremamente a defesa do empregador alvo de tais apuramentos que só poderá valer-se dos meios de embargo do executado. Ou seja, parece haver uma sensível diminuição das garantias de defesa e uma verdadeira disparidade de armas que pode ser constitucionalmente questionável e sindicada[216].

10.4. *A responsabilidade solidária dos gerentes, directores e administradores*

Esta responsabilidade solidária dos responsáveis pela gestão ou administração das empresas não representa qualquer inovação do

---

[213] Neste sentido Figueiredo Dias – *Temas Básicos*, p. 152/153. Ponderando, porém, na esteira do Prof. Cavaleiro de Ferreira, que mesmo com a mera aplicação da coima (e das sanções acessórias) há violação do princípio da jurisdicionalidade e, por isso, inconstitucionalidade material, vd. Miguel Pedrosa Machado, Elementos...ob. cit., p. 190: "*A esta luz, e reconduzindo o nosso tema à sua questão central, dever-se-á duvidar...da constitucionalidade do novo sistema. Porque está em causa uma ofensa ao **princípio da jurisdicionalidade**...*".

[214] Repare-se no *prurido* do legislador em falar abertamente em "condenação pela Administração no pagamento dos salários em dívida" que é, no fundo, o que realmente sucede.

[215] Arts. 2.º, 111.º/1, 202.º/1 e 266.º da CRP.

[216] Cfr. art. 32.º/1/10 da CRP.

actual regime do Código, como já não a representava quanto ao de 99 ou de 85.

Bem pelo contrário, ela terá sido, isso sim, pela primeira vez contemplada no Código do Processo de Trabalho de 1963 e dela nos dá conta Leite Ferreira[217] no seguinte passo da anotação ao artigo 178.º daquele antigo Código: *"De novo, o artigo apenas estabelece entre administradores, gerentes ou directores responsáveis pela infracção e a pessoa colectiva o princípio da solidariedade pelo pagamento da multa. Pretendeu assim a lei garantir a sua satisfação contra os riscos inerentes ao próprio funcionamento das pessoas colectivas"* [218].

A responsabilidade solidária dos gerentes, directores ou administradores não é – tal como a dos contratantes no art. 617.º/ 2 do Código, e ao contrário do que sucede com a responsabilidade no trabalho de estrangeiros ilegais – responsabilidade por contra-ordenação, mas tão-somente de responsabilidade pelo pagamento das coimas em que foram condenadas as empresas que aqueles administram, gerem ou dirigem, ou administravam, geriam ou dirigiam[219].

Responsável contra-ordenacional é a empresa, *recte*, a pessoa colectiva ou equiparada (ente colectivo) titular da empresa. Os administradores, gerentes ou directores não são puníveis autonomamente[220] mas respondem solidariamente pelo pagamento da coima **independentemente da culpa** que tenham tido na prática da infracção[221].

Trata-se aqui do afloramento dum princípio de responsabilidade civil pela violação pela empresa/sociedade de normas de direito do

---

[217] Cfr. Código de Processo de Trabalho, anotado, de Alberto Leite Ferreira, Coimbra Editora, Ld.ª, 2.ª edição, art. 178.º, p. 568.

[218] Sublinhados nossos.

[219] Na verdade, a responsabilidade deve ser reportada ao responsável pela gestão ou administração na altura da infracção que pode, naturalmente, não ser o actual.

[220] E mesmo que preencham, designadamente por omissão do dever a que estavam obrigados, os pressupostos do tipo legal da contra-ordenação esta é imputada originariamente às próprias pessoas colectivas.

[221] Sobre a não declaração de inconstitucionalidade da norma do art. 13.º do Código do Processo Tributário que prevê uma responsabilidade objectiva dos administradores, gerentes,...pelas dívidas das contribuições à segurança social podem ver-se os Acórdãos do T. Constitucional n.os 467/2001 (DR,2.as, de 28/11/2001) 328/94 (DR 2.os., de 9/11/94), 576/99(DR 2.as., de 21/2/2000) e outros.

92 *Responsabilidade pela segurança na construção civil e obras públicas*

trabalho, que consta do artigo 64.º do Código das Sociedades Comerciais e segundo o qual *"os gerentes, administradores ou directores de uma sociedade devem actuar com diligência de um gestor criterioso e ordenado, no interesse da sociedade, tendo em conta os interesses dos sócios e dos trabalhadores"*[222].

Importa, porém, assinalar que a responsabilidade solidária da empresa/sociedade contratante prevista no n.º 2 do artigo 617.º do Código, não se estende aos administradores, gerentes ou directores. Já outrotanto não sucede com a empresa subcontratante se for uma pessoa colectiva. Aí, a responsabilidade desse ente colectivo já envolverá, nos termos gerais, a responsabilidade solidária dos responsáveis pela sua gestão. Mas há que reconhecer que a redacção do n.º 3 do art. 617.º ao referir-se ao *infractor referido no número anterior*, no singular e não aos infractores (no plural) como sucedia com a norma antecessora[223] parece limitar essa responsabilidade solidária dos gerentes directores ou administradores do subcontratante e não, também, do contratante (previsto no n. 1) o que se deverá, eventualmente, a lapso, todavia não corrigido.

A responsabilidade solidária implica que possa ser exigido o pagamento a qualquer dos responsáveis solidários e que qualquer deles pode satisfazer a coima, ficando, naturalmente, com o direito de regresso sobre os restantes, incluindo a própria sociedade, na parte a que cada um compete.

Convém, contudo, frisar que, a nosso ver, a responsabilidade solidária não se efectiva do mesmo modo nas duas situações de que trata o artigo 617.º do Código.

Assim, a responsabilidade solidária dos gerentes, administradores ou directores é objectiva. A única condição de que depende é precisamente a da decisão de aplicação da coima à empresa que gerem, administram ou dirigem. Cominada a coima pode, desde logo, condenar-se os responsáveis no seu pagamento em solidarie-

---

[222] Cf. também art. 72.º/1 do CSC: *"Os gerentes, administradores ou directores respondem para com a sociedade pelos danos a esta causados por actos ou omissões praticados com preterição dos deveres legais ou contratuais, salvo se provarem que procederam sem culpa."*

[223] Cfr. n.º 4 do art. 4.º do regime anexo à L. 116/99, de 4/8.

Evolução histórica – Princípios e ideias gerais

dade. E tal condenação, quanto a nós, nem terá de constar expressamente da decisão condenatória para se poder efectivar. Uma vez que resulta directamente da lei, e porque de uma presunção inilidível se trata, não se torna necessária a formulação da acusação ao gerente, director ou administrador nem qualquer diligência instrutória, no sentido do seu apuramento.

Mas tratando-se duma responsabilidade independente de culpa, pode suscitar-se a sua conformidade constitucional. Isso já foi feito mais do que em uma ocasião, não especificamente quanto à responsabilidade pelo pagamento das coimas em processo de contra-ordenação laboral, mas nas situações paralelas da responsabilidade dos gerentes, directores e administradores pelo pagamento das contribuições, impostos e multas no âmbito do artigo 16.º do Código de Processo das Contribuições e Impostos ou no pagamento de dívidas da sociedade por contribuições à segurança social (artigo 13.º do Decreto-Lei n.º 103/80, de 9 de Maio) tendo, porém o Tribunal Constitucional, num caso e noutro, se pronunciado pela não inconstitucionalidade[224].

11. A fiscalização da legislação sobre SHST e aplicação de coimas à Administração Pública

A primeira aproximação à questão da responsabilidade contra-ordenacional da Administração Central, Regional e Local, terá a ver com o problema da responsabilidade em tese geral das próprias pessoas colectivas de direito público. Será que são contra-ordenacionalmente responsáveis quaisquer entes a que o ordenamento atribua personalidade jurídica de direito público?

Assim colocada, com toda esta extensão, a resposta à interrogação não poderá ser inteiramente positiva. Na verdade, tendo-se

---

[224] Cfr. Acórdãos do T. Const. 576/99 e 379/2000, publicados no DR, 2.ªs, n.ºs 43 e 280, de 21/02/2000 e 05/12/2000, pp. 3512 a 3515 e 19586/ 19587, respectivamente. No primeiro dos Acórdãos, porém há dois votos de vencido sendo um deles do Juiz Conselheiro Paulo Mota Pinto que tem a responsabilidade objectiva do art. 16.º do CPCI por inconstitucional.

94   *Responsabilidade pela segurança na construção civil e obras públicas*

debruçado sobre esta questão, veio já a doutrina[225], admitindo tal responsabilidade em geral, a limitá-la, através da exclusão do *"Estado, enquanto pessoa colectiva que tem por órgão o Governo, as Regiões Autónomas dos Açores e da Madeira e... as pessoas colectivas que integrem a administração central, regional e local e que a seu cargo tenham tais atribuições* (atribuições administrativas cuja violação a lei visa salvaguardar, contra-ordenacionalizando as condutas que as ponham em causa). Compreende-se a razão de ser. Quanto às primeiras (Estado e Regiões Autónomas) porque são os titulares do próprio *jus puniendi*. Quanto às segundas, para satisfação do princípio da alteridade ou, por outras palavras, para evitar que ninguém se acoime a si próprio.

Fora deste restrito rol de exclusões, já a responsabilidade contra-ordenacional seria, em princípio, livremente admissível, designadamente quanto aos *"institutos públicos e os serviços personalizados do Estado, as autarquias locais e outras pessoas colectivas de direito público"*[226].

Ora, é precisamente quanto aos institutos públicos e aos serviços personalizados do Estado, mas particularmente quanto ás autarquias locais, que o problema da responsabilidade contra-ordenacional, não em geral, mas em especial por violação das normas da shst, se põe[227].

Adiante-se já, que o citado parecer, elaborado numa altura de vazio legislativo relativamente à aplicação do regime jurídico da shst aos entes públicos – aliás, na altura não estava ainda sequer transposta para o ordenamento jurídico nacional a Directiva comunitária n.º 89/391, que originou a actual lei-quadro[228] – não teve, natural-

---

[225] Cfr. o Parecer da PGR n.º 102/89, publicado no DR, 2.ᵃˢ, n.º 55, de 7/3/91.

[226] Atente-se, no entanto, que no Parecer n.º 102/89 da PGR há dois votos de vencido que concluem lapidarmente que *"as pessoas colectivas de direito público são insusceptíveis de responsabilidade contra-ordenacional"*.

[227] Sobre a classificação doutrinária das pessoas colectivas de direito público, vd., infra, P II, art. 3.º, nota V.

[228] DL 441/91, de 14/11. Em rigor, na altura da elaboração do Parecer a Directiva, cuja publicação no Jornal Oficial ocorreu a 12 de Junho de 89, já existia. O Parecer foi votado em sessão do conselho consultivo de 27 de Setembro de 1990 e homologado pelo MESS em 17 de Dezembro de 1990.

mente, em consideração nem o primitivo[229] nem o actual regime jurídico de segurança, higiene e saúde no trabalho aplicável à Administração Pública[230].

Ainda assim, o citado Parecer indo ao fundo da questão, como é, aliás timbre de todos os pareceres da PGR, após considerar que os titulares dos órgãos daquelas pessoas colectivas *"só são corresponsáveis por elas a título individual se o tipo contra-ordenacional respectivo não incluir certas qualidades que só tais pessoas colectivas tenham"* acaba por considerar que aqueles titulares[231] podem responder **disciplinarmente** pelas contra-ordenações que pratiquem, assim como também os órgãos das mesmas pessoas podem eventualmente ficar sujeitos à aplicação de **medidas cautelares**.

A questão que agora, e aqui, no âmbito deste trabalho, se põe é a de saber se, para lá do problema em abstracto, se pode ou não responsabilizar contra-ordenacionalmente os titulares e os órgãos da administração central ou local face ao que dispõe a legislação de shst que agora tutela estes sectores de actividade.

Ou seja, será que a legislação entretanto publicada da shst na Administração Pública admite a responsabilidade contra-ordenacional das pessoas colectivas públicas através dos seus órgãos e ou dos seus titulares?

Posta a questão assim, a resposta pareceria ser negativa. Mas há que fazer uma precisão. O Decreto-Lei n.º 488/99, de 17/11, apesar de se referir genericamente à shst na Administração, parece ter sido pensado (?) unicamente para aplicação da disciplina própria do regime de organização e funcionamento das **actividades ou serviços de shst** previstos nos artigos 13.º e 23.º do DL 441/91, de 14/11. Mas se o foi – e quanto a nós foi –, há que considerar que o legislador foi sumamente imprevidente, pois que da leitura da norma definidora do seu âmbito objectivo parece que o seu regime deveria estender-se a toda a área da segurança, nomeadamente também à segurança na construção civil e obras públicas.

---

[229] DL 191/95, de 28/7
[230] DL 488/99, de 17/11.
[231] Tratava-se, no caso, de titulares duma instituição da Segurança Social.

96 Responsabilidade pela segurança na construção civil e obras públicas

De facto, em lado algum daquele regime jurídico de responsabilidade, apresentado de forma genérica e sem restrições, – e para mais objecto já de uma revisão em 1999 – se encontra uma referência que seja à **responsabilidade contra-ordenacional** da Administração.

Antes, o que se encontra, depois da definição do que se entende por empregador na Administração Pública, é uma norma que faz referência concreta à **responsabilização** e que assim reza[232]:

"1 – *O empregador ou entidade empregadora é responsável disciplinarmente pelo não cumprimento das normas legais sobre segurança, higiene e saúde no trabalho.*

2 – A responsabilidade disciplinar não afasta a responsabilidade civil ou criminal, se for caso disso.

3 – O incumprimento grave e reiterado das normas referidas no n.º 1 pode constituir fundamento para a cessação da comissão de serviço prevista na lei para o pessoal dirigente, independentemente da instauração de processo disciplinar.

4 – Na administração local, o empregador ou entidade empregadora, para além de estar sujeito ao regime jurídico da respectiva tutela, é responsável civil e criminalmente pelo incumprimento das normas referidas no n.º 1 se for caso disso."[233]

Não se diz, pois, uma única palavra sobre responsabilidade contra-ordenacional, embora se enfatize naturalmente a **responsabilidade civil e criminal** (nos n.º 2 e 4).

Mas a questão pode e deve ser mais aprofundada. Poder-se-á argumentar que o diploma que "*define as formas de aplicação do Decreto-Lei n.º 441/91, de 14 de Novembro, à Administração Pública*"[234] se restringe à disciplina das "actividades", agora renomeados de "serviços"[235] de shst, deixando de fora, para além de outras, as regras e prescrições técnicas e todas as obrigações de segurança na construção civil contidas na disciplina do Decreto-Lei n.º 273/2003.

Mas, se tiver sido assim – e não há dúvida que a normação ali inserida respeita à eleição dos representantes dos trabalhadores, às

---

[232] Trata-se do artigo 15.º, que tem por epígrafe "Responsabilização".
[233] Sublinhados nossos.
[234] Cfr. art. 1.º/1.
[235] Renomeação operada pela L 7/95, de 29/3

Evolução histórica – Princípios e ideias gerais

comissões de segurança, à organização dos serviços e ao dever de comunicação – por que razão o legislador se refere, como se viu, genericamente ao Decreto-Lei n.º 441/91 (lei-quadro de shst) não restringindo o objecto do diploma à regulamentação dos ditos "serviços", tanto mais que se refere expressamente ao Decreto-Lei 26/94?[236]

Mais marcantemente ainda, por que razão, senão para abranger toda a disciplina de shst, o legislador diz expressamente no artigo 16.º/2[237] que *"no âmbito da respectiva actividade fiscalizadora, as entidades referidas no número anterior* (Inspecção-Geral do Trabalho e Direcção-Geral de Saúde) *devem elaborar um auto de notícia de quaisquer infracções às normas sobre segurança, higiene e saúde no trabalho e remetê-lo ao respectivo ministro da tutela para os efeitos previstos no artigo anterior"*?

Pareceria que perante tal clareza do texto – *"elaborar um auto de notícia de **quaisquer infracções** às normas sobre segurança, higiene e saúde no trabalho e remetê-lo ao respectivo ministro da tutela"* – não seria legítimo duvidar que as pessoas colectivas de direito público, apesar de sujeitas ao controlo de cumprimento pela Inspecção-Geral do Trabalho[238], não poderiam ser "condenadas" por qualquer contra-ordenação respeitante a shst praticada pelos titulares dos seus órgãos. Antes, a responsabilidade pela violação de normas desse âmbito, daria origem a sanções de cariz meramente disciplinar ou tutelar.

Não vemos, por outro lado, nenhum interesse na distinção que alguns pretendem fazer entre as diversas situações em que a Administração, designadamente, a Administração Local pode aparecer no contexto da sua responsabilidade pela shst. Na verdade, uma qualquer autarquia local[239], um Município, por exemplo, pode aparecer ora como empregador, ora como utilizador ora como dono da obra.

Há quem defenda que como empregador ou como utilizador, seja de trabalho temporário ou de um outro qualquer contrato de

---

[236] Cfr. art. 8.º/1 do DL 488/99, de 17/11. Este DL 26/94 parece ter sido tacitamente revogado com a entrada em vigor da Lei Regulamentadora do Código (L 35/2004, de 29/7)

[237] Disposição esta aditada pela reforma do regime jurídico de 1999.

[238] Como claramente resulta do disposto no art. 16.º/1 do DL 488/89

[239] Como outro qualquer ente público, afinal.

98   *Responsabilidade pela segurança na construção civil e obras públicas*

prestação de serviços não poderá ser responsabilizado contra-ordenacionalmente porque o Município não é obrigado a enviar à IGT o mapa do quadro de pessoal de onde se retiravam os elementos que determinam a dimensão da empresa, o número de trabalhadores e o volume de negócios[240], mas já poderia ser responsabilizado como dono da obra não titular de empresa pois que aí já poderia determinar-se a dimensão de acordo apenas com o volume de negócios que corresponde ao custo da obra[241]. Adiante-se, porém, que hoje, quer os serviços não personalizados, quer os institutos públicos são abrangidos pela obrigatoriedade de envio do mapa do quadro de pessoal embora restrita aos trabalhadores do contrato individual de trabalho[242].

Como se verifica, tratava-se ali duma construção baseada apenas numa circunstância meramente formal e aleatória que é a de, no regime actual, não poder determinar-se a dimensão dos entes públicos para efeitos de fixação da moldura da coima[243]. Para nós, porém, o problema vai mais fundo e prende-se com a natureza dos entes colectivos públicos e a natureza da própria sanção que é a coima. Será razoável, fará sentido, a Administração sancionar economicamente a Administração quando se sabe que essas penalizações vão necessariamente ser levadas à conta de custos da entidade pública? Não seria mais razoável, atenta essa repercussão das sanções pecuniárias nos próprios contribuintes, pura e simplesmente não admitir a responsabilidade contra-ordenacional para os entes públicos?

A estas dúvidas, porém, já respondeu a PGR no parecer acima referido, pelo que não será legítimo voltar a colocá-las, apesar dos pruridos do legislador que, pelo que se vê, não enfileira tão afoitamente quanto aquele corpo consultivo pela ideia da responsabilidade da Administração por pagamento de coimas.

---

[240] Com o art. 620.º do CT, a dimensão da empresa passou a ser determinada unicamente pelo volume de negócios.

[241] Cf. art. 28.º/2 do DL 273/2003, DE 29/10.

[242] Cfr. art. 452.º/3 da Lei 35/2004, de 29/7.

[243] Adite-se, porém, que este argumento que era plenamente válido no domínio do regime das COL de 1999 só o é agora, com o Código, em parte já que, como vimos, a dimensão da "empresa" se determina apenas pelo volume de negócios – cfr art. 620.º do CT.

Por vezes, é até o próprio legislador que expressamente acolhe a tese da **irresponsabilidade contra-ordenacional da Administração Pública**, não deixando lugar a dúvidas.

É o que sucede no âmbito da segurança na construção civil e obras públicas, numa matéria com a repercussão social do trabalho de estrangeiros ilegais, com o n.º 6 do artigo 144.º do Decreto-Lei n.º 244/98[244], que em perfeita sintonia com o disposto no regime da shst na Administração Pública[245], determina que *"caso o dono da obra seja a Administração Pública, incorre em* **responsabilidade disciplinar** *o responsável que não deu cumprimento ao disposto no n.º 5 "*, ou seja, que não obteve do empreiteiro/adjudicatário a declaração de cumprimento das obrigações legais sobre os trabalhadores imigrantes contratados.

Apenas não terá equacionado o mesmo legislador que se a responsabilidade disciplinar pode ser aplicável nos serviços não personalizados da Administração Central, já suscita dificuldades quanto aos institutos públicos na modalidade de serviços personalizados e não funciona de todo na Administração Local, precisamente por não existir entre ela e o Governo, designadamente o Ministro da Administração Interna qualquer relação de hierarquia ou competência disciplinar. Sendo o autarca um eleito local, a relação que tem com o membro do Governo é de mera tutela, pelo que a consequência poderá ser a da dissolução do órgão ou a da perda do mandato dos seus membros determinada pelos tribunais competentes, após a realização dos respectivos inquéritos ou sindicâncias por parte dos organismos tutelares, mas apenas e só quando incorram, por acção ou omissão, em ilegalidade grave ou na prática continuada de irregularidades.

Apesar do que fica dito, e com as excepções que resultam directamente dos textos legislativos, inclinamo-nos para a responsabilização contra-ordenacional dos entes públicos da Administração Central, Regional ou Local, quer directa quer indirecta, podendo mesmo afirmar-se que no passado a Administração do Trabalho aplicou já

---

[244] Na versão do DL 4/2001, de 10/1e do DL 34/2003, de 25/2.
[245] Designadamente no art. 15.º/1 do DL 488/99, de 17/11.

100 Responsabilidade pela segurança na construção civil e obras públicas

coimas quer a órgãos de serviços personalizados do Estado[246], quer a autarquias locais, sem qualquer reacção conhecida destas no tocante à sua ilegitimidade passiva.

O argumento que reputamos de decisivo é o do âmbito subjectivo do Decreto-Lei n.º 488/99, de 17/11, não ser o que aparenta ser, mas ser restrito à organização de serviços de shst nos organismos e serviços da Administração Pública.

No tocante à competência da IGT para a fiscalização da matéria da shst está hoje o problema solucionado através do n.º 2 do art. 2.º do seu Estatuto[247]. Mas nem assim o problema fica completamente solucionado pois que se há diplomas sobre segurança que consagram expressamente a sua aplicabilidade no âmbito da Administração outros há, como é o caso do Regulamento Geral de Higiene e Segurança nos Estabelecimentos Comerciais, de Escritório e Serviços[248] que exigem um acto posterior do membro do governo para se aplicarem no âmbito do respectivo ministério e ainda hoje há ministérios que o não fizeram.

Uma última nota para referir que outrotanto se não passa já com a fiscalização das situações relacionadas com o contrato de trabalho, onde em princípio a IGT não tem competência para intervir[249]. Ficam assim de fora da sua acção, não só as situaçõcs de relação de emprego público, relativas, por isso, aos funcionários ou agentes da Administração – facto que é confirmado pelo próprio Código do Trabalho, naquele conjunto de normas que ele próprio determina se apliquem à

---

[246] Para além, naturalmente, das empresas públicas, estas indubitavelmente sujeitas à fiscalização do IGT a partir do DL 102/2000, (art. 2.º/1).

[247] DL 102/200, de 2/6.

[248] Aprovado pelo Dec-Lei n.º 243/86, de 20/8. São os seguintes os departamentos onde se aplica o Regulamento, por força do respectivo despacho: Serviços da Administração Pública – Res. do Cons. de Ministros n. 2/88, de 6/1; Ministério da Saúde-desp. conj. De 15/2/89; Ministério do Emprego-desp. conj. A-172/89-XI, DR de 15/9; Ministério da Agricultura- desp. conj de 3/8/89, DR de 19/8/89; Presidência do Cons. de Ministros – desp. conj 14/91, de 27/3, DR de 6/4; Ministério do Ambiente – desp. conj de 15/6/91, DR de 10/7/91; Ministério da Defesa – desp. conj de 19/7/91, DR de 14/8; Ministério da Indústria e Energia – desp. de 17/9/91; Ministério das Obras Públicas – desp. de 8/11/91; Ministério da Educação – desp. conj de 30/11/92; Ministério do Mar – desp. conj19/1/95, DR de 6/2/95.

[249] Cfr. art. 2.º/1 do DL 102/2000, de 2/6.

Evolução histórica – Princípios e ideias gerais 101

relação jurídica de emprego público, mas que depois entende que se lhe não aplicam as regras das contra-ordenações, como é o caso da maternidade e paternidade (art. 475.º/5 da L. 35/2004) – mas também todas as que se estabeleçam com os trabalhadores contratados no regime do contrato individual de trabalho, seja contrato a termo seja por tempo indeterminado.

12. Aplicação de coimas a empresas estrangeiras não domiciliadas em Portugal.

Uma outra dificuldade de monta se suscita relativamente às empresas que exercendo actividade no nosso país não possuam aqui sede, agência, sucursal ou filial. Sendo certo que quem exerça no país uma qualquer actividade económica (comercial ou industrial ou outra) deverá estar sujeito às regras aqui existentes, entre as quais se contam a sua regularização fiscal e laboral, o certo é que nem sempre assim sucede. E mesmo que exista regularização fiscal e social, o problema pode surgir quanto à dimensão da empresa para efeitos de determinação da moldura da coima aplicável, já que, dependendo esta dos elementos que devem constar do mapa do quadro de pessoal, tais entidades, porque não sediadas em Portugal, parece não estarem abrangidas pela obrigação do seu envio à Administração do Trabalho[250]. É que, em rigor, se como entidades empregadoras, estariam integradas no âmbito subjectivo do regime que regula a apresentação anual dos mapas de quadros de pessoal, a falta de instalações fixas torna essa tarefa para tais empresas pouco praticável e a sua exigibilidade para ao serviços de fiscalização constitui uma utopia. E não se pense que o problema tem um alcance prático despiciendo. Para concluir pelo contrário basta pensar nas viaturas pertencentes a empresas estrangeiras não sediadas em território nacional que no âmbito da actividade industrial, ou mesmo tão somente de construção civil, demandam o nosso país em transporte de equipamentos e materiais para as obras.

---

[250] Cf. o art. 452.º e ss. da L 35/2004, de 29/7.

102 *Responsabilidade pela segurança na construção civil e obras públicas*

13. A responsabilidade civil pelos acidentes de trabalho

Se a segurança, higiene e saúde e as medidas preventivas que lhe andam associadas não funcionaram, então ocorre o acidente de trabalho ou a doença profissional, que exigem reparação. Não sendo, naturalmente, esta problemática do âmbito específico deste trabalho, apenas diremos duas palavras de carácter geral sobre ela, remetendo quanto ao mais para os diversos trabalhos publicados sobre o tema.

A reparação dos acidentes de trabalho ou, mais apropriadamente o ressarcimento dos prejuízos sofridos pelo trabalhador subordinado, e também pelo trabalhador autónomo, assim como pelas suas famílias foi preocupação permanente do legislador, podendo mesmo afirmar-se que o instituto da responsabilidade civil, designadamente da responsabilidade aquiliana[251], sofreu evolução devido à responsabilidade pelos acidentes de trabalho.

Na verdade, costuma a dogmática distinguir a responsabilidade contratual[252] da extracontratual, delitual ou aquiliana. Naquela as obrigações do devedor resultam da violação dum contrato ou de negócio jurídico unilateral, ao passo que nesta resultam da violação de direitos absolutos, podendo ainda acrescentar-se que nesta há casos em que existe responsabilidade pela prática de factos que, embora lícitos, causam prejuízos a outrem[253].

Dentro da responsabilidade extracontratual há, entre os autores, uma tendência cada vez mais acentuada de dissociar a responsabilidade da ideia de culpa, como originariamente se defendia na conhecida teoria da responsabilidade subjectiva e de a aproximar da ideia de responsabilização social. Na verdade, cedo se reconheceu a conveniência, se não mesmo a necessidade social, de reparar o dano

---

[251] Por ser prevista na *Lex Aquilia de damno* de Gaio (sec. II)

[252] Embora, como nota, p. ex., o Prof. Antunes Varela, a expressão não seja inteiramente exacta uma vez que para além de provir da violação dum contrato pode resultar da violação de negócio jurídico unilateral – *Antunes Varela – Direito das Obrigações (edição policopiada), Coimbra, 1969.*

[253] Há, aliás, casos destes no âmbito laboral. Assim, é lícito ao empregador, em determinadas circunstâncias, alterar o local ou o horário de trabalho do trabalhador. Todavia, pode ter de lhe pagar certas despesas resultantes desses actos lícitos, porque permitidos por lei.

Evolução histórica – Princípios e ideias gerais 103

sofrido pelo lesado, mesmo que o lesante não tenha agido com culpa, bastando, para tanto, que aquele não tenha agido com dolo ou culpa grave. Isto é, a responsabilidade pelo risco.

De direito, em princípio, só responde civilmente quem tiver actuado com culpa[254] e, por isso, se o dano provém de caso fortuito[255], de força maior ou de facto de terceiro que actuou sem culpa, quem o suporta é o lesado por ser impossível estabelecer um nexo de causalidade entre o dano e o lesante. E, por isso, é que a responsabilidade subjectiva, baseada na culpa, é a regra e até a solução mais justa socialmente, levando a que as pessoas actuem na vida com um mínimo de cuidado – cuidado mínimo exigível a um homem médio.

Mas desde que a disciplina do trabalho se autonomizou, em resultado essencialmente da concentração da mão-de-obra e do emprego de meios e equipamentos cada vez mais sofisticados, mas também mais perigosos, que os acidentes de trabalho aumentaram não apenas em número, como também na sua gravidade e consequências para os trabalhadores. Por outro lado, contraditoriamente, verificava-se que não só em virtude da complexidade crescente dessas organizações como da dificuldade prática de os trabalhadores demandarem os titulares desses meios de produção, era cada vez mais difícil provar a culpa dos empregadores e exigir a sua responsabilidade. Cedo se concluiu, por isso, que não era a responsabilidade subjectiva a mais adequada ao efeito que se pretendia, que era o de ressarcir os trabalhadores pela perda da capacidade de trabalho ou de ganho.

Uma primeira tentativa de solução foi a de integrar os acidentes na responsabilidade contratual considerando como que a existência de um contrato em que o empregador, quando admitia um trabalhador, se comprometia a deixá-lo no fim do contrato com a mesma capacidade de trabalho. Assim, se um acidente de trabalho ocorria, era o empregador que teria de recuperar o trabalhador pois que entrava em funcionamento a presunção de culpa do não cumprimen-

---

[254] Cf. art. 483.º do CC.

[255] Caso fortuito é o que é imprevisível e inevitável, mas seria evitável se previsto. Ver a definição legal de caso de força maior para efeito de acidente de trabalho na nota seguinte.

104 Responsabilidade pela segurança na construção civil e obras públicas

to dessa obrigação contratual. Só que esta solução também se não mostrava satisfatória, tanto mais que, atenta a posição de vantagem económica do empregador na relação contratual, não lhe era difícil ilidir essa presunção, caso em que era o próprio trabalhador, ou a sua família, que teria de suportar os custos da lesão e arcar com as suas dramáticas consequências económicas.

Por isso caminhou a dogmática, no tocante aos acidentes de trabalho, para uma teoria que operasse independentemente da culpa da entidade patronal: a teoria do risco. É que se reconheceu que, se aquela organização de meios (empresa), entre os quais se compreende sempre a utilização de mão-de-obra, proporciona aos seus detentores e organizadores da produção lucros mais ou menos avultados, seria justo que os empreendedores suportassem os riscos acrescidos que tais empreendimentos comportam.

Só assim não será, naturalmente, quando o acidente resulta de dolo, culpa grave ou violação "sem causa justificativa" pelo trabalhador das condições de segurança estabelecidas pela entidade empregadora ou previstas na lei, ou de força maior[256], caso em que é descaracterizado como acidente de trabalho[257]. Donde se conclui que no âmbito da responsabilidade por acidentes de trabalho se foi mesmo mais longe do que a mera imputação da responsabilidade independentemente de culpa. É que, mesmo em caso de culpa na produção do acidente pelo trabalhador, ainda aí a responsabilidade recai sobre o empregador. Necessário é que se trate de negligência leve[258], uma vez que a negligência grosseira, como se viu, já descaracteriza o acidente. Entende-se que, nos casos de culpa leve ou de mera negligência, a verificação do acidente se poderá normalmente ter ficado a dever a razões de esforço, cansaço ou habitualidade, resultantes di-

---

[256] Só se considera caso de força maior o que, sendo devido a forças inevitáveis da natureza, independentes da intervenção humana, não constitua risco criado pelas condições de trabalho nem se produza ao executar serviço expressamente ordenado pela entidade empregadora em condições de perigo evidente – art. 7.º/2 do L 100/97, de 13/9.

[257] Cf. art. 7.º da Lei 100/97, de 13/9. Note-se que, ao contrário do que estava inicialmente previsto no Código do Trabalho – cf. art. 3.º/2 da Lei preambular n.º 99/2003 de 27/8 – a matéria dos acidentes de trabalho (arts. 281.º a 312.º) não foi objecto da legislação especial (L 35/2004) pelo que se deverá continuar a reger pela Lei 100/97 e demais diplomas regulamentares, designadamente os DL 142 e 143/99, de 30/4.

[258] Cfr. sobre a distinção entre negligência grave e leve o art. 15.º do CP.

Evolução histórica – Princípios e ideias gerais 105

rectamente do trabalho ou de falta de preparação para a prevenção da sinistralidade, umas e outras provindas, em último termo, da organização produtiva e, por isso, do âmbito do risco próprio do empregador.

O facto de funcionar a teoria da responsabilidade objectiva, pelo risco, não invalida porém que não haja, e por vezes há, responsabilidade subjectiva dos empregadores.

A distinção entre um e outro destes tipos de responsabilidade tem, aliás, grandes e significativas consequências práticas. É que se se verifica a responsabilidade objectiva, pode afirmar-se que o ressarcimento dos danos é feito de maneira não integral. Por um lado, a reparação abrange apenas os danos materiais e, dentro destes, as despesas respeitantes à recuperação da saúde e da capacidade de trabalho ou ganho, as pensões aos familiares em caso de morte, além de subsídios e despesas do funeral[259]. Por outro, as prestações por incapacidades, sejam temporárias ou permanentes, absolutas ou parciais, abarcam apenas uma percentagem do salário, não ultrapassando em regra 75% do seu valor[260].

Diferente é a situação em que se verifica culpa do empregador, a que a lei assimila o incumprimento das regras sobre segurança, higiene e saúde no trabalho[261]. Neste caso, para além de as prestações por incapacidade ou das pensões por morte serem iguais à retribuição, já a lei admite o ressarcimento dos danos morais[262]. E a doutrina vem até defendendo que para além desses danos, podem ser incluídos, nos termos gerais, outros danos patrimoniais que não tenham directamente a ver com a perda de capacidade de trabalho ou de ganho[263].

---

[259] Cf. art. 10.º da Lei 100/97, de 13/9.

[260] Cf. art. 17.º da Lei 100/97, de 13/9.

[261] Cf. art. 18.º da Lei 100/97, de 13/9.

[262] O legislador da Lei de acidentes de trabalho continua a designar por danos morais os actualmente designados danos não patrimoniais pelo Código Civil – art. 496.º.

[263] Neste sentido Pedro Romano Martinez – Responsabilidade civil em direito do trabalho, texto apresentado no seminário de Direito do Trabalho realizado na FDUC em 30/31 de Janeiro de 2003, que apresenta como exemplo a possibilidade de ressarcimento dos prejuízos sofridos pelo trabalhador que, no acidente de trabalho, danificou o relógio de pulso.

106 *Responsabilidade pela segurança na construção civil e obras públicas*

Por seu lado, vem a jurisprudência acentuando que pelo novo regime, quando comparado com o anterior (da Lei n.º 2127), deixou de existir agravamento quando o acidente tiver resultado de mera culpa da entidade patronal ou do seu representante, mas em contrapartida passou a haver agravamento sempre que resulte da inobservância das regras sobre shst, independentemente de essa inobservância ter sido culposa ou não[264].

Acontece que, havendo responsabilidade subjectiva do empregador, é este que responde em primeira mão pelo ressarcimento dos danos. A responsabilidade das seguradoras, neste caso, estando a responsabilidade infortunística transferida, verifica-se apenas em regime de subsidariedade e somente com relação às prestações normais[265]. Assim, não só será necessário excutir o património da entidade empregadora, como a seguradora só responde pelos valores que seriam devidos caso não houvesse culpa daquela, outrotanto se verificando na hipótese de o valor da retribuição declarada para efeito do prémio do seguro ser inferior à realmente auferida pelo trabalhador[266].

14. Principais alterações no regime da segurança na construção resultantes da substituição do Decreto-Lei n.º 155/95 pelo Decreto-Lei n.º 273/2003

Vamos agora proceder a uma análise, sumária e esquemática, das principais alterações que consideramos se verificaram com a alteração legislativa da primeira transposição da Directiva n.º 92/57/CEE, operada pelo Dec-Lei n.º 155/95, quando comparada com a actual do Decreto-Lei n.º 273/2003. E de que resultou, por constatação das omissões e insuficientes explicitações sobre os diversos instrumentos de prevenção dos riscos profissionais daquele, um maior desenvolvimento e aprofundamento do actual regime da organização, do planeamento e do sistema da coordenação da segurança nos estaleiros temporários ou móveis.

---

[264] Neste sentido o Ac. do TRP de 07/04/2003, relatado por Sousa Peixoto – *in* www.dgsi.pt
[265] Cf. art. 37.º/2 da Lei 100/97, de 13/9.
[266] Cf. art. 37.º/3 da Lei 100/97, de 13/9.

Evolução histórica – Princípios e ideias gerais 107

14.1. Entidade executante

Foi introduzida, entre os principais actores do processo edificatório, a figura da **entidade executante**, embora esta seja sempre ou o empreiteiro – dito também empreiteiro geral ou adjudicatário – ou, mais raras vezes, o **dono da obra**, se e quando procede à realização da obra por administração directa.

Se bem que este dono da obra continue a ser o actor que a lei quer implicar mais profundamente na gestão da segurança, o certo é que há como que uma desradicalização da sua responsabilidade.

O que sucede em dois momentos distintos. Num primeiro quando se erigem, ou clarificam, situações em que não é exigível plano de segurança e saúde. É o caso em que não existe projecto e os trabalhos não implicam riscos especiais ou, existindo projecto, não existe obrigatoriedade de comunicação prévia nem os trabalhos implicam riscos especiais[267]. Num segundo, quando coerentemente se determina a assunção da responsabilidade do desenvolvimento do pss pela entidade executante[268], que fica também obrigada à elaboração das fichas de procedimentos de segurança[269]

14.2. Plano de segurança e saúde e compilação técnica

A segunda das alterações mais profundas tem a ver com o próprio **plano de segurança e saúde** que, pelo menos legalmente, terá deixado de ser pouco mais do que um documento estático[270] para passar a ter a função que lhe deve realmente caber: conter os caminhos para a edificação que evitem ou reduzam ao máximo possível a sinistralidade. Especificou-se bem a existência de dois subplanos[271]: um na fase do projecto e outro, que é a continuação daquele, na fase da obra, e que conta com a participação da entidade executante e até dos subempreiteiros e dos trabalhadores independentes.

Foi mesmo determinado que o prazo estabelecido no contrato de empreitada não começa a correr enquanto o dono da obra não comunique à entidade executante a aprovação do pss, depois de todo o

---

[267] Cf. art.. 5.º/4 do DL 273/2003
[268] Cf. art.. 11.º do DL 273/2003
[269] Cf. art.. 14.º do DL 273/2003

108 *Responsabilidade pela segurança na construção civil e obras públicas*

desenvolvimento e especificações feitas por esta ao pss em projecto (art.12.º/4). Assim como se deu ao dono a possibilidade de recusar a recepção provisória da obra enquanto a entidade executante não prestar os elementos necessários à elaboração da compilação técnica (art. 16.º/3).

Espera-se, por isso, que, ao contrário do que sucedia até agora, o pss deixe de constituir um amontoado de documentos copiados de uma situação anterior que não originara autuação, para retratar, na medida do tecnicamente possível, as soluções mais seguras, com vista à redução da sinistralidade. E que a compilação técnica seja um documento indispensável para intervenções seguras após a conclusão da obra. Assim as comezinhas questões económicas se lhe não anteponham.

14.3. *Identificação dos coordenadores de segurança*

É inovadora, mas muito positiva, a determinação da obrigação do dono da obra de **identificação por escrito dos coordenadores de segurança** perante os intervenientes no estaleiro (autores do projectos, fiscal da obra e executante, sendo este obrigado a dá-la a conhecer aos subempreiteiros e trabalhadores independentes)[272], da declaração escrita de aceitação daqueles, assim como a obrigatoriedade de inclusão do plano de segurança e saúde em projecto na fase do concurso ou da negociação da empreitada[273]. Parece assim ter-se dado um passo decisivo para que o pss deixe de ser mais um documento que aumenta a burocracia para integrar, em paralelo com o projecto, o caderno de encargos e todos os outros elementos da concepção e da preparação da fase preliminar de uma obra, as negociações conducentes à sua contratação.

---

[270] Embora a lei anterior, de passagem, se referisse já às adaptações que era necessário fazer ao pss em projecto na fase da obra – cf. art. 9.º/3/a).

[271] Embora o preâmbulo clarifique que se trata de *um único plano* – § 2.º do n.º 2.

[272] Cf. art.. 9.º/5 do DL 273/2003

[273] Cf. art.. 8.º do DL 273/2003

14.4. *Fichas de procedimentos de segurança*

Além do plano de segurança e saúde e da compilação técnica, instrumentos de coordenação previstos no diploma de 1995, a lei aditou as **fichas de procedimentos de segurança,** caracterizando a sua estrutura (art. 14.º/2) criando, por isso, para as obras de menor envergadura um instrumento mais versátil, no que só resulta em vantagem para o próprio pss, credibilizando-o, já que aquelas, sendo de menos difícil elaboração se tornam mais realizáveis e acessíveis a empresas de menor capacidade construtiva.

Além de que se definiram, embora não talvez com a clareza desejável, as situações em que não se torna imprescindível nenhum dos instrumentos de prevenção(arts. 5.º/4 e 14.º/1).

14.5. *Registo de subempreiteiros e trabalhadores independentes*

Uma importante inovação da reforma do regime de coordenação de segurança tem a ver com a **obrigatoriedade de registo** por parte do executante de todos os subempreiteiros e trabalhadores independentes, assim como cada empregador deve registar a identificação de todos os trabalhadores por si contratados, que trabalhem no estaleiro por prazo superior a 24 horas, comunicando-a ao executante, tentando-se, desta forma, pôr um pouco de ordem na confusão por vezes reinante em que nem o dono da obra nem o executante sabiam quantas empresas ou trabalhadores independentes existiam na obra nem, por vezes alguns trabalhadores, conheciam a sua entidade empregadora.

14.6. *Escolha de executante principal*

Constitui também uma inovação, embora de alcance mais restrito que as anteriores, a determinação de o dono da obra designar, de entre os vários executantes por si contratados, qual deles deve tomar as medidas para impedir o acesso no estaleiro a pessoas não autorizadas[274].

---

[274] Cf. art.. 17.º/h) do DL 273/2003

110 Responsabilidade pela segurança na construção civil e obras públicas

Igual medida devia constar, e não consta, para a coordenação pois que nada obsta que o dono da obra nomeie vários coordenadores de segurança em projecto ou em obra. E nesta circunstância, assim como quando a coordenação é contratada a uma empresa prestadora desses serviços, de cujo quadro de pessoal constam vários profissionais, independentemente da sua identificação e aceitação escrita de funções, há um deles que tem de assumir a responsabilidade da coordenação dos coordenadores.

14.7. *Comunicação de abertura do estaleiro*

Corrigiu-se uma imprecisão que resultava da transposição da Directiva – e que, aliás, continua a constar do art. 3.º do seu texto em português[275] – no tocante à **comunicação prévia de abertura** do estaleiro à IGT, que agora é obrigatória quando for previsível um total de mais de 500 dias de trabalho[276] e não de 500 trabalhadores por dia, como resultava do texto anterior[277].

14.8. *Responsabilidade do dono da obra pelas obrigações dos coordenadores*

Embora se tenha avançado para a responsabilidade contra-ordenacional do **coordenador de segurança** quando assuma as funções de executante, subempreiteiro, trabalhador independente, ou trabalhador subordinado, salvo se for fiscal da obra[278], o que se saúda, mantém-se, contudo, do regime anterior a responsabilidade contra-ordenacional do dono da obra perante as múltiplas obrigações directamente impostas por lei àquele técnico de prevenção. Esta solução é baseada, ao que se crê, num hipotético controlo pelo dono da obra deste técnico que o legislador considerará normalmente trabalhador por sua conta. É bem estranha todavia esta suposição. Em primeiro lugar, nada obriga a que o coordenador de segurança seja uma pessoa singular e para mais com um contrato de trabalho com o dono da obra. Bem pode suceder, e será o que normalmente irá ocorrer no

---

[275] Cf. o travessão 2.º do n.º 3 do art. 3.º da Directiva 92/57/CEE, infra, Parte III.
[276] Cf. art. 15.º/1/b)
[277] Cf. art. 7.º/1 do DL 155/95, de 1/7.
[278] Cf. art.. 9.º/6 do DL 273/2003.

Evolução histórica – Princípios e ideias gerais

futuro com o desenvolvimento do mercado da coordenação de se-
guança, que o coordenador seja uma pessoa colectiva tal, como a lei
admite[279] que, por natureza, não pode celebrar com o dono da obra
um contrato de trabalho ou um profissional independente[280] contratado em regime de prestação de serviços.

Por outro lado, nada na Directiva n.º 92/57/CEE (*infra* Parte III)
leva a supor sequer que a solução de responsabilizar contra-ordenacionalmente o coordenador de segurança não coubesse nos seus parâmetros. Sobre essa questão, parece ser de reconhecer que ela deixa
o campo inteiramente livre aos Estados para determinarem o regime
sancionatório que entenderem mais adequado.

Por fim, esta solução, como dissemos já[281] flui directamente do
disposto no Código quando consagra como contra-ordenação muito
grave a violação do dever de o trabalhador *zelar pela sua segurança
e saúde bem como pela segurança e saúde das outras pessoas que
possam ser afectadas pelas suas acções ou omissões no trabalho*[282]
e que estará especialmente adequada para a responsabilização dos
técnicos da prevenção.

Mas, considerando a sua determinância económica, técnica, e
organizacional com respeito aos estaleiros, para que não se afastasse
a responsabilidade do dono da obra – como resulta, aliás, impressi-
vamente do disposto no artigo 10.º – bem poderia o legislador ter
optado pelo expediente da **responsabilidade conjunta**, envolvendo
no sancionamento quer o coordenador de segurança quer o dono da
obra. É uma opção esta que, apesar de poder representar enormes
vantagens pedagógicas e preventivas, e apesar de ter já estado consagrada em letra de lei[283] estranhamente não tem sido utilizada pelo
legislador, apesar de se impor em várias situações em que duas ou
mais entidades (por vezes empregador e trabalhador) estão manco-
munadas para a prática duma infracção.

---

[279] Cf. art.3.º/b) e c) do DL 273/2003

[280] Quando o exercício da coordenação de segurança e o reconhecimento dos respectivos cursos de formação for regulamentado

[281] Supra, n.º 4.

[282] Art. 274.º/1/b e 671.º/1 do Código.

[283] Referimo-nos ao disposto na al. c) do n.º 4 do rgcol/99, aprovado pela L 116/99,
de 4/8.

14.9. Violação das prescrições técnicas

Saúda-se, por último, como digna de relevo a consagração no n.º 4 do art. 25.º de **contra-ordenações muito graves** as violações das prescrições técnicas do Regulamento de Segurança no Trabalho da Construção Civil que provoquem risco de **queda em altura**, de **esmagamento** ou de **soterramento**. Foi, ao que nos parece, uma fórmula feliz para aumentar a dissuasão de comportamentos que são bem mais graves, em termos de risco efectivo e de ocorrência de sinistralidade, do que muitos outros que se reportam à estruturação do planeamento, coordenação ou concretização do sistema de segurança e que a lei, apesar do risco meramente potencial, tipifica com o grau máximo de gravidade.

15. Debilidades do DL 273/2003

Dum modo geral pode dizer-se que perpassa pelo diploma uma certa prolixidade resultante, por exemplo, de repetições de deveres de alguns dos intervenientes no estaleiro, para mais com estatuição de contra-ordenações em duplicado.

É o caso do **dono da obra** cujo dever de concretizar no pss em projecto os aspectos de gestão e organização do estaleiro consta da alínea f) do n.º 2 do art. 6.º, e aí é tipificado como contra-ordenação, e volta a sê-lo na alínea i) do art. 17.º[284]

É o caso da **entidade executante,** cujo dever de dar conhecimento do pss aos subempreiteiros e trabalhadores independentes antes destes intervirem no estaleiro se encontra previsto simultaneamente no art. 12.º/3, 2.ª parte, e no art.20.º/b) ou o dever de assegurar que o pss e suas alterações, assim como as fichas de segurança estejam acessíveis aos mesmos intervenientes e aos representantes dos trabalhadores (previsto simultaneamente nos arts. 13.º/3 e 14.º/5 e art. 20.º/b) e c)) ou ainda de elaborar fichas de procedimentos de segurança (previsto simultaneamente no art. 14.º/1 e 2 e 20.º/c)).

---

[284] Cf. art. 25.º/a)

Evolução histórica – Princípios e ideias gerais 113

É o caso do **coordenador de segurança,** cujo dever de analisar a adequabilidade das fichas de segurança se encontra previsto no art. 14.º/3 e está repetido no 19.º/2/c. E outras situações.

Para além destas referências genéricas, e de alguma falta de clareza nas definições dos intervenientes, designadamente na de dono das obras públicas[285], e de alguma sobreposição de responsabilidades[286], podem referenciar-se as debilidades seguintes.

15.1. *A não consagração da responsabilidade contra-ordenacional do coordenador de segurança*

Como pretendemos demonstrar supra (n.º 4 e n.º 14.8), parece-nos que se a não consagração no Dec-Lei n.º 155/95, de 1/7, da responsabilidade contra-ordenacional dos coordenadores de segurança era uma medida que se revelava já injustificada antes da entrada em vigor do Código – por a sua sucedânea responsabilidade disciplinar não atingir devidamente a finalidade da prevenção que a disciplina da coordenação de segurança se propõe – a solução (mantida no Dec-Lei n.º 273/2003, de 29/10) a partir da entrada em vigor do Código, com a consagração expressa da responsabilidade dos trabalhadores por violação do dever de zelarem pela sua segurança ou saúde ou pela segurança ou saúde das pessoas que possam ser afectadas pelas suas acções ou omissões, revela-se manifestamente desajustada.

É que vai criar uma situação de injustificado privilégio para os coordenadores nomeados pelo dono da obra ao abrigo de um contrato de prestação de serviços relativamente aos admitidos por contrato de trabalho. Enquanto estes poderão ser responsabilizados disciplinar e contra-ordenacionalmente, aqueles só responderão em termos de responsabilidade civil. Ora, atenta a capacidade económica objectiva de uns e outros, o que se justificava era o contrário, embora juridicamente ambos devessem responder pelo pagamento de coimas.

---

[285] Cf *infra*, Parte II, nota III ao art. 3.º
[286] Cf. *infra*, nota III ao art. 18.º

114 Responsabilidade pela segurança na construção civil e obras públicas

15.2. A falta de referência à competência da IGT para suspender os trabalhos

Também se não compreende num diploma especialmente vocacionado para a prevenção dos ricos profissionais, num sector de actividade com elevadas taxas de incidência de acidentes de trabalho graves e mortais, que não se estabeleçam regras sobre a suspensão dos trabalhos, afora o caso de trabalhos susceptíveis de destruir ou alterar vestígios de acidente de trabalho[287].

De resto, constava do art. 12.º do Dec-Lei n.º 155/95 revogado uma norma sobre *riscos graves* segundo a qual: *"Quando se comprove a existência de risco grave para a vida e saúde dos trabalhadores ou a probabilidade séria da sua verificação, o Instituto de Desenvolvimento e Inspecção das Condições de Trabalho pode determinar a suspensão imediata dos procedimentos que sejam causa de tais riscos"*

Esta suspensão é uma medida de política de prevenção, a que nos referimos já (supra n.º 5), e que é tão necessária quão tem sido utilizada pela IGT em caso de risco grave ou probabilidade séria de verificação de lesão da vida, integridade física ou saúde dos trabalhadores. O facto de ela constar do diploma que o presente Dec-Lei n.º 273/2003 reviu e revogou não nos permite sequer encarar a hipótese de tratar-se de esquecimento legislativo. Mas não encontramos nem sentido nem resposta para a atitude legislativa.

Certamente que a noção e determinação das condições de aplicação dessa medida se encontram previstas no Estatuto da IGT[288]. Mas, independentemente de se não questionar aí a sua inclusão, não seria despicienda a sua consagração no diploma sobre o planeamento, organização e coordenação da segurança nos sectores da construção civil e obras públicas. À semelhança, aliás, do que sucede com regulamento de segurança na construção civil[289] em cujo art. 177.º se pode ainda ler que *em casos de maior gravidade, e quando a aplicação das multas previstas no artigo anterior se mostrar inefi-*

---

[287] Cf. art. 24.º/6 do DL 273/2003.
[288] Art. 10.º//d) do DL 102/2000, de 2/6.
[289] Dec. N.º 41.821, de 11/8/58

Evolução histórica – Princípios e ideias gerais 115

ciente, poderá a obra ser embargada por qualquer das entidades fiscalizadoras, aditando-se que *a entidade que haja ordenado o embargo pode autorizar a continuação da obra, desde que cessado as razões daquela providência.* É uma norma que se encontra naturalmente revogada pela legislação posterior, mas cujo sentido de oportunidade se não perdeu[290]. A referência a uma medida desta natureza faria pois todo o sentido e constituiria mais um reforço da dissuasão da sua prática pelos empregadores dos sectores da construção civil e obras públicas, naturais destinatários das normas de conduta, de estatuição e de sanção do diploma em análise.

15.3. *O dever de cooperação nas situações em que várias empresas laboram no mesmo local, a comparticipação, a subcontratação e a solidariedade*

Na senda do que se disse no ponto anterior, também nos parece que se justificaria a inserção no diploma – que para lá de regular e disciplinar a coordenação de segurança, institui o ilícito contra-ordenacional e comina as respectivas sanções – de uma norma respeitante ao dever de coordenação das várias empresas com actividade num mesmo local do género da que consta do n.º 4 do art. 273.º do Código do Trabalho[291]. Se mais não fora, e é, até pela necessidade de o legislador se dar conta da possível sobreposição entre esse dever e

---

[290] No mesmo sentido da possibilidade de embargo, quando a aplicação de multas se mostrar ineficiente, pode ver-se o art. 52.º do Regulamento das Instalações Provisórias Destinadas ao Pessoal Empregado nas Obras, anexo ao Decreto n.º 46.427, de 10/7/65.

[291] *"Quando várias empresas, estabelecimentos ou serviços desenvolvam, simultaneamente, actividades com os respectivos trabalhadores no mesmo local de trabalho, devem os empregadores, tendo em conta a natureza das actividades que cada um desenvolve, cooperar no sentido da protecção da segurança e da saúde, sendo as obrigações asseguradas pelas seguintes entidades:*
a) A empresa utilizadora, no caso de trabalhadores em regime de trabalho temporário ou de cedência de mão-de-obra;
b) A empresa em cujas instalações os trabalhadores prestam serviço;
c) Nos restantes casos, a empresa adjudicatária da obra ou serviço, para o que deve assegurar a coordenação dos demais empregadores através da organização das actividades de segurança, higiene e saúde no trabalho, sem prejuízo das obrigações de cada empregador relativamente aos respectivos trabalhadores."

116 *Responsabilidade pela segurança na construção civil e obras públicas*

a obrigação de asseguração pela entidade executante do cumprimento das obrigações dos subempreiteiros e dos trabalhadores independentes (art. 20.º, alíneas e) e f)).

Certamente que as situações de necessidade de cooperação entre vários empregadores para uma adequação ou optimização da segurança dos trabalhadores e de terceiros se não põem apenas no âmbito do processo construtivo e edificatório. Mas do que não há dúvidas é que, na maioria dos casos, é precisamente neste domínio e, mais precisamente no dos estaleiros temporários ou móveis, sobretudo nos de maiores dimensões, que se deparam situações em que se verifica a existência simultânea de várias empresas a trabalhar no mesmo local e que se impõe o **dever de cooperação** entre elas. Por seu lado, também não é raro que as violações das prescrições técnicas do trabalho nos estaleiros temporários ou móveis, que constituem contra-ordenações, sejam imputadas a vários agentes em regime de **comparticipação**, designadamente na modalidade de co-autoria ou autoria paralela[292], tanto mais que (como se referiu, e com o nosso aplauso, *supra*, n.º 14.9) o legislador resolveu considerar como contra-ordenações muito graves todas as violações das prescrições técnicas do Regulamento de Segurança no Trabalho da Construção Civil que provoquem risco de queda em altura, esmagamento ou soterramento. E aquela norma do art. 273.º/4 do CT, sobre a obrigação da entidade adjudicatária assegurar as actividades de shst, não deixa de apontar para tal forma de partilha do ilícito quando precisamente acrescenta *"sem prejuízo das obrigações de cada empregador relativamente aos respectivos trabalhadores"*.

Pensamos, por isso, que a forma mais correcta de combater a tentativa de evasão das responsabilidades de cada um dos empregadores nas obras particulares, e da sua diluição em cadeias mais ou menos complexas de **subcontratação,** seria a da sua responsabilização em comparticipação. Ou então, solução mais radical, a de proibir

---

[292] Sobre a comparticipação nos crimes, vd. arts. 25.º a 29.º do CP, especialmente o art. 26.º que engloba na autoria o autor material (executar o facto por si mesmo), autor moral (por intermédio de outrem), comparticipante (tomar parte directa na sua execução) seja como co-autor (por acordo) seja como autoria paralela (juntamente com outros) seja, por fim, como mero cúmplice (dolosamente determine outrem à prática do facto, desde que haja começo de execução).

Evolução histórica – Princípios e ideias gerais

a subcontratação ou, ao menos, a de a tornar dependente da autorização da entidade executante, à semelhança do que se passa com as obras públicas relativamente ao dono da obra[293].

Entendemos por estas razões que não se foi na lei tão longe quanto se devia. É que a referência normativa pauta-se somente pelo elo do executante aos subempreiteiros, quando se sabe que, para além destes, há na realidade dos estaleiros muitos outros intervenientes: "**sub-subempreiteiros**". E a estes nem a lei proíbe nem diz se o responsável pelo pagamento da coima é a entidade definida como executante nos termos do diploma, ficando a dúvida sobre se não será, antes, o contratante directo que já é, por sua vez, um subcontratante[294].

Subcontrato é um negócio jurídico bilateral pelo qual um dos sujeitos, parte noutro contrato, sem deste se desvincular e com base na posição jurídica que daí lhe advém, estipula com terceiro a execução total ou parcial da prestação a que está adstrito[295]. Não estando legalmente vedado o recurso à cadeia de subcontratação no âmbito da construção civil de obras particulares, a não ser na situação de **subcontratação total**[296], só se tal impedimento resultar da convenção é que não será possível o recurso a utilização de cadeias de subcontratos.

Já, no âmbito das obras públicas, são expressamente admitidas as subempreitadas[297], quer as celebradas entre o empreiteiro adjudi-

---

[293] Cf. art. 148.º/1 do DL 59/99, de 2/3.

[294] Sobre esta questão, versando porém o âmbito da responsabilidade civil, pode ver-se com muito interesse o trabalho de Cláudia Brito – "Uma questão prática do contrato de subempreitada: A acção directa e suas implicações" *in* Maia Jurídica, Ano II, N.º 1 – Jan/ /Jun 2004, pp. 3 a 20.Mas a jurisprudência defende que *"Em regra os direitos do subempreiteiro decorrentes da execução do contrato de subempreitada apenas podem ser exercidos contra o empreiteiro e não contra o dono da obra*[pelo que] *restritiva deve ser a possibilidade de recurso à acção directa* – Ac. do TRC de 16/12/2003, relatado por António Geraldes, *in* www.dgsi.pt.

[295] Segundo Ac. do TR do Porto de 15/4/97, de que se dá nota no trabalho a que se refere a nota anterior.

[296] Cf. art. 27.º do Dec-Lei n.º 12/2004. Conforme se pode ver no diploma, apenas o acesso e permanência na actividade da construção é condicionada à posse de determinados requisitos.

[297] Cf. arts. 265.º e ss. do DL 59/99, de 2/3.

catário da obra pública e o seu subempreiteiro, quer as efectuadas entre este e um terceiro. Subempreitada é o contrato de empreitada emergente, mediata ou imediatamente, de um contrato administrativo de empreitada de obras públicas.

O regime das obras públicas, contudo, não deixa de responsabilizar sempre civilmente o empreiteiro, mesmo nestas hipóteses de subcontratações em cadeia: *"Não obstante a celebração de um ou mais contratos de subempreitada, ainda que sem a intervenção do empreiteiro, este será sempre responsável perante o dono da obra pelas obrigações decorrentes do contrato de empreitada de obras públicas, bem como pelos actos ou omissões praticados por qualquer subempreiteiro, em violação daquele contrato"*[298]

A falta de uma norma semelhante a esta no domínio da responsabilidade contra-ordenacional, leva-nos a considerar a sua inaplicação neste domínio por considerar a sua inextensibilidade à situação da relação contratante/subcontratante.

De igual modo, quando a lei aponta para a responsabilização solidária do empreiteiro/contratante pelo pagamento da coima dos subempreiteiros, conforme determina em geral o art. 617.º/2 do Código, deveria também ter reportado à questão da subcontratação em cadeia. Na sua ausência, pensamos não scr possível responsabilizar pelo pagamento da coima o contratante para lá do directo subcontratante. Para além disso a adaptação daquela norma ao regime da coordenação de segurança mais se justificava por ser possível a existência de conflitualidade entre a solução do n.º 2 do art. 617.º (responsabilidade por mero pagamento da coima) e a que resulta do texto de algumas normas do Dec-Lei n.º 273/2003. É, por exemplo, o caso do art. 20.º, conjugado com a al. m) do n.º 1 do art. 22.º, em que parece haver mais do que responsabilidade pela coima, isto é, responsabilidade contra-ordenacional conjunta do executante – por não ter assegurado a não violação das prescrições técnicas por parte do empregador – e do empregador por as ter violado (art. 26.º/d e 25.º/4). E nessa altura a questão que se põe é a de saber se, nesse

---

[298] Art. 271.º do DL 59/99, de 2/3. Para mais desenvolvimentos, neste âmbito, vd. de Jorge Andrade Silva – Regime Jurídico da Empreitada de Obras Públicas- 9.ª edição, Almedina, 2003

Evolução histórica – Princípios e ideias gerais

caso, permanece a aplicação do art. 617.º/2 do Código, ou seja, se para além de responder contra-ordenacionalmente, por não ter *assegurado* o cumprimento das prescrições pelo subcontratante, o contratante ainda arca com a responsabilidade do pagamento da coima a este aplicada. Solução que nos parece excessiva e quiçá violadora do princípio "*ne bis in idem*".

15.4. *A imputação da responsabilidade contra-ordenacional às diversas entidades intervenientes nos estaleiros*

A técnica utilizada no diploma de imputar directamente as contra-ordenações a um ou a alguns dos intervenientes nos estaleiros, como sucede com as normas constantes dos diversos números e alíneas dos arts. 25.º e 26.º, mas não já no caso do art. 27.º[299], tem, naturalmente, a vantagem de clarificar desde logo o agente da contra-ordenação. Mas, sendo agente da contra-ordenação, não apenas o empregador como a pessoa colectiva, a associação sem personalidade colectiva ou a comissão especial[300] também aqui se poderia pôr um problema de comparticipação, tendo em conta que, para alguma doutrina, a responsabilidade dos entes colectivos se cumularia, normalmente, com a das pessoas físicas que levaram a cabo a prática das infracções[301].

Não é esse, porém, o problema que aqui queremos relevar. Mas, antes, o de que, por um lado, pode haver situações em que a imputação legal não quadre inteiramente com a realidade[302] e, por outro, a questão fulcral de saber se, para lá da imputação legal, não sobrará a imputação do agente natural. Ou seja, por outras palavras, agente da contra-ordenação é aquele e só aquele que a lei determina ou, para além dele, pode haver um outro, o agente material do facto, desde que, naturalmente, tenha as qualificações legais de autor, seja um *intraneus*.

---

[299] Vd. infra Parte II, nota VI ao art. 15.º.

[300] Cf. art. 617.º/1 do CT

[301] Neste sentido, vd. Frederico de Lacerda da Costa Pinto, O Ilícito de Mera Ordenação Social e a Erosão do Princípio da Subsidariedade da Intervenção Penal, in RPCC (7) 1977, pp. 18 e ss.e também o Parecer da PGR n.º 10/94,in DR, 2.ªs, de 28/4/95, p. 4576

[302] Vd. infra a nota ao n.º 5 do art. 24.º.

120   *Responsabilidade pela segurança na construção civil e obras públicas*

Embora com excepções, defendemos que só quando o legislador não determina directamente a imputação, ela deve ser feita ao agente natural. Nas outras situações, a solução deve ser a de considerar apenas responsável o interveniente no estaleiro que a própria lei identifica. Assim, quando o coordenador de segurança em projecto não procede à validação técnica do respectivo pss (art. 19.º/1/c)), ou o coordenador de segurança em obra não aprecie o desenvolvimento e as alterações do pss (art. 19.º/2/b)), a contra-ordenação deve ser imputável somente ao dono da obra, isto quer a coordenação seja exercida por um trabalhador subordinado do dono da obra, quer por uma pessoa singular ou colectiva através de um contrato de prestação de serviços com aquele.

Acresce que o texto da tipificação das contra-ordenações parece conter uma gralha, que não foi objecto de correcção, quando na alínea d) do art. 26.º imputa ao empregador contra-ordenação grave por violação das alíneas b) a e) do n.º do art. 22.º que já antes, na alínea d) do n.º 3 do art. 25.º, imputara ao mesmo empregador embora a título de contra-ordenação muito grave.

Enquanto a rectificação não for efectuada a solução jurídica só pode ser a de considerar aplicável a norma mais favorável ao arguido, por analogia do que determina o n.2 do art. 3.º do regime geral das contra-ordenações.

15.5. *A falta de regulamentação da responsabilidade contra-ordenacional dos consórcios e dos agrupamentos complementares de empresas*

Num diploma sobre segurança nos estaleiros das obras, bem que se justificaria uma referência a duas formas de associação de empresas – os consórcios e os agrupamentos complementares de empresas – que, pela sua consagração generalizada, têm uma importância fundamental no subsector das obras públicas e também nalgumas das grandes obras particulares. Tal como sucede, de resto, com o diploma sobre o regime jurídico do exercício da actividade de construção: *"Para a realização de obras, as empresas de construção podem organizar-se entre si ou com empresas que se dediquem a actividade diversa, em consórcios ou em qualquer das modalidades jurídicas de agrupamentos das empresas admitidas e reguladas pelo quadro*

Evolução histórica – Princípios e ideias gerais 121

legal vigente, desde que as primeiras satisfaçam, todas elas, as disposições legais relativas ao exercício da actividade" [303].

É evidente que quer os consórcios quer os agrupamentos complementares de empresas já têm a sua regulamentação em textos legislativos: os primeiros no Decreto-Lei n.º 231/81, de 28/7, e os segundos na Lei n.º 4/73, de 4/6. Mas o facto é que quer um quer outro destes diplomas estão construídos numa perspectiva contratualista, regulando apenas as obrigações de natureza civil e comercial, pelo que, além de se justificar uma revisão de qualquer deles, atento o lapso de tempo verificado sobre a sua emissão, mais se justificaria, por certo, a sua adequação à questão da responsabilidade contraordenacional que não existia nas datas do seu nascimento e que agora enforma todo o diploma da coordenação de segurança. E que tem, como é sabido, regras próprias e diferentes das de natureza civil, sendo antes balizadas, entre outros, pelos princípios da legalidade e da tipicidade.

Pense-se, por exemplo, na forma de imputar uma contra-ordenação a um consórcio. Se, como hoje é regra ao menos nas grandes obras, uma entidade executante constituída por três sociedades (A,B,C) cujo objecto social é a construção e obras públicas, assume a modalidade de um consórcio externo e não assegura, por hipótese, que os subempreiteiros, enquanto empregadores, cumpram as obrigações que para estes estão definidas no art. 22.º do Dec-Lei n.º 273//2003[304], cometendo, por isso, uma contra-ordenação grave, a quem imputar a infracção e quem deverá pagar a coima? Será ao consórcio ou antes a todas e a cada uma das respectivas empresas? E, neste caso, poder-se-á dizer que todas e cada uma delas cometeram a contra-ordenação porque mantêm a sua individualidade jurídica? Pagará a coima a A, a B, a C ou pagarão todas? E se pagarem todas, cada uma pagará uma coima ou esta será dividida pelas três? E se tiverem diferente dimensão em volume de negócios, qual a moldura da coima?

A esta última questão, a solução será a de aplicar, no caso, o n.º 2 do art. 622.º do Código, segundo o qual *em caso de pluralidade de*

---

[303] Cfr. art. 26.º/1 do DL n.º 12/2004, de 9/1.
[304] Nos termos do que está previsto na al. e) do art. 20.º do DL 273/2003.

agentes responsáveis pela mesma infracção é aplicável a coima correspondente à empresa com maior volume de negócios. Mas se assim for, então ter-se-á de concluir que há uma só, « a mesma», – o sentido de *a mesma* infracção, parece afastar a interpretação de que se trataria de várias infracções iguais imputáveis a cada um dos infractores – infracção pela qual são contra-ordenacionalmente responsáveis todos os membros do consórcio e, por via disso, deveria ser de considerar a **responsabilidade pelo cometimento da contra-ordenação como solidária**, ela própria, assim se importando para este novel ramo do ordenamento jurídico uma solução que ficaria como que a meio caminho entre o ilícito civil (art. 512.º do Código Civil) e o penal[305]. Uma dúvida restaria, resultante da prescrição do art. 513.º do mesmo Código Civil, segundo a qual a solidariedade não se presume e só existirá quando resulte da lei[306]. Mas a alternativa parece ser a de a contra-ordenação ser cometida por todos e cada um e a coima ter de ser paga também por todos e cada um dos membros do consórcio, em regime de comparticipação, solução que nos parece ilógica e excessiva.

Sucede até que este entendimento seria suportado pelo disposto no n.º 1 do art. 617.º do C´T, segundo o qual *quando um tipo contra-ordenacional tiver por agente o empregador abrange também... a associação sem personalidade jurídica (sublinhado nosso)*. E o consórcio não é senão uma realidade que, constituindo um centro de imputação de interesses económicos das diversas empresas consorciadas, é destituída de personalidade jurídica. Não é, por isso, pelo simples facto de não constituir uma pessoa jurídica, que a lei deixa de o considerar, tal como a pessoa colectiva ou a comissão especial, uma entidade capaz de ser sujeito activo de contra-ordenações e sujeito passivo de coimas.

Acresce, porém, à dificuldade antes enunciada, a circunstância de os membros do consórcio, nos termos do regime que lhes é aplicável, por um lado, serem solidariamente responsáveis para com

---

[305] Para maiores desenvolvimentos sobre o tema pode ver-se o nosso estudo "A responsabilidade solidária no Código do Trabalho", *in* Prontuário do Direito do Trabalho, n.º 67, pp. 83 e ss..

[306] Ou da vontade das partes o que não é, aqui, manifestamente o caso.

Evolução histórica – Princípios e ideias gerais 123

terceiros por danos resultantes da adopção ou uso de denominação de consórcio susceptíveis de criar confusão com outras existentes e, por outro, nas sua relações com terceiros não se presumir solidariedade activa ou passiva, embora pareça admitir-se a estipulação de multas ou outras clausulas penais a cargo de todos[307]. Se bem que tudo isto se passe, como é óbvio, fora do domínio da responsabilidade contra-ordenacional, e mais precisamente no domínio da responsabilidade civil contratual.

Não admira, perante estes escolhos de caminho que entendemos ainda não desbravado, que a jurisprudência venha a seguir uma orientação no sentido de a responsabilidade contra-ordenacional pertencer, não ao consórcio, mas, antes a cada uma das empresas que o constitui[308]. O que, sendo do ponto de vista do direito positivado, mais seguro, nos parece, contudo, transviar a lógica consorcial – não havendo aqui, a nosso ver, nenhuma situação de comparticipação mas antes uma situação de unicidade de conduta, – e a própria tendência legislativa, se bem a interpretamos, caminhar decididamente nesse sentido[309].

Esta solução seria restrita àquelas obrigações genéricas cuja violação a lei da coordenação da shst na construção imputa aos intervenientes no estaleiro e que aí assumem uma qualidade específica tal como *dono de obra* (art. 17.º do DL 273/2003) ou *entidade executante* (arts 20.º e 21.º do DL 273/2003). Já a mesma solução não defendemos, sendo antes de imputar a responsabilidade contra-ordenacional a cada uma das empresas, quando a lei convoca a responsabilidade de cada empresa relativamente aos seus trabalhadores (arts. 21.º/2 e 22.º do DL 273/2003)[310].

Relativamente aos agrupamentos complementares de empresas, se bem que o problema não assuma os contornos do que se verifica nas situações de consórcio, dado que o ACE a partir da sua constitui-

---

[307] Cfr. arts. 15.º/2 e 19.º, respectivamente, do DL 231/81, de 28/7.

[308] "Tratando-se de uma obra adjudicada a um consórcio externo constituído por várias empresas, a responsabilidade contra-ordenacional pertence a cada uma das empresas e não ao consórcio" – pode ler-se no Acórdão do Tribunal da Relação de Lisboa de 18/06/2003, in http://www.dgsi.pt.

[309] Cf. art. 622.º/2 do CT.

[310] Vd. também parte final da al. c) do n.º 4 do art. 273.º do CT.

124 Responsabilidade pela segurança na construção civil e obras públicas

ção passa a constituir uma nova pessoa jurídica e, portanto, um novo centro de imputação de direitos e deveres, não havendo aí dúvidas de que uma eventual responsabilidade contra-ordenacional deverá imputar-se ao próprio ACE, a verdade é que, ainda assim, se justificaria um diploma que os implicasse em tais responsabilidades e constituísse uma referência clarificadora. Aqui, ao contrário do que vimos para os consórcios, já a lei aponta, no que toca à responsabilidade obrigacional, para a regra da responsabilidade solidária[311]. Embora, também como na situação das empresas em consórcio, estejamos no domínio da responsabilidade civil ou comercial, e não no âmbito contra-ordenacional nem do pagamento de coimas.

---

[311] Cf. n.º 2 da Base II da Lei n.º 4/73, de 4/6:" *As empresas agrupadas respondem solidariamente pelas dívidas do agrupamento, salvo cláusula em contrário do contrato celebrado por este com um credor determinado".*

PARTE II

REGIME JURÍDICO
DA COORDENAÇÃO DE SEGURANÇA
DA CONSTRUÇÃO CIVIL E OBRAS PÚBLICAS

DIÁRIO DA REPÚBLICA. I SÉRIE. A

MINISTÉRIO DA SEGURANÇA SOCIAL E DO TRABALHO
Decreto-Lei n.° 273/2003, de 29 de Outubro

1. As condições de segurança no trabalho desenvolvido em estaleiros temporários ou móveis são frequentemente muito deficientes e estão na origem de um número preocupante de acidentes de trabalho graves e mortais, provocados sobretudo por quedas em altura, esmagamentos e soterramentos.

Face à necessidade imperiosa de reduzir os riscos profissionais nos sectores com maior sinistralidade laboral, o acordo sobre condições de trabalho, higiene e segurança no trabalho e combate à sinistralidade, celebrado entre o Governo e os parceiros sociais em 9 de Fevereiro de 2001, previu a revisão e o aperfeiçoamento das normas específicas de segurança no trabalho no sector da construção civil e obras públicas, bem como o reforço dos meios e da actividade de fiscalização neste e noutros sectores mais afectados pela incidência de acidentes de trabalho e doenças profissionais.

O presente diploma procede à revisão da regulamentação das condições de segurança e de saúde no trabalho em estaleiros temporários ou móveis, constante do Decreto-Lei n.° 155/95, de 1 de Julho, continuando naturalmente a assegurar a transposição para o direito interno da Directiva n.° 92/57/CEE, do Conselho, de 24 de Junho, relativa às prescrições mínimas de segurança e saúde no trabalho a aplicar em estaleiros temporários ou móveis.

2. O plano de segurança e saúde constitui um dos instrumentos fundamentais do planeamento e da organização da segurança no trabalho em estaleiros temporários ou móveis, ao dispor do sistema de coordenação de segurança, o que justifica a necessidade de aperfeiçoar a respectiva regulamentação.

As alterações relativas ao plano de segurança e saúde respeitam, em primeiro lugar, ao processo da sua elaboração. O plano deve ser elaborado a partir da fase do projecto da obra, sendo posteriormente desenvolvido e especificado antes de se passar à execução da obra, com a abertura do estaleiro. Trata-se de um único plano de segurança e saúde para a obra, cuja elaboração acompanha a evolução da fase de projecto da obra para a da sua execução.

O desenvolvimento do plano da fase do projecto para a da execução da obra decorre sob o impulso da entidade executante, que será frequentemente o empreiteiro que se obriga a executar a obra, ou o dono da obra se a realizar por administração directa. A entidade executante fornece os equipamentos de trabalho, recruta e dirige os trabalhadores e decide sobre o recurso a subempreiteiros e a trabalhadores independentes. Ela tem o domínio da organização e da direcção globais do estaleiro e está, por isso, em posição adequada para promover o desenvolvimento do plano de segurança e saúde para a fase da execução da obra. Caberá, em seguida, ao coordenador de segurança em obra validar tecnicamente o desenvolvimento e as eventuais alterações do plano, cuja aprovação competirá ao dono da obra para que se possa iniciar a execução da obra. O regime assenta numa separação de responsabilidades, em que a entidade executante é responsável pela execução da obra e o planeamento da segurança no trabalho e a verificação do seu cumprimento são atribuídos ao coordenador de segurança, de modo a assegurar que as circunstâncias da execução não se sobreponham à segurança no trabalho.

O dono da obra, se não a realizar por administração directa, está associado ao desenvolvimento do plano através do coordenador de segurança em obra a quem cabe aprovar as especificações apresentadas pela entidade executante ou outros intervenientes. O dono da obra nomeará o coordenador de segurança em obra através de uma declaração escrita que o identifica perante todos os intervenientes no estaleiro. O dono da obra tem ainda a responsabilidade específica de impedir que a entidade executante inicie a implantação do estaleiro sem que esteja preparado o plano de segurança e saúde para a fase da execução da obra.

A regulamentação do conteúdo do plano de segurança e saúde é também desenvolvida com a indicação dos aspectos que o mesmo deve prever, tanto na fase do projecto como na da execução da obra.

O regime de empreitada de obras públicas prevê que o projecto da obra que serve de base ao concurso será elaborado tendo em atenção as regras respeitantes à segurança, higiene e saúde no trabalho. Esta disposição tem correspondência substancial com a necessidade de se respeitar os princípios gerais da prevenção de riscos profissionais na elaboração do projecto. No desenvolvimento desses princípios e para que a empreitada de obras públicas tenha em consideração, na maior medida possível, a prevenção dos riscos profissionais, o plano de segurança e saúde em projecto deve ser incluído pelo dono da obra no conjunto dos elementos que servem de base ao concurso e, posteriormente, o plano deve ficar anexo ao contrato de empreitada de obras públicas. Nas obras particulares, o dono da obra deve incluir o plano de segurança e saúde no conjunto dos elementos que servem de base à negociação para que a entidade executante o conheça ao contratar a empreitada.

3. O coordenador de segurança em obra e o plano de segurança e saúde não são obrigatórios em obras de menor complexidade em que os riscos são normalmente mais reduzidos. Contudo, se houver que executar nessas obras determinados trabalhos que impliquem riscos especiais, a entidade executante deve dispor de fichas de procedimentos de segurança que indiquem as medidas de prevenção necessárias para executar esses trabalhos.

4. Todos os intervenientes no estaleiro, nomeadamente os subempreiteiros e os trabalhadores independentes, devem cumprir o plano de segurança e saúde para a execução da obra. A entidade executante e o coordenador de segurança em obra devem acompanhar a actividade dos subempreiteiros e dos trabalhadores independentes de modo a assegurar o cumprimento do plano.

A entidade executante deve não apenas aplicar o plano de segurança e saúde nas actividades que desenvolve durante a execução da obra mas também assegurar que os subempreiteiros e os trabalhadores independentes o cumprem, além de outras obrigações respeitantes ao funcionamento do estaleiro. Esta obrigação

130 *Responsabilidade pela segurança na construção civil e obras públicas*

da entidade executante articula-se com a responsabilidade solidária que sobre ela impende pelo pagamento de coimas aplicadas a um subcontratado que infrinja as regras relativas à segurança, higiene e saúde no trabalho, se a entidade executante não for diligente no controlo da actividade do subcontratado.

5. A coordenação de segurança estrutura-se em função das actividades do coordenador de segurança em projecto e do coordenador de segurança em obra. A legislação portuguesa é, nesta matéria, mais exigente do que a referida directiva comunitária porque impõe a coordenação de segurança em fase de projecto se este for elaborado por uma equipa de projecto. A nomeação dos coordenadores de segurança cabe ao dono da obra, de acordo com a directiva.

A coordenação e o acompanhamento das actividades da entidade executante, dos subempreiteiros e dos trabalhadores independentes são determinantes para a prevenção dos riscos profissionais na construção. O coordenador de segurança em obra tem especiais responsabilidades na coordenação e no acompanhamento do conjunto das actividades de segurança, higiene e saúde desenvolvidas no estaleiro. A função da coordenação de segurança passará por isso a ser reconhecida através de uma declaração escrita do dono da obra que identifica os coordenadores, as funções que devem exercer e indica a todos os intervenientes que devem cooperar com os coordenadores.

O desempenho da coordenação de segurança contribui tanto mais para a prevenção dos riscos profissionais quanto os coordenadores forem qualificados para essa função. A regulamentação da coordenação de segurança vai ser, por isso, sequencialmente completada por um quadro legal promotor da qualificação dos coordenadores que tenha em consideração as exigências da função e a respectiva acreditação para a qual serão determinantes a formação profissional específica, a experiência profissional e as habilitações académicas.

6. O dono da obra deve proceder à comunicação prévia da abertura do estaleiro à Inspecção-Geral do Trabalho, em determinadas situações definidas em função do tempo de trabalho total previsível para a execução da obra, em certos casos conjugado com o número de trabalhadores no estaleiro. Nesta matéria, corri-

Regime jurídico da coordenação de segurança... 131

ge-se uma imprecisão da lei anterior determinando-se que a comunicação prévia deve ser feita nomeadamente quando for previsível, para a execução da obra, um total de mais de 500 dias de trabalho, correspondente ao somatório dos dias de trabalho prestado por cada um dos trabalhadores.

7. Nas intervenções na obra posteriormente à sua conclusão, a prevenção dos riscos profissionais depende do conhecimento das características técnicas da obra, para que se possa identificar os riscos potenciais e adoptar processos de trabalho que os evitem ou minimizem, na medida do possível. A compilação técnica da obra é um instrumento muito importante porque colige os elementos que devem ser tomados em consideração nas intervenções posteriores à conclusão da obra, e que passam a estar enunciados na lei com maior precisão.

8. No quadro das garantias da aplicação da legislação de segurança e saúde no trabalho na construção, são reforçados os meios e os poderes de intervenção da inspecção do trabalho. Nesse sentido, prevê-se um sistema de registos por parte da entidade executante e dos subempreiteiros, que incluirão, entre outros elementos, a identificação de todos os trabalhadores dos subempreiteiros e os trabalhadores independentes que trabalhem no estaleiro.

Estes registos serão determinantes para que seja mais eficaz o controlo e o acompanhamento da acção dos empregadores e dos trabalhadores independentes com actividade no estaleiro.

9. O projecto correspondente ao presente diploma foi sujeito a apreciação pública, mediante publicação na separata n.° 4 do Boletim do Trabalho e Emprego, de 13 de Agosto de 2002, tendo sido aperfeiçoados diversos aspectos na sequência dos pareceres de associações sindicais e patronais.

Resulta, nomeadamente, da apreciação pública o esclarecimento das obras em que a existência do plano de segurança e saúde é obrigatória; precisa-se o conteúdo das fichas de procedimentos de segurança para obras de menor dimensão em que haja riscos especiais, por forma que satisfaçam as prescrições da directiva comunitária sobre o plano de segurança e saúde; protege-se a posição do empreiteiro que espera a aprovação do plano de segurança e saúde para iniciar a obra, uma vez que o prazo para a sua execução não começa a correr antes da aprovação do plano; o

132 Responsabilidade pela segurança na construção civil e obras públicas

dono da obra deve transmitir aos representantes dos trabalhadores a declaração que identifica os coordenadores de segurança; dá-se mais saliência ao princípio de que a nomeação dos coordenadores de segurança em projecto e em obra não exonera o dono da obra, o autor do projecto, a entidade executante e o empregador das responsabilidades que lhes cabem em matéria de segurança e saúde no trabalho; o dono da obra poderá assegurar mais eficazmente a elaboração da compilação técnica através da recusa da recepção provisória da obra enquanto a entidade executante não proporcionar os elementos necessários; serão comunicados à Inspecção-Geral do Trabalho os acidentes de trabalho de que resulte, nomeadamente, lesão grave dos trabalhadores, evitando-se a ambiguidade que adviria da comunicação ligada ao internamento dos sinistrados, e preconiza-se que os elementos necessários ao inquérito sejam recolhidos com a maior brevidade para reduzir ao mínimo a interrupção dos trabalhos no estaleiro.

Foram ouvidos os órgãos de governo próprio das Regiões Autónomas.

Assim:

Nos termos da alínea a) do n.º 1 do artigo 198.º da Constituição, o Governo decreta o seguinte:

CAPÍTULO I
Princípios gerais

ARTIGO 1.º
Objecto

O presente diploma estabelece regras gerais de planeamento, organização e coordenação para promover a segurança, higiene e saúde no trabalho em estaleiros da construção e transpõe para a ordem jurídica interna a Directiva n.º 92/57/CEE, do Conselho, de 24 de Junho, relativa às prescrições mínimas de segurança e saúde no trabalho a aplicar em estaleiros temporários ou móveis.

Notas:

I – A primeira parte do preceito foi aditada pelo Dec-Lei n.º 273/2003, uma vez que o art. 1.º do Dec-Lei n.º 155/95 se limitava a referir a transposição da Directiva Comunitária sem concretizar, como agora, o estabelecimento das regras gerais de – (i) **planeamento**; (ii) **organização**; e (iii) **coordenação** – para promover a shst. O **planeamento** tem a ver essencialmente com a fase do projecto onde os principais actores são o dono da obra e o autor (ou a equipa) do projecto; a **organização** tem a ver com a fase da adjudicação e, por isso, da negociação e celebração do contrato de empreitada ou do concurso público, mas também da execução da obra, onde pontuam o executante (nova figura introduzida, que não constava do DL 155/95), os subempreiteiros e os trabalhadores independentes; finalmente, a **coordenação** atravessa transversalmente todas estas fases e prolonga-se ainda pela fase da utilização da edificação após a sua conclusão, sendo seu principal actor o coordenador de segurança, mas também o responsável pela direcção técnica (obras particulares) ou o director técnico da empreitada (obras públicas), assim como as próprias estruturas de segurança das empresas.

Note-se, porém, que a expressão "**estaleiros de construção**" constante daquela primeira parte é muito menos abrangente que a da segunda "estaleiros temporários ou móveis" cuja definição consta da alínea j) do n.º 1 do art. 3.º. E porque assim é, detecta-se no preceito que define o objecto do diploma, o que parece ser uma incorrecção de técnica legislativa. É que, segundo a letra da norma, a promoção da shst limitar-se-ia aos estaleiros de construção deixando, assim, de fora os de escavação, terraplenagem, montagem, demolição, etc. que seriam apenas abrangidos pela Directiva e não pela lei nacional...

Assinale-se que no texto constante das definições da Directiva[312] se refere *os estaleiros onde se efectuam trabalhos de construção de edifícios e de engenharia civil*, expressão esta («e de engenharia civil») que deveria também ter sido utilizada pelo legislador nacional.

Claro que não pode ter sido objectivo deste limitar a promoção ao subsector da construção, sob pena, aliás, além do mais, de violação do dever de transposição das directivas comunitárias pelo Estado Português, enquanto membro da União Europeia[313]. De resto, é o que consta do n.º 2 do artigo 2.º sobre o âmbito.

---

[312] Cf. al.a) do art. 2.º da Directiva 92/57/CEE do Conselho de 24/06/92, *infra*.

[313] Cf. art. 249.º (ex-art. 189.º) do Tratado de Roma. Sobre a transposição das Directivas (efeito directo vertical e horizontal) vd. F. Liberal Fernandes "Aspectos da

134 *Responsabilidade pela segurança na construção civil e obras públicas*

II – Assinale-se que o Código Penal quando tipifica o crime de infracção de regras de construção (art. 277.º/1/a)) refere as regras *que devam ser observadas no planeamento, direcção ou execução de construção, demolição ou instalação ou na sua modificação.*

Como anota Paula Ribeiro de Faria[314], para a doutrina e jurisprudência alemãs, **construção** é *toda a actividade relacionada com o ofício de construir... no desempenho da qual assumem uma importância vital as regras geralmente reconhecidas da arte de construir, de tal modo que a sua violação faz surgir um perigo para terceiros"*, incluindo no conceito não só a construção em altura como a subterrânea, aquática, edificação de pontes ou abertura de estradas. Mas já não caberá no conceito a construção de barcos, aeronaves ou máquinas. Temos, pois, um conceito recortado pela ideia de edificação essencialmente ligada ao solo. Assim, será ainda disciplinada pelas regras da segurança da construção a actividade das empresas que se traduza na edificação de postes de suporte, seja de linhas de condução de electricidade, seja de esteio de plantas, árvores ou arbustos.

III – Apesar da abrangência do conceito de **estaleiros**, atente-se que a lei os qualifica como temporários ou móveis. Isto significa que afasta do regime os estaleiros fixos que normalmente possuem as empresas do sector da construção e obras públicas, assim como os estaleiros de construção naval ou outros e ainda as fábricas de betão ou produtos betuminosos que são normalmente pertença ou utilizadas por aquelas empresas.

Nestas unidades, para além do regime geral da shst, aplicam-se as prescrições técnicas normalmente resultantes da transposição das directivas específicas a que a Directiva- quadro se reporta no seu art. 23.º.

---

interferência do direito social comunitário no direito laboral português" – Estudos em comemoração dos cinco anos (1995-2000) da Faculdade de Direito da Universidade do Porto – Coimbra Editora, 2001

[314] Em anotação ao art. 277.º do Comentário Conimbricense ao Código Penal, T. II, p. 913

Artigo 2.°
Âmbito

1. O presente diploma é aplicável a todos os ramos de actividade dos sectores privado, cooperativo e social, à administração pública central, regional e local, aos institutos públicos e demais pessoas colectivas de direito público, bem como a trabalhadores independentes, no que respeita aos trabalhos de construção de edifícios e de engenharia civil.

2. O presente diploma é aplicável a trabalhos de construção de edifícios e a outros no domínio de engenharia civil que consistam, nomeadamente, em:

a) Escavação;

b) Terraplenagem;

c) Construção, ampliação, alteração, reparação, restauro, conservação e limpeza de edifícios;

d) Montagem e desmontagem de elementos prefabricados, andaimes, gruas e outros aparelhos elevatórios;

e) Demolição;

f) Construção, manutenção, conservação e alteração de vias de comunicação rodoviárias, ferroviárias e aeroportuárias e suas infra-estruturas, de obras fluviais ou marítimas, túneis e obras de arte, barragens, silos e chaminés industriais;

g) Trabalhos especializados no domínio da água, tais como sistemas de irrigação, de drenagem e de abastecimento de águas e de águas residuais, bem como redes de saneamento básico;

h) Intervenções nas infra-estruturas de transporte e distribuição de electricidade, gás e telecomunicações;

i) Montagem e desmontagem de instalações técnicas e de equipamentos diversos,

j) Isolamentos e impermeabilizações.

3. O presente diploma não se aplica às actividades de perfuração e extracção que tenham lugar no âmbito das indústrias extractivas.

136 *Responsabilidade pela segurança na construção civil e obras públicas*

Notas:

I – Segundo a CAE (Classificação das Actividades Económicas por Ramos de Actividade, que segue a classificação internacional tipo por actividades e que é utilizada pelo INE) entende-se, normalmente, que são os seguintes os ramos de actividade: 1 – Agricultura, silvicultura pescas e pecuária; 2 – Indústrias extractivas[315]; (que formam o sector primário) 3 – Indústrias transformadoras; 4 – Electricidade, gás e águas; 5 – Construção e obras públicas; (que formam o sector secundário) 6- Comércio por grosso e a retalho; 7 – Transportes, armazenagens e comunicações; 8 – Bancos, seguros e operações sobre imóveis, 9 – Outros serviços (que formam o sector terciário)[316]

II – A referência específica que o n.º 1 faz à **administração central, regional e local** para determinar que também se lhe aplica o regime deste diploma não constava do Decreto-lei n.º 155/95, que se limitava a fazer coincidir o seu âmbito com o da Lei-Quadro de shst (DL 441/91). E embora desta conste[317] o sector público e os seus trabalhadores[318], no cumprimento, aliás, do prescrito na Directiva n.º 89/391/CEE, do Conselho, o certo é que a questão no âmbito interno levanta muitas dúvidas, conforme se pode ver, com mais pormenor, *supra* na Parte I, n.º 11.

III – Sobre a possibilidade de as **pessoas colectivas de direito público** responderem contra-ordenacionalmente pode ver-se o Parecer do Conselho Consultivo da PGR n.º 102/89[319] onde, embora com dois votos de vencido[320], se conclui que – exceptuando o Estado,

---

[315] Note-se, porém, o que refere o n.º 3: não aplicação do regime deste diploma às actividades de perfuração e extracção

[316] Vd., p.ex., *Manual Jurídico da Empresa* – Iva Carla Vieira e Maria Manuel Busto – Ecla Editora, 1990, p. 18. Note-se, porém, que segundo a Convenção n.º 155 da OIT [arts. 2.º/2 e 3.º/a)] *a expressão «ramos de actividade económica» abrange todos os ramos em que estejam empregados trabalhadores, incluindo a função pública.*

[317] Dizemos *conste* – e não constasse – porque entendemos que, apesar de muitas das disposições do DL 441/91 terem sido transpostas para o CT, o certo é que ele não foi expressa nem tacitamente revogado. Uma das razões terá sido precisamente a do seu âmbito subjectivo ser mais amplo que o do Código.

[318] Cf. art. 2.º/1/a) e b)

[319] Publicado no DR, 2.ªs., de 7/3/91, pp. 2684 a 2694. Com interesse pode ver-se, igualmente o Parecer n.º 10/94, no DR, 2.ªs., de 28/04/95, embora não restrito às entidades públicas, mas a todas as pessoas colectivas.

[320] Dos Conselheiros Salvador da Costa e Eduardo de Melo Lucas Coelho

Regime jurídico da coordenação de segurança... 137

pessoa colectiva de direito interno que tem por órgão principal o Governo e as pessoas colectivas que têm a seu cargo precisamente a tutela de certos interesses cuja contra-ordenacionalização lhes compete verificar, instruindo os respectivos processos e aplicando as correspondentes coimas (para que possa funcionar o princípio da alteridade, isto é, que ninguém se possa acoimar a si próprio) – as pessoas colectivas públicas são susceptíveis de cometer contra-ordenações, sendo-lhes aplicáveis coimas.

Todavia, são várias as manifestações legais em sentido diverso, ou seja, em que a responsabilidade contra-ordenacional, pelo menos na fase sancionatória, como que se transmuta em mera responsabilidade disciplinar. Sendo a pessoa pública autuada por eventual contra-ordenação a decisão é encaminhada para a hierarquia a fim de apurar da eventual responsabilidade disciplinar. Neste sentido, vejam-se os arts. 15.º e 16.º/2 do Dec-Lei n.º 488/99, de 17/11[321]. E para aí parece também apontar o n.º 5 do art. 475.º da Lei 35/2004, de 29/7, ao determinar que as normas sobre a maternidade e paternidade, que se aplicam quer no âmbito do contrato individual de trabalho, quer no âmbito da relação jurídica de emprego público, não dão origem a contra-ordenações neste último regime.

IV – Sobre a noção de **obras públicas** pode ver-se ainda hoje, com interesse, a que consta do § 1.º do art. 35.º do Decreto n.º 46.427:

"Consideram-se obras públicas:

a) Os trabalhos de construção, reconstrução, reparação ou adaptação de bens imóveis e outros a fazer por conta do Estado, das autarquias locais e dos institutos públicos, ou que pelo Estado sejam comparticipados;

b) As obras de empresas concessionárias do Estado."[322]

V – O ramo da **Engenharia** é classicamente dividido entre: civil, de minas, mecânica, electrotécnica e química. Todavia, a esta divisão, com a constante especialização de tarefas, se podem juntar hoje

---

[321] Sobre o regime jurídico da shst na Administração Pública (embora restrito à matéria da organização dos serviços).

[322] Cf., todavia, infra a nota V ao art. 3.º.

138 *Responsabilidade pela segurança na construção civil e obras públicas*

as subdivisões da engenharia agronómica, silvícola, geográfica, hidrográfica, de construção naval, militar e outras.

Engenharia civil é a especialidade que se ocupa do projecto e construção de infra-estruturas com ligação ao solo e compreende os ramos do urbanismo, construção e estruturas, estradas e aeroportos, hidráulica, sanitária, mecânica do solo e transportes e caminhos de ferro.

VI – Quanto à disciplina das **actividades de perfuração e extracção** a que se refere o n.º 3, rege o Dec.-Lei n.º 324/95, de 29 de Novembro[323], que transpôs as Directivas n.º 92/91/CEE, de 3 de Novembro e n.º 92/104/CEE, de 3 de Dezembro, sobre as prescrições mínimas de saúde e segurança a aplicar nas indústrias extractivas por perfuração a céu aberto ou subterrâneo[324].

Também as actividades que se prendam com a relação meramente comercial de fornecimento de materiais e equipamentos para os estaleiros de construção de edifícios e para outros trabalhos de engenharia civil se não submetem à disciplina deste diploma, sem prejuízo, naturalmente, da aplicação da legislação específica sobre shst.

VII – Sobre os diversos conceitos das alíneas do n.º 2, pode ver-se o art. 2.º do Dec-Lei 555/99, de 16/12 (republicado pelo DL 177/2001, de 4/6).

ARTIGO 3.º
Definições

1. Para efeitos do presente diploma, entende-se por:
a) **«Autor do projecto da obra», adiante designado por autor do projecto, a pessoa singular, reconhecida como projectista, que elabora ou participa na elaboração do projecto da obra;**

---

[323] Regulamentado pelas Portarias n.º 197/96 e 198/96, de 4/6. Mantém-se em vigor o Regulamento Geral de Segurança e Higiene nas Minas e Pedreiras aprovado pelo Dec.-Lei n.º 162/90, de 22/5.

[324] Vd. também as Portarias n.os 197/96 e 198/96, de 4 de Junho, aquela sobre a perfuração e esta sobre a extracção a céu aberto ou subterrânea.

b) «Coordenador em matéria de segurança e saúde durante a elaboração do projecto da obra», adiante designado por coordenador de segurança em projecto, a pessoa singular ou colectiva que executa, durante a elaboração do projecto, as tarefas de coordenação em matéria de segurança e saúde previstas no presente diploma, podendo também participar na preparação do processo de negociação da empreitada e de outros actos preparatórios da execução da obra, na parte respeitante à segurança e saúde no trabalho;

c) «Coordenador em matéria de segurança e saúde durante a execução da obra», adiante designado por coordenador de segurança em obra, a pessoa singular ou colectiva que executa, durante a realização da obra, as tarefas de coordenação em matéria de segurança e saúde previstas no presente diploma;

d) «Responsável pela direcção técnica da obra» o técnico designado pela entidade executante para assegurar a direcção efectiva do estaleiro;

e) «Director técnico da empreitada» o técnico designado pelo adjudicatário da obra pública e aceite pelo dono da obra, nos termos do regime jurídico das empreitadas de obras públicas, para assegurar a direcção técnica da empreitada;

f) «Dono da obra» a pessoa singular ou colectiva por conta de quem a obra é realizada, ou o concessionário relativamente a obra executada com base em contrato de concessão de obra pública;

g) «Empregador» a pessoa singular ou colectiva que, no estaleiro, tem trabalhadores ao seu serviço, incluindo trabalhadores temporários ou em cedência ocasional, para executar a totalidade ou parte da obra; pode ser o dono da obra, a entidade executante ou subempreiteiro;

h) «Entidade executante» a pessoa singular ou colectiva que executa a totalidade ou parte da obra, de acordo com o projecto aprovado e as disposições legais ou regulamentares aplicáveis; pode ser simultaneamente o dono da obra, ou outra pessoa autorizada a exercer a actividade de empreiteiro de obras públicas ou de industrial de construção

140 *Responsabilidade pela segurança na construção civil e obras públicas*

civil, que esteja obrigada mediante contrato de empreitada com aquele a executar a totalidade ou parte da obra;

i) «Equipa de projecto» conjunto de pessoas reconhecidas como projectistas que intervêm nas definições de projecto da obra;

j) «Estaleiros temporários ou móveis», a seguir designados por estaleiros, os locais onde se efectuam trabalhos de construção de edifícios ou trabalhos referidos no n.º 2 do artigo 2.º, bem como os locais onde, durante a obra, se desenvolvem actividades de apoio directo aos mesmos;

l) «Fiscal da obra» a pessoa singular ou colectiva que exerce, por conta do dono da obra, a fiscalização da execução da obra, de acordo com o projecto aprovado, bem como do cumprimento das disposições legais e regulamentares aplicáveis; se a fiscalização for assegurada por dois ou mais representantes, o dono da obra designará um deles para chefiar;

m) «Representante dos trabalhadores» a pessoa, eleita pelos trabalhadores, que exerce as funções de representação dos trabalhadores nos domínios da segurança, higiene e saúde no trabalho;

n) «Subempreiteiro» a pessoa singular ou colectiva autorizada a exercer a actividade de empreiteiro de obras públicas ou de industrial de construção civil que executa parte da obra mediante contrato com a entidade executante;

o) «Trabalhador independente» a pessoa singular que efectua pessoalmente uma actividade profissional, não vinculada por contrato de trabalho, para realizar uma parte da obra a que se obrigou perante o dono da obra ou a entidade executante; pode ser empresário em nome individual.

2. As referências aos princípios gerais da segurança, higiene e saúde no trabalho entendem-se como remissões para o regime aplicável em matéria de segurança, higiene e saúde no trabalho.

Notas:

I – Comparando o **elenco deste artigo** com o correspondente artigo 3.º do Dec-Lei n.º 155/95, verifica-se que:

– O "responsável pela direcção técnica da obra" (al d)) era o

anterior "director da obra" (al. h) e é o responsável pelo estaleiro nas obras particulares;
– Foi criado *ex novo* o "director técnico da empreitada" para as obras públicas (al. e));
– Definiu-se, pela primeira vez o "empregador" (al. g));
– Foi consagrada a figura da "entidade executante" (al. h));
– Foi aditada a "equipa de projecto" (al. i)) para abranger o conjunto dos projectistas, sendo a designação de autor do projecto restrita à pessoa singular;
– Definiu-se "representante dos trabalhadores" (al. m));
– Foi consagrada a noção de "subempreiteiro" (al. n));
– Definiu-se "trabalhador independente" (al. o)).

Ao "coordenador em matéria de segurança e saúde durante a elaboração do projecto da obra" foram acrescentadas as funções constantes da parte final da alínea b): *podendo também participar na preparação do processo de negociação da empreitada e de outros actos preparatórios da execução da obra, na parte respeitante à segurança e saúde no trabalho*[325].

II – Atente-se que agora, ao contrário da definição que constava do Dec-Lei n.º 155/95 (art. 3.º/c) "**autor do projecto**", nos termos da alínea a), é apenas a *pessoa singular* e não também a *colectiva*.

E, curiosamente, "equipa de projecto", nos termos da alínea i), é, não a pessoa colectiva mas, antes, o *conjunto de pessoas reconhecidas como projectistas*. Cremos que o objectivo legal será o de considerar aqui não apenas 1 sujeito, como seria se fosse uma (1) pessoa, mas tantos sujeitos quantos os projectistas envolvidos, o que terá efeitos designadamente para a necessidade de nomeação do coordenador[326]. E terá efeitos na aplicação das coimas? Veja-se o n.º 2 do art. 25.º quando fala dos *autores do projecto*.

III – Não nos parecem as mais felizes as definições de alguns dos intervenientes no estaleiro: (i) dono da obra (al.f);(ii) a *entidade executante*. (al.h); (iii) o *subempreiteiro* (al.n); (iv) o *trabalhador independente* (al.o).

---

[325] Para mais desenvolvimentos ver, supra, Parte I, n.ºs 3.1 e 3.2.
[326] Vd. art. 9.º/1/a).

A mais infeliz, e com maior repercussão prática, respeita à segunda parte da definição de dono da obra (pública). Quando define como dono da obra ... *o concessionário relativamente a obra executada com base em contrato de concessão de obra pública,* vem resolver o problema de quem é o dono da obra e a consequente imputação de responsabilidade nas grandes obras públicas. Mas parece esquecer o legislador que nem só por concessão são executadas as obras públicas. Elas podem igualmente ser realizadas por administração directa ou por empreitada (art. 1.º/2 do DL 59/99). Ora assim sendo, a definição deixa de fora as situações em que as pessoas colectivas públicas decidem executar as obras sob estas duas modalidades. Fica, por isso, por determinar se um Município quando executa, por exemplo, uma obra de saneamento por administração directa, ou um serviço não personalizado da Administração directa, central ou periférica empreita uma reparação de um edifício, contratando para o efeito trabalhadores por contrato individual de trabalho, são dono da obra. Por nós não temos dúvidas que o são[327]. Mas a lei veio levantar sérios problemas quanto a essa posição.

Quanto à *entidade executante,* primeiro ao incluir na definição o deôntico, em vez somente da ôntico[328]: se o executante não executa a obra *de acordo com o projecto aprovado* ou *as disposições legais ou regulamentares* ou a executa de acordo com um projecto não aprovado, deixa de caber na definição, deixa de ser executante para efeitos da lei. Então passará a ser o quê? Como sancionar essa entidade, se não é nenhuma daquelas a que a lei imputa responsabilidade (arts. 25.º e 26.º)? Segundo, porque limita a figura do executante àquele que contratou directamente com o dono da obra. Podendo, por isso, haver várias entidades representantes, tanto assim que o legislador sentiu necessidade de determinar que o dono escolha aquela que ficará responsável por impedir o acesso da obra apenas a pessoas autorizadas.

Mas um subempreiteiro, na filosofia do diploma, não é, por isso, nunca entidade executante. Seja uma parte ou a totalidade da obra, é condição necessária e suficiente para ser *executante* ter um contrato

---

[327] Cf. *supra*, Parte I, n. 11.
[328] Solução que perpassa um pouco por todas as entidades definidas

de empreitada com o *dono da obra*. Ora sabe-se que a realidade é muito distinta e que há contratos sobre contratos, que a cadeia de subcontratação é mais extensa e complexa.

É o que se passa com o *subempreiteiro* que, segundo a definição, tem de ter um contrato com o executante. Mas se em vez desse contrato tiver um outro com uma entidade que não contratou (parte d)a obra com o dono dela mas, antes, com um subempreiteiro como tantas vezes sucede? Claro que poderá, nesse caso ficar abrangido pela figura de empregador. Mas se não tiver trabalhadores?

Essa é a questão também do *trabalhador independente*. Não poderá este vincular-se também – através dum contrato de prestação de serviços (empreitada) – com um subempreiteiro, e não apenas com o dono da obra e executante, como diz a lei? E sendo óbvio que o trabalhador independente pode ser *empresário em nome individual*, não se deveria aditar "sem trabalhadores na obra" para o distinguir da figura do empregador?

IV – Os **princípios gerais de segurança, higiene e saúde** encontram-se agora previstos no CT (arts. 273.º a 275.º) e ainda no Dec-Lei n.º 441/91, que não foi revogado por ter um âmbito subjectivo mais lato que o do Código.

V – Se a noção do dono da obra nas obras particulares não suscita dúvida relevante, já outrotanto não sucede com o **dono das obras públicas**[329].

De facto, pareceria à primeira vista que o dono da obra nas obras públicas seria sempre o **Estado**.

E se assim fosse, então porque o Estado não responderia contra-ordenacionalmente nos termos do que vem sendo defendido pela doutrina[330], ficariam em termos contra-ordenacionais impunes as violações sobre shst na maior parte das obras do país, já que, como é sabido, o Estado é o maior dono de obra.

Todavia é preciso fazer uma precisão, já que a entidade que é inimputável contra-ordenacional é o Estado, enquanto pessoa colectiva territorial que tem por órgão o Governo. Mas já serão imputáveis os diversos departamentos e serviços, personalizados ou não, e os

---

[329] Sobre conceito de obras públicas cf. supra, nota IV ao art. 2.º.
[330] Cf. supra nota III ao art. 2.º.

144 *Responsabilidade pela segurança na construção civil e obras públicas*

entes colectivos públicos que, sendo também Estado em sentido amplo, prosseguem, directa ou indirectamente, finalidades próprias no âmbito da Administração Central, Regional ou Local ou mesmo na designada Administração Indirecta.

De facto, pode dividir-se a **Administração Pública** em Administração Estadual, Administração Autónoma e Administração Local Autárquica.

A Administração Estadual pode ser Directa ou Indirecta. A Directa pode ser Central ou Periférica. A Indirecta engloba os Institutos Públicos e as Empresas Públicas. Os Institutos Públicos, por sua vez, costumam ser divididos em Serviços Personalizados, Fundações Públicas e Estabelecimentos Públicos.

A Administração Autónoma integra a Administração Regional dos Açores e da Madeira.

A Administração Local Autárquica, por seu turno, também pode ser Directa ou Indirecta.

A Directa integra os Municípios, as Freguesias e as Regiões Administrativas se vierem a ser criadas.

A Indirecta é constituída pelos Serviços Municipalizados, pelas Empresas Municipais e Empresas Intermunicipais.

Há ainda que integrar na Administração Pública as Associações Públicas e as Concessionárias.

Todas, ou a maior parte destas entidades, podem ser, por isso, responsabilizadas contra-ordenacionalmente, designadamente quando realizam obras de engenharia civil e de construção através de administração directa.

Para efeitos do regime do contrato administrativo de empreitada e de concessão são donos de obras públicas: o Estado; os institutos públicos; as associações públicas; as autarquias locais e suas associações; as Regiões Autónomas; as empresas públicas e as sociedades anónimas de capitais maioritária ou exclusivamente públicos; as concessionárias de serviço público sempre que o valor da obra seja superior ao estabelecido para efeitos de aplicação das directivas da UE; por último, entidades financiadas geridas ou administradas maioritariamente por alguma das entidades referidas[331].

---

[331] Cf. arts. 2.º e 3.º do DL 59/99, de 2/3.

VI – Vejamos a noção de **dono das obras públicas.**
Para além da noção que foi dada na nota IV ao art. 2.º: "1. São *considible* *consideradas obras públicas quaisquer obras de construção, reconstrução, ampliação, alteração, reparação, conservação, limpeza, restauro, adaptação, beneficiação e demolição de bens imóveis destinadas a preencher, por si mesmas, uma função económica ou técnica, executadas por conta de um dono de obra pública;*

2 – As obras públicas podem ser executadas por empreitada, por concessão ou por administração directa."[332]

Ora, se bem que muitas obras públicas em curso sejam realizadas sob administração directa, a maioria delas, sobretudo as de maior dimensão física e económica, são realizadas por empresas **concessionárias do Estado.** Este, quando tem que realizar estradas, pontes, viadutos, auto-estradas, ferrovias etc., por motivos que se prendem também com as fontes de financiamento, cria, através de Dec-Lei[333], sociedades anónimas que, normalmente associadas em consórcio, constituem a entidade que para além de planear, projectar, financiar, dirigir e realizar a obra fica, por um período longo (geralmente 30 anos) com o direito de exploração e o encargo de manutenção das obras realizadas.

Segundo dá conta Armando Triunfante[334], em 2001 havia as seguintes concessionárias de auto-estradas: Brisa – Auto-Estradas de Portugal, SA, pelo DL n.º 467/72, de 24/10; Consórcio de Auto-Estradas do Atlântico, Concessões Rodoviárias de Portugal SA, pelo DL n.º 393-A/98, de 4/12; Consórcio AENOR, Auto-estradas do Norte, SA, pelo DL 2548-A/99, de 6/7; Consócio SCUTVIAS, Auto--estradas da Beira Interior, SA, pelo DL 335-A/99, de 20/8; Consórcio EUROSCUT, Concessionária da SCUT do Algarve, SA, pelo DL 55/2000, de 14/4; Sociedade LUSOSCUT, Auto-estradas da Costa de Prata, SA, pelo DL n.º 87-A/00, de 13/5. E, além das concessionárias

---

[332] Cf. art. 1.º do DL 59/99, de 2/3.

[333] Vd., p. ex., o DL 9/97,de 10/1, sobre o regime de realização de concursos com vista à concessão de lanços de auto-estradas, nas zonas Norte e Oeste, ou o DL 266/97, de 2/10, sobre o regime dos concursos para concessão das SCUTs

[334] Responsabilidade Civil das Concessionárias das auto-estradas, in Direito e Justiça (2001); vol. XV, T.I, pp. 45 e ss..

146 Responsabilidade pela segurança na construção civil e obras públicas

das auto-estradas existem outras como a LUSOPONTE, criada pelo DL 168/94 e DL 76/94, de 7/03.

São estas **concessionárias de obras públicas**, e não directamente o Estado[335] que são tidas como o **dono da obra** e, por isso, são responsabilizadas pelas contra-ordenações nos termos legais.

Isto não invalida, contudo, ao contrário do que parece sugerir a redacção da segunda parte da alínea f) do n.º 1, que as entidades públicas quando realizam as obras por empreitada ou por administração directa sejam, elas próprias, também responsabilizáveis contra-ordenacionalmente. Só assim não será quando a lei especificamente afasta essa responsabilidade ou consagra um seu sucedâneo[336].

VII – Não se deve olvidar que constitui **violação pelas empresas dos seus deveres** no exercício da actividade de construção, o desrespeito por normas legais ou por prescrições mínimas relativas à segurança, higiene e saúde, como resulta do regime jurídico aplicável ao exercício da actividade de construção[337].

Também no regime do contrato administrativo de empreitada de obras públicas o dono da obra e o empreiteiro devem respeitar o disposto na legislação sobre segurança, higiene e saúde, nomeadamente no que respeita à coordenação de segurança e saúde, sob pena de aquele poder rescindir o contrato.[338]

---

[335] Sucede até muitas vezes que, por virtude do modo de realização de algumas obras, há litígios entre o Estado, que detém poderes de direcção e fiscalização, e a própria concessionária, Vd. um exemplo no Acórdão do Tribunal Pleno nos Acórdãos Doutrinais, n.º 512-513, pp 1294 a 1307.

[336] Vd. sobre a responsabilidade contra-ordenacional das pessoas de d.t.º público, *supra* Parte I, n.11.

[337] Cfr. art. 24.º do DL 12/2004, de 9/1.

[338] Cfr. art. 149.º do DL n.º 59/99, de 2/3.

CAPÍTULO II
Desenvolvimento do projecto e execução da obra

SECÇÃO 1
Projecto da obra

ARTIGO 4.°
Princípios gerais do projecto da obra

1. A fim de garantir a segurança e a protecção da saúde de todos os intervenientes no estaleiro, bem como na utilização da obra e noutras intervenções posteriores, o autor do projecto ou a equipa de projecto deve ter em conta os princípios gerais de prevenção de riscos profissionais consagrados no regime aplicável em matéria de segurança, higiene e saúde no trabalho.

2. Na integração dos princípios gerais de prevenção referidos no número anterior devem ser tidos em conta, designadamente, os seguintes domínios:

a) As opções arquitectónicas;

b) As escolhas técnicas desenvolvidas no projecto, incluindo as metodologias relativas aos processos e métodos construtivos, bem como os materiais e equipamentos a incorporar na edificação;

c) As definições relativas aos processos de execução do projecto, incluindo as relativas à estabilidade e às diversas especialidades, as condições de implantação da edificação e os condicionalismos envolventes da execução dos trabalhos;

d) As soluções organizativas que se destinem a planificar os trabalhos ou as suas fases, bem como a previsão do prazo da sua realização;

e) Os riscos especiais para a segurança e saúde enumerados no artigo 7.°, podendo nestes casos o autor do projecto apresentar soluções complementares das definições consagradas no projecto;

f) As definições relativas à utilização, manutenção e conservação da edificação.

148 *Responsabilidade pela segurança na construção civil e obras públicas*

Notas:

I – O **projecto**, traduzindo a concretização da vontade do empreendedor, dono da obra, é o elemento indispensável à correcta execução desta. Deve partir sempre da observação das condições concretas do local e, após os estudos prévios, concretiza-se num conjunto de peças, escritas umas e desenhadas em escala, outras.

De entre tais peças, passou a constar obrigatoriamente a partir de 1995 um plano de segurança e saúde também constituído por peças escritas e desenhadas dos projectos relevantes para a prevenção dos riscos profissionais (art.6.º/1/a)). Por isso, a razão de ser da lei trazer para o planeamento da shst a própria actividade dos projectistas, com vista à integração da prevenção nas próprias soluções construtivas, como primeiro nível de intervenção[339]. A um segundo nível situam-se os instrumentos de planeamento específico da prevenção: o plano de segurança e saúde, as fichas de procedimentos de segurança, a comunicação prévia e a compilação técnica.

II – Segundo a definição constante da Lei Regulamentar do Código[340] **prevenção** é o conjunto de actividades ou medidas adoptadas ou previstas no licenciamento e em todas as fases de actividade da empresa, do estabelecimento ou do serviço, com o fim de evitar, eliminar ou diminuir os riscos profissionais. Trata-se, contudo, de um conceito que deverá ser adequadamente adaptado à realidade dos estaleiros temporários.

Os **princípios gerais de prevenção** a que se reporta a parte final do n.º 1 do artigo em anotação constam do n.º 3 do artigo 272.º do Código[341] e podem esquematicamente traduzir-se em:

  a) *eliminar os riscos* (ao nível do projecto; ao nível da selecção materiais, equipamentos e produtos sem risco; mas também ao nível da organização do trabalho, seleccionando os métodos e processos mais seguros);

---

[339] É sabido que será muitas vezes difícil, se não impossível, obter boas soluções de shst se esta não foi prevista e planeada no projecto de construção. Pense-se, para dar apenas um dos exemplos mais flagrantes, nas instalações industriais sem condições de exaustão de fumos ou cheiros, de luminosidade, etc.

[340] Cf. art. 213.º/1/c) da Lei 35/2004, de 29/7.

[341] E mais desenvolvidamente no art. 4.º/3 do DL 441/91, de 14/11.

Regime jurídico da coordenação de segurança... 149

b) avaliar os riscos (que não puderam ser eliminados) no tocante à sua natureza, origem e consequências;

c) combater os riscos na origem (isto é, na sua fonte);

d) adaptar o trabalho ao homem (sobretudo ao nível dos equipamentos, ferramentas, mas também nos métodos, processos e espaços do trabalho);

e) atender aos conhecimentos técnicos (estar atento à evolução técnico-científica e às soluções mais seguras que, com o seu desenvolvimento, vão aparecendo)

e) dar prioridade à protecção colectiva (em relação à individual)[342];

e) informar, formar, consultar e fazer participar, não apenas os trabalhadores e representantes de shst, mas todos os intervenientes.

Importa realçar, porém, que a especial natureza desta actividade – temporária e móvel – e por isso mesmo precária, agudiza os problemas e exponencia os riscos, tornando mais instante a necessidade das medidas adequadas de prevenção integrada.

III – De entre as regras a observar relativamente aos princípios gerais do projecto de obras com específicos e adicionais problemas de shst, importa sublinhar as relativas ao exercício da **actividade industrial**, previstas no Dec-Lei n.º 69/2003, de 10/4, que têm por objecto a prevenção de riscos e inconvenientes que resultam da exploração dos estabelecimentos industriais, visando a salvaguarda da saúde pública, dos trabalhadores, a segurança das pessoas e bens e a higiene e saúde nos locais de trabalho[343].

---

[342] Conforme ensina Sérgio Miguel, ob. cit., perante o binómio **risco/homem** a primeira atitude a tomar é eliminar o risco; se não for possível, deverá retirar-se o homem; não sendo possível deverá envolver-se o risco; e só se isso não for possível deverá, por fim, envolver-se o homem, através dos e.p.i.s.

[343] Sobre licenciamento industrial e higiene e segurança industrial, pode ver-se Rui Figueiredo Simões, Revista Segurança, n.º 103, 2.º trimestre 1991, pp. 10 a 14 e n.º 104, 3.º trimestre 1991, pp. 21 a 30.

ARTIGO 5.º
Planificação da segurança e saúde no trabalho

1. O dono da obra deve elaborar ou mandar elaborar, durante a fase do projecto, o plano de segurança e saúde para garantir a segurança e a saúde de todos os intervenientes no estaleiro.

2. Se a elaboração do projecto se desenvolver em diversas fases e em períodos sucessivos, o plano de segurança e saúde deve ser reformulado em função da evolução do projecto.

3. O plano de segurança e saúde será posteriormente desenvolvido e especificado pela entidade executante para a fase da execução da obra.

4. O plano de segurança e saúde é obrigatório em obras sujeitas a projecto e que envolvam trabalhos que impliquem riscos especiais previstos no artigo 7.º ou a comunicação prévia da abertura do estaleiro.

Notas:

I – Por certo uma das grandes inovações do diploma de 2003, relativamente ao de 1995, foi a **alteração da concepção do plano de segurança e saúde** que deixou de ser tido como um mero conjunto de fotocópias (diz-se à boca pequena que um mesmo pss terá servido para as obras da mais diversa natureza, desde a construção de um armazém ou um estábulo até uma casa de habitação...), um elemento estático, para se projectar, ao menos normativamente, como um documento dinâmico, sujeito a ser completado e ajustado à medida do desenvolvimento do projecto ou, ao menos, à medida que os trabalhos se desenvolvam na fase da execução. E deixou de incumbir exclusivamente ao dono de obra para ser também incumbência da entidade executante, sob patrocínio técnico do coordenador de segurança (art. 19.º/2/b). O pss tem que se reportar ao projecto de execução da obra e reflectir as sua particularidades consagrando para cada uma as melhores soluções para a prevenção dos riscos profissionais.

II – Resulta do n.º 4 que agora, ao contrário do que sucedia com o regime anterior, o **pss** não é sempre **obrigatório**. Saber quando não é obrigatório é a solução que resulta da interpretação da norma nele contida.

A primeira questão é saber se é obrigatório sempre que haja projecto ou apenas quando, para além do projecto, haja ainda traba-

Regime jurídico da coordenação de segurança...

lhos que impliquem riscos especiais ou que obriguem a comunicação prévia.

A melhor interpretação será a de considerar que, se a obra está sujeita a projecto mas não é obrigatória a comunicação prévia prevista no art. 15.º, nem os trabalhos implicam riscos especiais (art. 7.º), não é obrigatória a elaboração de pss nem sequer de fichas de segurança. A mesma conclusão se extrai se a obra não exige projecto, nem existam riscos especiais, mesmo que a comunicação prévia seja obrigatória (art. 15.º). Neste caso – que, na prática muito dificilmente ocorrerá, embora defendamos que, por exemplo, não é toda e qualquer queda em altura ou toda e qualquer escavação que implica o risco especial ali previsto – há apenas lugar à aplicação do **regime geral de shst.**

Se os trabalhos implicam riscos especiais (art. 7.º), mas não obrigatoriedade de comunicação prévia, não estando a obra sujeita a projecto, apenas haverá lugar à elaboração das **fichas de segurança** (art. 14.º).

Por fim, é **obrigatório o pss** sempre que a obra esteja sujeita a projecto e haja comunicação prévia e/ou riscos especiais.

Agora o problema é que a lei não caracteriza devidamente o que sejam riscos especiais, ficando essa determinação, designadamente quando nos limiares das normas técnicas regulamentares previstas para a actividade da construção, no âmbito da discricionariedade da acção fiscalizadora ou até dos intervenientes no estaleiro (art. 7.º/j)[344] sendo certo que para estes a única alternativa que têm é a de impor mais segurança que a legalmente prevista; mas nunca menos.

III – Quando é que é obrigatória a **existência de projecto** para a realização de uma obra?

Embora a lei o não diga de forma directa, parece poder concluir-se que, nos termos do Regulamento Geral das Edificações Urbanas, aprovado pelo Dec-Lei n.º 38.382, de 7/8/1951 e do actual **regime jurídico de urbanização e edificação,** essa obrigatoriedade existe sempre que as obras estejam sujeitas a licença ou autorização administrativas – que são a sua esmagadora maioria. Só assim não acontecerá com as obras de conservação ou as obras de alteração no inte-

---

[344] Cf. *infra*, notas III ao art. 7.º e IV ao art. 25.º

152 Responsabilidade pela segurança na construção civil e obras públicas

rior de edifícios não classificados ou suas fracções que não impliquem modificações da estrutura resistente dos edifícios, cérceas, fachadas e forma dos telhados[345].

Por seu lado, também, em princípio, as **obras públicas** estão sujeitas a projecto, como determina, para o concurso público, o artigo 62.º do Dec-Lei n.º 59/99, de 2/3,[346] embora possa haver situações em que isso não suceda, como ocorre com as operações urbanísticas e obras de edificação ou demolição de institutos públicos, entidades públicas ou concessionárias de obras ou serviços públicos previstas no art. 7.º do Dec-Lei n.º 555/99, de 16/12[347].

Adita-se, contudo, que a realização de quaisquer operações urbanísticas está sujeita a fiscalização administrativa, independentemente da sua sujeição a prévio licenciamento ou autorização. Fiscalização essa que se destina a assegurar a conformidade com as disposições legais e regulamentares e a prevenir os perigos que da sua realização possam resultar para a saúde e segurança das pessoas[348].

ARTIGO 6.º
Plano de segurança e saúde em projecto

1. O plano de segurança e saúde em projecto deve ter como suporte as definições do projecto da obra e as demais condições estabelecidas para a execução da obra que sejam relevantes para o planeamento da prevenção dos riscos profissionais, nomeadamente:

a) **O tipo da edificação, o uso previsto, as opções arquitectónicas, as definições estruturais e das demais especialidades, as soluções técnicas preconizadas, os produtos e materiais a utilizar, devendo ainda incluir as peças escritas e desenhadas dos projectos, relevantes para a prevenção de riscos profissionais;**

---

[345] Cf. arts. 4.º e 6.º/1 da DL 555/99, de 16/12, republicado pelo DL 177/2001, de 4/6.

[346] Embora, para além do concurso público, também as obras possam ser realizadas por concurso limitado, concurso por negociação ou ajuste directo (art. 47.º)

[347] Republicado em anexo ao DL 177/2001, de 4/6.

[348] Cf. art. 93.º do DL 555/99, de 16/12.

Regime jurídico da coordenação de segurança... 153

b) As características geológicas, hidrológicas e geotécnicas do terreno, as redes técnicas aéreas ou subterrâneas, as actividades que eventualmente decorram no local ou na sua proximidade e outros elementos envolventes que possam ter implicações na execução dos trabalhos;

c) As especificações sobre a organização e programação da execução da obra a incluir no concurso da empreitada;

d) As especificações sobre o desenvolvimento do plano de segurança e saúde quando várias entidades executantes realizam partes da obra.

2. O plano de segurança e saúde deve concretizar os riscos evidenciados e as medidas preventivas a adoptar, tendo nomeadamente em consideração os seguintes aspectos:

a) Os tipos de trabalho a executar;

b) A gestão da segurança e saúde no estaleiro, especificando os domínios da responsabilidade de cada interveniente;

c) As metodologias relativas aos processos construtivos, bem como os materiais e produtos que sejam definidos no projecto ou no caderno de encargos;

d) Fases da obra e programação da execução dos diversos trabalhos;

e) Riscos especiais para a segurança e saúde dos trabalhadores, referidos no artigo seguinte;

f) Aspectos a observar na gestão e organização do estaleiro de apoio, de acordo com o anexo I.

3. A Inspecção-Geral do Trabalho pode determinar ao dono da obra a apresentação do plano de segurança e saúde em projecto.

Notas:

I – É óbvio que, pelo menos nos empreendimentos construtivos de grande dimensão, se pode detectar, dentro da fase do projecto da obra, um conjunto de actividades prévias tais como: (i)o esboço ou pré-programa, que se inicia com a identificação do produto pretendido pelo dono da obra, o estudo da sua viabilidade técnico-económica, e os prazos de execução; (ii) o programa, em que os projectistas analisam a concretização da exequibilidade técnica; (iii) o primeiro esboço de projecto que integra as linhas básicas da arquitectura do

154 *Responsabilidade pela segurança na construção civil e obras públicas*

empreendimento; e (iv) finalmente o **projecto-base** que é submetido a aprovação ao dono da obra.

Uma inovação do presente diploma, sem prejuízo da sua unicidade, foi a divisão em dois subplanos do pss: um para a fase do projecto e outro para a fase da obra (art. 11.º). Este é normativamente gizado como um mero desenvolvimento daquele.

O pss é apenas um dos instrumentos específicos de prevenção nesta actividade da construção civil e obras públicas e nesta fase do projecto, sendo os restantes a comunicação prévia e a compilação técnica.

II – Quanto ao **conteúdo do pss em projecto**, o Dec-Lei n.º 155/ /95 nada dizia. Agora está definido no artigo em anotação, que remete para o Anexo I, cuja consulta é indispensável para a concretização dos aspectos de gestão e organização geral. O pss tem de partir da avaliação e previsão concreta dos riscos da obra e do seu meio envolvente (n.º1) para, depois de eliminar, na medida do possível, os factores de risco, avaliar e concretizar os riscos detectados e sobretudo as medidas preventivas a adoptar para a eliminação ou redução da sinistralidade por cada um dos intervenientes, o dono da obra, a entidade executante (empreiteiro, subempreiteiro), o empregador e o coordenador de segurança.

Enquanto na fase de projecto o pss depende essencialmente do dono da obra e das suas opções em termos de localização, características do terreno, processo construtivo. ritmo de desenvolvimento da obra, escolha de equipamentos, materiais, recursos financeiros, humanos, organizacionais e técnicos, prazos de execução e da própria cadeia de contratação, já a sua concretização e execução é da responsabilidade do executante, embora, num caso e noutro sob a alçada do coordenador de segurança no que toca ao planeamento e verificação do cumprimento das medidas de shst.

Na verdade, o dono da obra tem duas opções para a **elaboração do pss na fase do projecto**: ou o manda elaborar ao coordenador de segurança ou o elabora por si ou por um técnico por si designado sendo, então validado por aquele coordenador[349].

---

[349] Cf. art. 19.º/1/c).

III – A contra-ordenação grave por violação do n.º 3 que a alínea a) do art. 26.º institui resulta apenas quando haja o pss mas o dono da obra o não apresente à IGT depois de lho ter sido determinado. Mas não quando não exista o documento, pois que, neste caso, a contra-ordenação resulta da violação dos n.ºs 1 e 2. Mas também pode existir um pss que não reuna as condições mínimas de especificidade, de suficiência e adequabilidade à obra que se projecta realizar, caso em que, por falta de previsão dos riscos que lhe são intrínsecos e das medidas necessárias para os evitar ou prevenir, haverá igualmente violação daqueles dispositivos legais.

Uma questão que aqui se põe é a de saber se, por falta de apresentação do pss, se poderá verificar a prática do **crime de desobediência qualificada** previsto no art. 468.º da Lei n.º 35/2004. A resposta não pode ser positiva porque aqui, no tipo legal de crime, o autor tem a qualidade de empregador, qualidade que o dono da obra não tem[350].

Mas quando a tenha – quando o dono da obra for simultaneamente empregador porque a realiza por administração directa – é duvidoso que o dono da obra/empregador possa cometer o referido crime mesmo que, obviamente, tenha actuado com dolo, elemento subjectivo que tem de integrar o tipo legal. Na realidade, defendemos que a finalidade última do pss, é a de prevenir os riscos laborais e, nos termos do preceito da Lei regulamentadora, os documentos têm de interessar para o esclarecimento de *situações laborais*. Ora o pss interessa sim para o esclarecimento de *condições* laborais. Assim, parece que a incriminação do dono da obra violaria o princípio da tipicidade.

Talvez que o resultado crime, porém, se possa obter por outra via. É que o tipo do crime de desobediência (não qualificada, mas simples) pode ser preenchido mesmo que inexista disposição legal que o comine, bastando, para tanto, que o funcionário (ou a autoridade) façam a respectiva cominação (art. 348.º/1/b) do CP).

---

[350] Ou, pelo menos, não é nessa qualidade (de empregador) que a lei lhe imputa as obrigações pelo planeamento, organização, coordenação e concretização da segurança.

156 *Responsabilidade pela segurança na construção civil e obras públicas*

IV – A **elaboração do pss em projecto**, em princípio compete ao coordenador de segurança em projecto, mas se não houver coordenador, deverá ser feita pelo autor do projecto (art. 18.º/2).

O pss deve conter ou pelo menos reportar-se a um conjunto de outros elementos indispensáveis para a sua exequibilidade que constam fundamentalmente do Anexo II.

ARTIGO 7.º
Riscos especiais

O plano de segurança e saúde deve ainda prever medidas adequadas a prevenir os riscos especiais para a segurança e saúde dos trabalhadores decorrentes de trabalhos:

a) **Que exponham os trabalhadores a risco de soterramento, de afundamento ou de queda em altura, particularmente agravados pela natureza da actividade ou dos meios utilizados, ou do meio envolvente do posto, ou da situação de trabalho, ou do estaleiro;**

b) **Que exponham os trabalhadores a riscos químicos ou biológicos susceptíveis de causar doenças profissionais;**

c) **Que exponham os trabalhadores a radiações ionizantes, quando for obrigatória a designação de zonas controladas ou vigiadas;**

d) **Efectuados na proximidade de linhas eléctricas de média e alta tensão;**

e) **Efectuados em vias ferroviárias ou rodoviárias que se encontrem em utilização, ou na sua proximidade;**

f) **De mergulho com aparelhagem ou que impliquem risco de afogamento;**

g) **Em poços, túneis, galerias ou caixões de ar comprimido;**

h) **Que envolvam a utilização de explosivos, ou susceptíveis de originarem riscos derivados de atmosferas explosivas;**

i) **De montagem e desmontagem de elementos prefabricados ou outros, cuja forma, dimensão ou peso exponham os trabalhadores a risco grave;**

j) **Que o dono da obra, o autor do projecto ou qualquer dos coordenadores de segurança fundamentadamente considere susceptíveis de constituir risco grave para a segurança e saúde dos trabalhadores.**

Notas:

I – Para efeitos deste diploma podemos definir **risco**, como uma grande probabilidade de ocorrência de um perigo de lesão da vida, da saúde ou da integridade física de uma pessoa. São **riscos especiais** não só os relativos à construção do empreendimento, como à sua utilização ou exploração e ainda manutenção e conservação, que implicam para os diversos intervenientes no processo construtivo (donos da obra, projectistas, executantes e coordenadores de segurança) especiais obrigações de avaliação e controlo dos riscos. É por isso que para além enumerados, pode haver, e há[351], outros que aqueles intervenientes devam considerar de risco particularmente elevado atento o grau de probabilidade de ocorrência e a gravidade das consequências.

A previsão da verificação destes riscos especiais numa obra é condição suficiente para que haja lugar à obrigatoriedade de elaboração de um instrumento de coordenação. Só que pode não ser o pss (art. 5.º/4). Se, como refere a nota II ao art. 5.º, a obra não estiver sujeita a projecto, mas se verificarem previsivelmente estes riscos, há lugar á mera elaboração de **fichas de segurança.**

II – Segundo o Relatório Anual de Actividades da IGT de 2003[352] (pp. 75 e ss.), é a seguinte a evolução dos **acidentes mortais** verificados no sector da construção civil e obras públicas: em 1998, 156; em 1999, 152; em 2000, 132; em 2001, 156; em 2002, 103; em 2003, 88. Dessas oitenta e oito mortes, 42 (47,7%) deveram-se a **quedas em altura**, 21 (23,9%) a **esmagamento**, 10 (11,4%) a **soterramento,** 6 (6,8%) a electrocussão, 5 (5,7%) a quedas de nível e 4 (4,5%) a outras causas.

Como se verifica, da análise do elenco do preceito anotando, não consta o **risco de esmagamento** que é o segundo na escala de produção de sinistralidade mortal. Mas tal risco consta já da enumeração do n.º 4 do artigo 25.º para efeitos de conversão de uma contra-ordenação por violação de prescrições técnicas do Regulamento de Segurança no Trabalho da Construção Civil em contra-ordenação muito grave.

---

[351] Cf. nota seguinte.
[352] Disponível em http//www.igt.pt,.

158 *Responsabilidade pela segurança na construção civil e obras públicas*

III – Não está tecnicamente definido quando é que se pode falar de risco de **queda em altura** ou antes de queda de nível que, apesar disso, são conceitos utilizados até para fins estatísticos (nota anterior). Na verdade, apesar da Directiva Comunitária n.º 92/57/CEE, apontar para a possibilidade de os Estados-membros poderem estabelecer índices numéricos para cada um dos riscos especiais[353] Portugal não o fez pelo que só os valores indicados no Regulamento de Segurança no Trabalho da Construção Civil poderão ser tomados em conta, mas apenas indiciariamente. Assim considerar-se-á queda em altura[354] aquela que ocorre a partir dos 4 metros do solo por ser essa a altura a que a lei impõe o emprego de andaimes, mas quanto ao risco de soterramento já a dificuldade é maior (cf. *infra* arts. 1.º e 72.º do Dec. 41.821, de 11/8/58 e jurisprudência no art. 22.º).

Os riscos de **queda em altura**, **esmagamento** e **soterramento**, mas não o de afundamento, de que trata a alínea a), são aqueles que nos termos do n.º 4 do art. 25.º dão lugar a que as contra-ordenações, por violação das prescrições técnicas do Regulamento de Segurança na Construção Civil, que normalmente seriam graves, passem automaticamente a contra-ordenações muito graves.

ARTIGO 8.º
Obras públicas e obras abrangidas pelo regime jurídico
da urbanização e edificação

1. No âmbito do contrato de empreitada de obras públicas, o plano de segurança e saúde em projecto deve:
> *a*) **Ser incluído pelo dono da obra no conjunto dos elementos que servem de base ao concurso;**
> *b*) **Ficar anexo ao contrato de empreitada de obras públicas, qualquer que seja o tipo de procedimento adoptado no concurso.**

2. No caso de obra particular, o dono da obra deve incluir o plano de segurança e saúde em projecto no conjunto dos elementos que servem de base à negociação para que a entidade executante o conheça ao contratar a empreitada.

---

[353] Cf. *infra*, Directiva, n.º 1 do Anexo II, e nota IV ao art. 25.º.
[354] Vd. o art. 11.º da Portaria n.º 101/96, de ¾.

Regime jurídico da coordenação de segurança... 159

Notas:

I – São **obras públicas**[355], nos termos do respectivo regime jurídico do contrato administrativo de empreitada (Dec-Lei n.º 59/99, de 2/3, alterado pela Lei n.º 163/99, de 14/9), aquelas que são executadas por conta de um dono de obra público, podendo sê-lo por empreitada, concessão ou administração directa.

Apesar daquela lei determinar que o projecto que serve de base ao concurso público *deve ser elaborado tendo em atenção as regras aplicáveis, nomeadamente s respeitantes à segurança da obra, bem como as respeitantes à matéria de higiene e segurança no trabalho*[356], o facto é que dela não constava uma norma expressa sobre a inclusão obrigatória do pss em projecto, pelo que, tal como acontece para as obras particulares (n.º 2 do artigo em anotação), foi necessária a inserção da norma do n.º 1..

II – São **obras particulares**[357] as que não são públicas e a elas se refere essencialmente o regime jurídico de edificação e urbanização constante do Dec-Lei n.º 555/99, republicado pelo Dec-Lei n.º177/2001, de 4/6.

III – Do regime da empreitada das obras públicas consta uma norma segundo a qual *o dono da obra e o empreiteiro devem respeitar o disposto na legislação sobre segurança, higiene e saúde no trabalho, nomeadamente no que respeita à coordenação em matéria de segurança e saúde* e se o empreiteiro o não fizer o dono da obra pode rescindir o contrato e informar, para além da Inspecção-Geral das Obras Públicas e do IMOPPI, o IDICT[358].

IV – Nos deveres de inclusão do pss no concurso de obras públicas ou no contrato de empreitada se analisa a obrigação de assegurar a divulgação daquele instrumento por parte do dono da obra (art. 17.º/c))

---

[355] Vd. também sobre obras públicas as notas IV ao art. 2.º, III e IV ao art. 3.º e nota III, 2.ª parte, ao art. 5.º.

[356] Cf. art. 62.º/6 do DL 53/99, de 2/3.

[357] Vd. a nota III ao art. 5.º, 1.ª parte.

[358] Cf. art. 149.º/1 do DL 59/99, de 2/3.

SECÇÃO II
Coordenação da segurança

ARTIGO 9.º
Coordenadores de segurança

1. O dono da obra deve nomear um coordenador de segurança em projecto:

a) Se o projecto da obra for elaborado por mais de um sujeito, desde que as suas opções arquitectónicas e escolhas técnicas impliquem complexidade técnica para a integração dos princípios gerais de prevenção de riscos profissionais ou os trabalhos a executar envolvam riscos especiais previstos no artigo 7.º;

b) Se for prevista a intervenção na execução da obra de duas ou mais empresas, incluindo a entidade executante e subempreiteiros.

2. O dono da obra deve nomear um coordenador de segurança em obra se nela intervierem duas ou mais empresas, incluindo a entidade executante e subempreiteiros.

3. A actividade de coordenação de segurança, em projecto ou em obra, deve ser exercida por pessoa qualificada, nos termos previstos em legislação especial, e ser objecto de declaração escrita do dono da obra, acompanhada de declaração de aceitação subscrita pelo coordenador ou coordenadores, com os seguintes elementos:

a) A identificação da obra, do coordenador de segurança em projecto e ou do coordenador de segurança em obra;

b) Se a coordenação couber a uma pessoa colectiva, deve ser identificado quem assegura o exercício da mesma;

c) O objectivo da coordenação e as funções de cada um dos coordenadores;

d) Os recursos a afectar ao exercício da coordenação;

e) A referência à obrigatoriedade de todos os intervenientes cooperarem com os coordenadores durante a elaboração do projecto e a execução da obra.

4. A coordenação de segurança em projecto e em obra pode ser objecto de uma declaração conjunta ou de declarações separadas.

5. A declaração ou declarações referidas nos números anteriores devem ser comunicadas aos membros da equipa de projecto, ao fiscal da obra e à entidade executante, que as deve transmitir a subempreiteiros e a trabalhadores independentes, bem como afixá-las no estaleiro em local bem visível.

6. O coordenador de segurança em obra não pode intervir na execução da obra como entidade executante, subempreiteiro, trabalhador independente na acepção do presente diploma ou trabalhador por conta de outrem, com excepção, neste último caso, da possibilidade de cumular com a função de fiscal da obra.

Notas:

I – Entendemos que as duas condições do n.º 1 que implicam a nomeação de coordenador em projecto não são cumulativas, mas meramente alternativas. Ou seja, basta que o projecto seja elaborado por uma empresa de projectistas ("equipa de projecto" na nomenclatura legal[359]) ou por dois projectistas, trabalhadores autónomos (autores de projecto) e que os trabalhos envolvam riscos especiais ou complexidade técnica para a necessidade de coordenador se justificar.

Mas também será obrigatória a nomeação de coordenador logo em projecto se na fase da execução da obra se prever a intervenção de mais de uma empresa.

II – A norma do n.º 2 respeita já ao coordenador de segurança em obra, mas tal não significa que não possa ser a mesma pessoa que era coordenador em projecto, salvo se houver a incompatibilidade prevista no n.º 6 relativa à adjudicação pela mesma empresa da concepção e execução da obra (nota V).

Pareceria haver uma certa sobreposição entre a norma da al. b) do n.º 1 e a do n.º 2. De facto, se já resulta daquela a obrigatoriedade da nomeação de coordenador quando meramente se preveja a intervenção na execução da obra de duas ou mais empresas, por maioria de razão ela terá de ocorrer quando efectivamente intervenham. Atente-se, porém, que o coordenador em projecto tanto pode ser a mesma pessoa que vai ser o coordenador em obra como outra, sendo que nalguns casos terá mesmo de ser pessoa diferente (art. 9.º/6).

---

[359] Cf. art. 3.º/i).

162　*Responsabilidade pela segurança na construção civil e obras públicas*

III – Ainda não existe nenhum diploma legal que regule o **exercício da actividade de coordenador de segurança** da construção civil e obras públicas e defina o respectivo perfil profissional[360], pelo que se não pode ainda aplicar o primeiro segmento da norma do corpo do n.º 3. Mas está em plena aplicação o segundo segmento, pelo que já é obrigatória a declaração escrita do dono da obra e a aceitação expressa do coordenador nomeado. A redacção desta segunda parte da norma poderia originar dúvidas sobre se os elementos constantes das diversas alíneas integravam a declaração do dono da obra ou a aceitação subscrita pelo coordenador. A lógica leva a considerar correcta a primeira hipótese, interpretação corroborada pelo teor da alínea e): a referência à obrigatoriedade de todos cooperarem com os coordenadores só faz sentido se se imputar à declaração do dono da obra.

IV – Como se alcança da leitura da alínea b) do n.º 3, a **coordenação da segurança** caberá normalmente a empresas cujo objecto social é precisamente o exercício dessas funções – caso em que terá de ser identificada a pessoa ou pessoas físicas que efectivamente a exercem – razão, a nosso ver, mais que suficiente para também lhes imputar responsabilidade contra-ordenacional, conjuntamente, ou não, com o dono da obra.

Veja-se, sobre a colisão entre o dever de coordenação que aqui incumbe ao dono da obra, por intermédio do coordenador de segurança e o dever de coordenação que a lei impõe à empresa adjudicatária no art. 273.º/4/c do CT o que se diz supra, Parte I, n.º 9.1.

V – O n.º 6 regula as **incompatibilidades do coordenador de segurança**. Do seu elenco não consta o dono da obra, o que significa que o coordenador de segurança em obra pode ter essa qualidade ou, o que será mais normal, o dono da obra pode ser o coordenador de segurança: em obra ou, por maioria de razão, em projecto.

Mas se uma empresa adjudica a **concepção e a realização** de uma obra, um seu técnico/trabalhador (naturalmente habilitado, quando a lei o definir) pode ser coordenador de segurança em pro-

---

[360] Perspectivando-se como requisitos de habilitações literárias a posse de licenciatura em arquitectura ou engenharia, bacharelato em engenharia ou ainda, para o nível mais baixo, o curso de construtor civil ou agente técnico de arquitectura e engenharia.

Regime jurídico da coordenação de segurança...		163

jecto, mas já não em obra, porque a tanto obsta a sua qualidade de trabalhador.

Sendo o fiscal da obra uma pessoa singular ou colectiva, como a sua actuação é *por conta do dono da obra* (art. 3.º/1/al. 1)), nada obsta que seja simultaneamente coordenador de segurança. Embora a letra da norma pareça apontar para a hipótese de só ser legal a acumulação de funções de *fiscal* e *coordenador* quando o fiscal da obra for trabalhador subordinado do dono da obra, tal não deve ser entendido. Na verdade, nada obsta que o fiscal da obra e simultaneamente coordenador de segurança em obra seja uma pessoa (singular ou colectiva) que tenha com o dono da obra, por exemplo, um contrato de mandato[361].

Mas se uma empresa se dedica à **construção e venda de imóveis** nada obsta a que um seu trabalhador exerça as funções de coordenador de segurança ou que as exerça o próprio dono da obra.

VI. Para maiores desenvolvimentos sobre a não consagração da responsabilidade contra-ordenacional dos coordenadores de segurança, vd. *supra* P I, n. 3.2; n. 4; n.º 15.1.

Sobre a não obrigatoriedade de existência de coordenador de segurança, em projecto ou em obra, vd. também *infra*, nota IV ao art. 18.º.

Jurisprudência:

A "I – Qualquer empresa adjudicatária de uma obra que nela não tenha qualquer trabalhador ao serviço (caso, v.g., de subempreitada total de obra a uma ou mais empresas) terá, nos termos do art. 8.º, n.º 4, al. c) do DL 441/91, de 14/11, de assegurar a coordenação de todas as empregadoras através da organização de actividades de segurança higiene e saúde no trabalho previstas no art.13.º do citado DL, com obrigações próprias, como se fosse um real empregador" – Ac. de 18/06/2003 do TRL, relatado por Sarmento Botelho – in www.dgsi.pt.

---

[361] Cf. art. 1157.º do CC.

ARTIGO 10.º
Responsabilidade dos outros intervenientes

A nomeação dos coordenadores de segurança em projecto e em obra não exonera o dono da obra, o autor do projecto, a entidade executante e o empregador das responsabilidades que a cada um deles cabe, nos termos da legislação aplicável em matéria de segurança e saúde no trabalho.

Notas:

I – Se o coordenador de segurança, nos termos do art. 9.º, n.os 1 e 2, é nomeado pelo dono da obra, parece uma redundância a referência ao autor do projecto, executante ou empregador para os não considerar exonerados das suas responsabilidades por infracções típicas do direito de mera ordenação.

Bem pior era, contudo, a correspondente norma anterior (do art. 5.º/4 do DL 155/95) quando incluía no elenco o *técnico responsável da obra* entidade que, todavia, não tinha nenhuma responsabilidade atribuída pela lei. Agora, ao menos, todos os intervenientes invocados na norma são contra-ordenacionalmente responsáveis.

Sobre a crítica da norma correspondente à anotanda no texto do Dec-Lei n.º 155/95, pode ver-se supra (Parte I, n.3.2)

A referência do preceito à legislação (geral) de shst parece contudo ter um alcance superior ao que eventualmente se pretendeu, pois que na vastíssima panóplia de diplomas sobre esta temática[362], muitos deles limitam-se a consagrar responsabilidade da entidade patronal

SECÇÃO III
Execução da obra

ARTIGO 11.º
Desenvolvimento do plano de segurança
e saúde para a execução da obra

1. A entidade executante deve desenvolver e especificar o plano de segurança e saúde em projecto de modo a complementar as medidas previstas, tendo nomeadamente em conta:

---

[362] Ver lista de diplomas sobre shst *infra*, na Parte III

a) As definições do projecto e outros elementos resultantes do contrato com a entidade executante que sejam relevantes para a segurança e saúde dos trabalhadores durante a execução da obra;

b) As actividades simultâneas ou incompatíveis que decorram no estaleiro ou na sua proximidade;

c) Os processos e métodos construtivos, incluindo os que exijam uma planificação detalhada das medidas de segurança;

d) Os equipamentos, materiais e produtos a utilizar;

e) A programação dos trabalhos, a intervenção de subempreiteiros e trabalhadores independentes, incluindo os respectivos prazos de execução;

f) As medidas específicas respeitantes a riscos especiais;

g) O projecto de estaleiro, incluindo os acessos, as circulações, a movimentação de cargas, o armazenamento de materiais, produtos e equipamentos, as instalações fixas e demais apoios à produção, as redes técnicas provisórias, a evacuação de resíduos, a sinalização e as instalações sociais;

h) A informação e formação dos trabalhadores;

i) O sistema de emergência, incluindo as medidas de prevenção, controlo e combate a incêndios, de socorro e evacuação de trabalhadores.

2. O plano de segurança e saúde para a execução da obra deve corresponder à estrutura indicada no anexo II e ter juntos os elementos referidos no anexo III.

3. O subempreiteiro pode sugerir e a entidade executante pode promover soluções alternativas às previstas no plano de segurança e saúde em projecto, desde que não diminuam os níveis de segurança e sejam devidamente justificadas.

Notas:

I – Este preceito representa uma das mais importantes inovações deste diploma quando comparado com o Dec-Lei n. 155/95.

Na verdade, enquanto até aí era ao dono da obra que incumbia quase exclusivamente a responsabilidade pela elaboração do pss e, uma vez concluída, a lei parecia admitir que estavam resolvidos os problemas de segurança na obra, com o Dec-Lei 273/2003, aquele instrumento de planeamento passou a ser de elaboração, adaptação e

166 *Responsabilidade pela segurança na construção civil e obras públicas*

desenvolvimento sucessivos, cabendo também à entidade executante. Esta, que detém o domínio do terreno concreto da localização da obra e sua envolvente, dos equipamentos, das máquinas, dos trabalhadores e dos subempreiteiros, mas também dos prazos de execução, ou seja, a organização do estaleiro, estará na melhor situação para complementar as medidas propostas. O que terá de fazer, aliás, de acordo com a estrutura do Anexo II e elementos do Anexo III e na perspectiva de sempre acrescentar mais planeamento, mais coordenação, menos riscos e maior segurança (n.º 3).

II – Já o diploma de 1995 consagrava a possibilidade de os empregadores poderem propor alterações ao pss. Mas agora, com a destrinça entre o pss em projecto e o pss em obra, é mais nítida essa possibilidade e mais viável a sua execução, dado que não só a entidade executante tem, naturalmente, uma palavra a dizer sobre o desenvolvimento e concretização das medidas de segurança constantes do plano, como os subempreiteiros o deverão também fazer quando estejam já escolhidos para a realização de segmentos da obra.

É nesta altura que a entidade executante deve começar a realizar as *diligências devidas* para assegurar a aplicação do pss pelos seus trabalhadores, pelos subempreiteiros e pelos trabalhadores independentes, e para que estes, por sua vez, cumpram as suas próprias obrigações (arts. 22.º e 23.º). Tais diligências e medidas concretas (informação, formação, reuniões de coordenação, ensaios e simulações de acidentes) devem fazer-se constar do documento, sob pena de a sua falta poder implicar a responsabilidade da entidade executante por infracções daqueles intervenientes a montante no estaleiro.

III – Dentre as medidas que a entidade executante está obrigada a tomar assume relevância, atenta a sinistralidade daí resultante, a adequada planificação do estaleiro considerando os riscos de esmagamento decorrentes de trânsito no próprio local da obra ou nas proximidades (trânsito automóvel, ferroviário) a segurança dos veículos e máquinas estáticas ou móveis com verificação das condições de manutenção, inspecção periódica, assim como a formação e qualificação dos respectivos condutores e manobradores.

Artigo 12.º
Aprovação do plano de segurança e saúde para a execução da obra

1. O desenvolvimento e as alterações do plano de segurança e saúde referidos nos n.ºs 1 e 3 do artigo anterior devem ser validados tecnicamente pelo coordenador de segurança em obra e aprovados pelo dono da obra, passando a integrar o plano de segurança e saúde para a execução da obra.

2. O plano de segurança e saúde pode ser objecto de aprovação parcial, nomeadamente se não estiverem disponíveis todas as informações necessárias à avaliação dos riscos e à identificação das correspondentes medidas preventivas, devendo o plano ser completado antes do início dos trabalhos em causa.

3. O dono da obra deve dar conhecimento por escrito do plano de segurança e saúde aprovado à entidade executante, a qual deve dar conhecimento aos subempreiteiros e trabalhadores independentes por si contratados, antes da respectiva intervenção no estaleiro, da totalidade ou parte do plano que devam conhecer por razões de prevenção.

4. O prazo fixado no contrato para a execução da obra não começa a correr antes que o dono da obra comunique à entidade executante a aprovação do plano de segurança e saúde.

5. As alterações do plano de segurança e saúde devem ter em conta o disposto no artigo anterior e nos n.ºs 1 a 3 do presente artigo.

Notas:

I – Determinando o n.º 1 que não só o desenvolvimento do pss em projecto como as suas alterações devem ser validadas tecnicamente pelo coordenador de segurança em obra e aprovadas pelo dono da obra, suscitar-se-ia a questão de saber se a mera aprovação deste supriria a falta da validação técnica daquele.

Independentemente de a falta de validação, tal como a falta de aprovação, constituir contra-ordenação imputável ao dono da obra, cremos que sairia frustrado o desígnio legislativo de fazer intervir um especialista em questões de segurança se se concluísse pela possibilidade de o dono da obra cobrir aquela não validação.

168   *Responsabilidade pela segurança na construção civil e obras públicas*

II – Com o n.º 2 ter-se-á querido admitir que o pss pode também ser completado depois do início da obra, mas sempre antes do início dos trabalhos cuja execução suscitou a respectiva alteração ou aditamento, sob pena de, a não ser assim, estar-se a permitir adaptar o plano depois do trabalho realizado.

Pensamos que outra hipótese em que se justificará um aditamento ou alteração no documento tem a ver com a suspensão dos trabalhos, ou de alguma das suas frentes, por intervenção da IGT quando detecte falhas graves na sua elaboração ou inadequação com as obras que estão a ser realizadas.

III – A redacção da segunda parte do n.º 3 coloca a questão de saber se a entidade executante é responsável unicamente pelos subempreiteiros que contrata ou também por aqueles que são subcontratados por estes, parecendo a letra da norma apontar para a primeira solução, conforme posição que defendemos já (*supra*[363]). Mas esta interpretação vai permitir que haja intervenientes no estaleiro que não conheçam o pss. De facto, se o executante só é obrigado a dar a conhecer o documento aos **subempreiteiros por si contratados**, e se o subempreiteiro não é um executante, (não contratou com o dono da obra) não sendo pois obrigado a dar o pss a conhecer àqueles com quem subcontrata (sub-subempreiteiros), então estes sub-subempreiteiros – só a lei do contrato de empreitada de obras públicas impede a subcontratação sem autorização do dono da obra[364] – podem intervir na obra sem conhecerem o pss e sem estarem vinculados às suas obrigações.

IV – Determinando o art. 151.º/1 do Dec-Lei n.º 59/99 (empreitada de obras públicas) que *o prazo fixado no contrato para a execução da obra começa a contar-se da data da consignação*[365] é óbvio que nessa altura o dono da obra (ou seu representante) já tem que ter o pss aprovado, sendo que tal documento deve, a partir da vigência do diploma em anotação, integrar as peças escritas complementares do projecto.

---

[363] Cfr.Parte I, 15.3

[364] Cfr. art.148.º/1 do DL 59/99, de 2/3.

[365] Consignação da obra é o acto pelo qual o representante do dono da obra faculta ao empreiteiro os locais onde hajam de ser executados os trabalhos e as peças escritas ou desenhadas complementares do projecto que sejam necessárias para que possa proceder-se a essa execução (art. 150.º do DL 59/99)

Artigo 13.º
Aplicação do plano de segurança e saúde para a execução da obra

1. A entidade executante só pode iniciar a implantação do estaleiro depois da aprovação pelo dono da obra do plano de segurança e saúde para a execução da obra.

2. O dono da obra deve impedir que a entidade executante inicie a implantação do estaleiro sem estar aprovado o plano de segurança e saúde para a execução da obra.

3. A entidade executante deve assegurar que o plano de segurança e saúde e as suas alterações estejam acessíveis, no estaleiro, aos subempreiteiros, aos trabalhadores independentes e aos representantes dos trabalhadores para a segurança, higiene e saúde que nele trabalhem.

4. Os subempreiteiros e os trabalhadores independentes devem cumprir o plano de segurança e saúde para a execução da obra, devendo esta obrigação ser mencionada nos contratos celebrados com a entidade executante ou o dono da obra.

5. A Inspecção-Geral do Trabalho pode determinar à entidade executante a apresentação do plano de segurança e saúde para execução da obra.

Notas:

I – Sendo distintas as infracções do n.º 1 e do n.º 2, nada obsta, antes é a todos os títulos vantajoso, que em caso da sua prática, às duas entidades – o dono da obra e a entidade executante – seja instaurado um só auto dando origem a um só processo incluindo ambos os infractores que serão, naturalmente punidos segundo a culpa de cada um, mas que assim terão conhecimento oficial que ambos estão a ser alvo de medidas sancionadoras e poderão mais facilmente defender-se, atribuindo-se mutuamente as responsabilidades, ou ser condenados.

Esta deve ser, aliás, uma prática a seguir na maioria das situações de infracções à disciplina deste diploma, pois que, embora se não recortando muitas vezes situações de verdadeira **comparticipação infraccional**, a existência de várias empresas a laborar no mesmo local (estaleiro) é um elemento de conexão suficiente para que a sua autuação conjunta potencie o efeito pedagógico e dissuasor de novas infracções.

170   *Responsabilidade pela segurança na construção civil e obras públicas*

Aliás, outra não parece ser a finalidade da primeira parte do n.º 1 do art. 16.º do Dec-Lei n.º 433/82, quando estabelece um critério amplo de autoria que não exige sequer que todos os co-autores tenham comparticipado na totalidade dos factos infraccionais mas apenas numa parte

II – O dever imposto à entidade executante de **assegurar que o pss esteja acessível** aos diversos intervenientes no estaleiro constitui uma verdadeira *obrigação de resultado*, diferentemente do que se passa com outros deveres, também impostos ao executante, de assegurar comportamentos de terceiros, como os previstos nas alíneas d), e) e f) do art. 20.º, em que não podem deixar de ser senão obrigações de meios.

III – Da redacção do n.º 4 ressalta a intenção legislativa de todos os contratos dos subempreiteiros ou trabalhadores independentes serem estabelecidos com a entidade executante ou o dono da obra. Mas a realidade, como se sabe, é bem diferente, sendo a cadeia de contratação muito mais longa. De facto, é frequente um qualquer subempreiteiro voltar a subcontratar parte (ou a totalidade!) do segmento da obra que lhe foi empreitada pelo executante, sendo esta realidade mais frequente ainda, e quiçá mais justificável, com empreitadas aos trabalhadores independentes.

Ora, estas hipóteses não são abarcadas pelo teor literal da norma contida no n.º 4, designadamente quanto à menção do cumprimento do pss para a execução da obra.

IV – Sobre a eleição dos **representantes dos trabalhadores para a shst** (n.º3), pode ver-se, para além do disposto na alínea m) do art.3.º, os arts. 265.º a 279.º da Lei n.º 35/2004, de 29 de Julho, que regulamentou o CT.

V – À semelhança do que sucede com o dono da obra quanto à apresentação da fase do projecto do pss (art. 6.º/3), também pode ser imposta pela IGT, agora à entidade executante, a apresentação do pss na fase da execução da obra.

A falta de apresentação do documento pode constituir uma contra-ordenação leve (art. 13.º do Dec-Lei n.º 102/2000, de 2/6) mas pode também constituir crime de desobediência qualificada nos termos do disposto no art. 468.º da Lei n.º 35/2004, de 29 de Julho, desde que, como é óbvio, exista, para além dos pressupostos de facto, como elemento subjectivo, dolo do agente.

ARTIGO 14.°
Fichas de procedimentos de segurança

1. Sempre que se trate de trabalhos em que não seja obrigatório o plano de segurança e saúde de acordo com o n.° 4 do artigo 5.° mas que impliquem riscos especiais previstos no artigo 7.°, a entidade executante deve elaborar fichas de procedimentos de segurança para os trabalhos que comportem tais riscos e assegurar que os trabalhadores intervenientes na obra tenham conhecimento das mesmas.

2. As fichas de procedimentos de segurança devem conter os seguintes elementos:

a) A identificação, caracterização e duração da obra;

b) A identificação dos intervenientes no estaleiro que sejam relevantes para os trabalhos em causa;

c) As medidas de prevenção a adoptar tendo em conta os trabalhos a realizar e os respectivos riscos;

d) As informações sobre as condicionantes existentes no estaleiro e na área envolvente, nomeadamente as características geológicas, hidrológicas e geotécnicas do terreno, as redes técnicas aéreas ou subterrâneas e as actividades que eventualmente decorram no local que possam ter implicações na prevenção de riscos profissionais associados à execução dos trabalhos;

e) Os procedimentos a adoptar em situações de emergência.

3. O coordenador de segurança em obra deve analisar a adequabilidade das fichas de procedimentos de segurança e propor à entidade executante as alterações adequadas.

4. A entidade executante só pode iniciar a implantação do estaleiro quando dispuser das fichas de procedimentos de segurança, devendo o dono da obra assegurar o respeito desta prescrição.

5. As fichas de procedimentos de segurança devem estar acessíveis, no estaleiro, a todos os subempreiteiros e trabalhadores independentes e aos representantes dos trabalhadores para a segurança, higiene e saúde que nele trabalhem.

6. A Inspecção-Geral do Trabalho pode determinar à entidade executante a apresentação das fichas de procedimentos de segurança.

172 *Responsabilidade pela segurança na construção civil e obras públicas*

Notas:

I – A obrigação de elaboração das fichas de procedimentos de segurança foi a forma encontrada pelo legislador do Dec-Lei n.º 273//2003 de adequar um documento complexo como é o pss às obras de menor dimensão e menor complexidade técnica, mas em que pode haver igualmente riscos especiais, graves para a segurança. Foi, pois, encontrado um documento sucedâneo do pss cuja característica peculiar é a simplificação como resulta do elenco dos elementos constantes das alíneas do n.º 2.

II – Condensam-se neste preceito as principais obrigações do dono da obra, coordenador de segurança e entidade executante. A nomeação do coordenador de segurança, porém, só é obrigatória desde que na obra intervenham pelo menos duas empresas mesmo que uma delas seja de um subempreiteiro (art. 9.º/2).

III – A norma do n.º 3, encontra-se repetida na alínea c) do n.º 2 do art. 19.º, preceito que aglutina as principais obrigações dos coordenadores de segurança. Mas não foi boa técnica legislativa o ter estatuído que a violação das duas normas constitui contra-ordenação grave imputável ao dono da obra[366].

IV – No n.º 4 comete-se ao dono da obra o dever de assegurar que as fichas de procedimentos de segurança estejam na posse da entidade executante no momento do início da implantação do estaleiro. No entanto, como resulta da norma da alínea c) do n.º 3 do art. 25.º, só a obrigação do executante é tipificada como contra-ordenação (muito grave). É óbvio que isto não é muito correcto e poderia ser utilizado como argumento para concluir que afinal também as obrigações do executante de asseguração do cumprimento pelos empregadores das suas obrigações, previstas nas alíneas d) e) e f) do art. 20.º, não seriam sancionáveis, ao contrário do que ali defendemos e resulta, aliás, claramente da lei.

---

[366] Cf. art. 26.º/a).

Artigo 15.º
Comunicação prévia da abertura do estaleiro

1. O dono da obra deve comunicar previamente a abertura do estaleiro à Inspecção-Geral do Trabalho quando for previsível que a execução da obra envolva uma das seguintes situações:

a) Um prazo total superior a 30 dias e, em qualquer momento, a utilização simultânea de mais de 20 trabalhadores;

b) Um total de mais de 500 dias de trabalho, correspondente ao somatório dos dias de trabalho prestado por cada um dos trabalhadores.

2. A comunicação prévia referida no número anterior deve ser datada, assinada e indicar:

a) O endereço completo do estaleiro;

b) A natureza e a utilização previstas para a obra;

c) O dono da obra, o autor ou autores do projecto e a entidade executante, bem como os respectivos domicílios ou sedes;

d) O fiscal ou fiscais da obra, o coordenador de segurança em projecto e o coordenador de segurança em obra, bem como os respectivos domicílios;

e) O director técnico da empreitada e o representante da entidade executante, se for nomeado para permanecer no estaleiro durante a execução da obra, bem como os respectivos domicílios, no caso de empreitada de obra pública;

f) O responsável pela direcção técnica da obra e o respectivo domicílio, no caso de obra particular;

g) As datas previstas para início e termo dos trabalhos no estaleiro;

h) A estimativa do número máximo de trabalhadores por conta de outrem e independentes que estarão presentes em simultâneo no estaleiro, ou do somatório dos dias de trabalho prestado por cada um dos trabalhadores, consoante a comunicação prévia seja baseada nas alíneas a) ou b) do n.º 1;

i) A estimativa do número de empresas e de trabalhadores independentes a operar no estaleiro;

j) A identificação dos subempreiteiros já seleccionados.

174 Responsabilidade pela segurança na construção civil e obras públicas

3. A comunicação prévia deve ser acompanhada de:
a) **Declaração do autor ou autores do projecto e do coordenador de segurança em projecto, identificando a obra;**
b) **Declarações da entidade executante, do coordenador de segurança em obra, do fiscal ou fiscais da obra, do director técnico da empreitada, do representante da entidade executante e do responsável pela direcção técnica da obra, identificando o estaleiro e as datas previstas para início e termo dos trabalhos.**

4. O dono da obra deve comunicar à Inspecção-Geral do Trabalho qualquer alteração dos elementos da comunicação prévia referidos nas alíneas a) a i) nas quarenta e oito horas seguintes, e dar ao mesmo tempo conhecimento da mesma ao coordenador de segurança em obra e à entidade executante.

5. O dono da obra deve comunicar mensalmente a actualização dos elementos referidos na alínea j) do n.° 2 à Inspecção-Geral do Trabalho.

6. A entidade executante deve afixar cópias da comunicação prévia e das suas actualizações, no estaleiro, em local bem visível.

Notas:

I – A condição da alínea a) é preenchida desde que, durando a obra mais de 30 dias, num só deles se verifique a utilização no estaleiro de mais de 20 trabalhadores.

Mas pela alínea b) ainda não será obrigatória a comunicação se for previsível acabar a obra em 25 dias com uma média de 20 trabalhadores por dia (25 X 20 = 500 dias de trabalho).

II – Com a redacção da alínea b) se corrigiu um erro técnico de transposição da Directiva 92/57/CEE do Conselho, de 24 de Junho, para o Dec-Lei n.° 155/95 que falava na obrigatoriedade da comunicação quando se previsse a *utilização média de mais de 500 trabalhadores por dia*[367], quando no diploma comunitário se estabelece aquela obrigatoriedade sempre que na obra se utilize mais de **500 dias de trabalho.**

---

[367] Cf. art. 7.°/1 do DL 155/95

Para além dessa rectificação, aproveitou-se para especificar alguns dos elementos que constam do n.º 2 e aditar os do n.º 3 que não constavam do diploma anterior.

III – Não constando do diploma anterior o prazo de comunicação à IGT das **alterações** dos elementos da comunicação prévia, veio agora o legislador estabelecer para a maioria dos elementos um curto prazo de 48 horas.

Curiosamente, porém, a alteração dos subempreiteiros só necessita de ser feita no fim de cada mês, o que sublinha a ideia de que estes subempreiteiros vão sendo seleccionados á medida da evolução das diversas fases da obra e são muitas vezes contratados pelos próprios subempreiteiros não sendo necessária autorização do dono da obra, a não ser nas obras públicas.

IV – São fundamentalmente três as razões que fundamentam este **dever de comunicação prévia de abertura do estaleiro**: i) permitir coenvolver a IGT nas medidas de planeamento e coordenação da shst, propiciando e concretizando a sua função pedagógica e de aconselhamento; ii) aumentar o efeito reflexivo sobre segurança por parte dos donos das obras, públicas ou particulares, na medida em que sabem que, com a informação disponibilizada, a IGT está em condições de a todo o momento poder visitar os estaleiros verificando as situações e condições de trabalho; iii) dotar a IGT de um acervo de informações sobre os maiores estaleiros de obras, permitindo-lhe assim adoptar estratégias de intervenção potenciadoras de efeitos dissuasórios e, por outro lado, apresentar à opinião pública casos de boas práticas que podem ser tidos em conta por estaleiros de menor dimensão.

V – As obrigações de comunicação prévia de abertura e alterações impendem sobre o dono da obra, embora com a colaboração do coordenador de segurança em obra (art. 19.º/2/a)), mas é a entidade executante que tem o dever de **afixar cópias no estaleiro.** Para tanto devem-lhe ser fornecidas pelo autor da comunicação e, por isso, na alínea f) do art. 17.º se consagra o dever de o dono da obra as entregar ao executante.

VI – A violação dos n.ᵒˢ 5 e 6 constitui contra-ordenação leve. Ao contrário do que é habitual, porém, a lei não imputa directamente a contra-ordenação a nenhuma entidade em concreto. Não será difícil concluir que quanto ao n.º 5 o deve ser ao dono da obra e quanto ao

176 *Responsabilidade pela segurança na construção civil e obras públicas*

n.º 6 à entidade executante. Mas note-se que para esta entidade dar cumprimento a este n.º 6, tem o dono da obra de cumprir, por sua vez, o dever consagrado na alínea f) do art. 17.º que, todavia, não é tipificado como contra-ordenação.

ARTIGO 16.º
Compilação técnica da obra

1. O dono da obra deve elaborar ou mandar elaborar uma compilação técnica da obra que inclua os elementos úteis a ter em conta na sua utilização futura, bem como em trabalhos posteriores à sua conclusão, para preservar a segurança e saúde de quem os executar.

2. A compilação técnica da obra deve incluir, nomeadamente, os seguintes elementos:

a) **Identificação completa do dono da obra, do autor ou autores do projecto, dos coordenadores de segurança em projecto e em obra, da entidade executante, bem como de subempreiteiros ou trabalhadores independentes cujas intervenções sejam relevantes nas características da mesma;**

b) **Informações técnicas relativas ao projecto geral e aos projectos das diversas especialidades, incluindo as memórias descritivas, projecto de execução e telas finais, que refiram os aspectos estruturais, as redes técnicas e os sistemas e materiais utilizados que sejam relevantes para a prevenção de riscos profissionais;**

c) **Informações técnicas respeitantes aos equipamentos instalados que sejam relevantes para a prevenção dos riscos da sua utilização, conservação e manutenção;**

d) **Informações úteis para a planificação da segurança e saúde na realização de trabalhos em locais da obra edificada cujo acesso e circulação apresentem riscos.**

3. O dono da obra pode recusar a recepção provisória da obra enquanto a entidade executante não prestar os elementos necessários à elaboração da compilação técnica, de acordo com o número anterior.

4. Em intervenções posteriores que não consistam na conservação, reparação, limpeza da obra, ou outras que afectem as suas

Regime jurídico da coordenação de segurança...   177

características e as condições de execução de trabalhos ulteriores, o dono da obra deve assegurar que a compilação técnica seja actualizada com os elementos relevantes.

Notas:

I – A compilação técnica é o nome que recebeu na lei portuguesa o *"dossier" adaptado às características da obra, que incluirá os elementos úteis em matéria de segurança e saúde a ter em conta em eventuais trabalhos posteriores"* de que fala a Directiva Comunitária[368], cuja elaboração atribui aos coordenadores e que no diploma de 1995 constava apenas de uma simples alínea[369].

A compilação técnica é, tal como o pss, um documento dinâmico que se deve iniciar na fase do projecto e vai recebendo contributos e actualizações até á conclusão definitiva da obra. Constitui, por isso, um registo das informações que servirão de apoio às intervenções futuras na edificação, incluindo a sua própria demolição. Mas a lei vai mais longe quando impõe que ainda nas intervenções posteriores à conclusão da obra o dono deva assegurar a sua actualização, desde que obviamente aquelas não consistam em meras operações de conservação, reparação e limpeza.

II – Verdadeiramente inovadora é a norma que permite ao dono da obra **recusar a sua recepção** provisória enquanto a entidade executante não fornecer os elementos necessários à elaboração da compilação – mas não elaborá-la, pois que essa tarefa, que começa por incumbir ao coordenador de segurança em projecto (art. 19.º/1/d), cabe ao coordenador de segurança em obra (art. 19.º/2/n).

Mas, como ao coordenador incumbe a tarefa primordial de *verificar o cumprimento do pss bem como das outras obrigações da entidade executante* (art. 19.º/e)), parece que a preocupação legislativa se centrará sobretudo na hipótese em que não há necessidade de nomeação de coordenador.

III – A redacção da norma do n.º 4 suscita alguma perplexidade pelo facto, segundo cremos, de ter uma formulação deficiente. Se, como julgamos ser correcto, o legislador quis que a compilação seja actualizada apenas e só quando houver intervenções posteriores que

---

[368] Cf. *infra* o art. 5.º/c) da Directiva 92/57/CEE do Conselho, de 24/7/1992.
[369] Cf. a alínea c) do n.º 1 do art. 9.º do DL 155/95.

178 *Responsabilidade pela segurança na construção civil e obras públicas*

a descaracterizem, tornando perigosa uma intervenção futura, então deveria ter-se expressado do modo diverso, por exemplo: *Em intervenções posteriores que afectem as suas características e as condições de execução de trabalhos que não sejam de mera conservação, reparação ou limpeza, o dono da obra*, etc.[370]

SECÇÃO IV
Obrigações dos intervenientes no empreendimento

ARTIGO 17.°
Obrigações do dono da obra

O dono da obra deve:

a) Nomear os coordenadores de segurança em projecto e em obra, nas situações referidas nos n.°s 1 e 2 do artigo 9.°;

b) Elaborar ou mandar elaborar o plano de segurança e saúde, de acordo com os artigos 5.° e 6.°;

c) Assegurar a divulgação do plano de segurança e saúde, de acordo com o disposto no artigo 8.°;

d) Aprovar o desenvolvimento e as alterações do plano de segurança e saúde para a execução da obra;

e) Comunicar previamente a abertura do estaleiro à Inspecção-Geral do Trabalho, nas situações referidas no n.° 1 do artigo 15.°;

f) Entregar à entidade executante cópia da comunicação prévia da abertura do estaleiro, bem como as respectivas actualizações;

g) Elaborar ou mandar elaborar a compilação técnica da obra;

h) Se intervierem em simultâneo no estaleiro duas ou mais entidades executantes, designar a que, nos termos da alínea i) do n.° 2 do artigo 19.°, tomar as medidas necessárias para que o acesso ao estaleiro seja reservado a pessoas autorizadas;

i) Assegurar o cumprimento das regras de gestão e organização geral do estaleiro a incluir no plano de segurança e saúde em projecto definidas no anexo I.

---

[370] Em prejuízo, todavia, do disposto na parte final do n.° 3 do art. 9.° do CC.

Regime jurídico da coordenação de segurança... 179

Notas:

I – As alíneas a) a g) não são tipificadas como infracções, e muito bem, porque já o estavam nos preceitos para que em geral remetem, assim se evitando repetições de contra-ordenações o que sucede, porém, com várias situações de deveres da entidade executante[371].

Diferentemente se passam as coisas com a conduta da alínea h) que, por ser própria (criada *ex novo*), a sua violação constitui ilícito de mera ordenação[372].

Mas, nesta ordem de ideias, não se justificava ser a conduta da alínea i) de novo contra-ordenacionalizada porque já o era pelo art. 6.º/2/f).

II – Sobre a alínea f) veja-se a nota VI ao art. 15.º. Ver também, sobre a responsabilidade do dono da obra constituído por um consórcio, supra a Parte I, n. 15.5.

III – Ao contrário do que uma primeira leitura poderia sugerir, para além das obrigações e contra-ordenações aqui referidas directamente ao dono da obra, várias outras o diploma lhe imputa. Desde logo, todas as que constituem violação das obrigações dos coordenadores de segurança (art. 19.º) e algumas do autor do projecto, quando este seja seu trabalhador subordinado (art. 18.º), além de muitas outras constantes da alínea a) do n.º 3 do art. 25.º e da alínea a) do art. 26.º.

Feitas as contas pode-se afirmar que este diploma imputa ao dono da obra para cima de quarenta tipos legais de contra-ordenação.

IV – Apesar da alínea h) se reportar apenas à situação de restrição do acesso ao estaleiro a pessoas autorizadas, em situação "normal", entendemos que igual solução se justifica, por maioria de razão nos casos em que ocorrer um acidente de trabalho havendo mais que uma entidade executante e importe impedir o acesso a pessoas, máquinas e materiais de modo a permitir a recolha de elementos necessários para a realização do inquérito (art. 24.º/5).

---

[371] Cf. infra nota II ao art. 20.º

[372] Cf. arts 26.º/a).

ARTIGO 18.°
Obrigações do autor do projecto

1. O autor do projecto deve:

a) Elaborar o projecto da obra de acordo com os princípios definidos no artigo 4.° e as directivas do coordenador de segurança em projecto;

b) Colaborar com o dono da obra, ou com quem este indicar, na elaboração da compilação técnica da obra;

c) Colaborar com o coordenador de segurança em obra e a entidade executante, prestando informações sobre aspectos relevantes dos riscos associados à execução do projecto.

2. Nas situações em que não haja coordenador de segurança em projecto, o autor do projecto deve elaborar o plano de segurança e saúde em projecto, iniciar a compilação técnica da obra e, se também não for nomeado coordenador de segurança em obra, recolher junto da entidade executante os elementos necessários para a completar.

Notas:

I – O autor do projecto só deve cumprir as directivas ou as "especificações" do dono da obra quando estas não ponham em causa as regras de segurança e os princípios gerais de prevenção, sob pena de ele próprio cometer uma contra-ordenação muito grave (art. 25.°/1 e 2).

II – O legislador, ao contrário do que vimos já suceder com os coordenadores de segurança, faz – e bem – uma destrinça entre o autor do projecto, trabalhador do dono da obra, trabalhador da entidade executante ou entidade/trabalhador autónomos. Neste caso responde a entidade ou trabalhador autónomos, ou seja, o próprio autor ou autores do projecto. Nos outros casos respondem, naturalmente, os respectivos empregadores (art. 25.°/2).

III – Se não há coordenador de segurança em projecto, e **não foi elaborado o pss em projecto,** a quem imputar a responsabilidade contra-ordenacional quando o autor do projecto não é trabalhador do dono da obra? Ao próprio autor do projecto por violação do n.° 2 do preceito anotando (art. 25.°/2/b)), ou ao dono da obra por violação dos arts. 5.° e 6.°? Ter-se-á que apurar se a falta se deve ao dono da

Regime jurídico da coordenação de segurança...

obra, que, por hipótese, o não mandou elaborar ou ao autor do projecto que, recebida a ordem, descurou a sua elaboração?

Sendo uma questão não resolvida pelo legislador, parece-nos que, em caso de dúvida sobre a existência ou não de determinação para a realização do pss em projecto, ainda aqui deve funcionar o princípio do *respondeat superior*, sendo a contra-ordenação imputável ao dono da obra.

IV – Sendo inquestionável que pode haver obra sem coordenador de segurança em projecto e/ou sem coordenador de segurança em obra (art. 9.º/1/2, *a contrario*) parece que o legislador (n.º 2 do art. anotando) atira, nesse caso, as responsabilidades para cima do autor do projecto e correspectivamente para o seu empregador (dono da obra ou entidade executante – cf. art. 25.º/3, alíneas a), b) e c)). Mas também pode haver obra sem projecto e, portanto, sem autor dele, situação em que a responsabilidade terá de ser resolvida não por este diploma, mas pelas regras gerais da legislação sobre shst.

ARTIGO 19.º
Obrigações dos coordenadores de segurança

1. O coordenador de segurança em projecto deve, no que respeita ao projecto da obra e à preparação e organização da sua execução:

a) **Assegurar que os autores do projecto tenham em atenção os princípios gerais do projecto da obra, referidos no artigo 4.º;**

b) **Colaborar com o dono da obra na preparação do processo de negociação da empreitada e de outros actos preparatórios da execução da obra, na parte respeitante à segurança e saúde no trabalho;**

c) **Elaborar o plano de segurança e saúde em projecto ou, se o mesmo for elaborado por outra pessoa designada pelo dono da obra, proceder à sua validação técnica;**

d) **Iniciar a organização da compilação técnica da obra e completá-la nas situações em que não haja coordenador de segurança em obra;**

e) **Informar o dono da obra sobre as responsabilidades deste no âmbito do presente diploma.**

182 Responsabilidade pela segurança na construção civil e obras públicas

2. O coordenador de segurança em obra deve no que respeita à execução desta:

a) Apoiar o dono da obra na elaboração e actualização da comunicação prévia prevista no artigo 15.º;

b) Apreciar o desenvolvimento e as alterações do plano de segurança e saúde para a execução da obra e, sendo caso disso, propor à entidade executante as alterações adequadas com vista à sua validação técnica;

c) Analisar a adequabilidade das fichas de procedimentos de segurança e, sendo caso disso, propor à entidade executante as alterações adequadas;

d) Verificar a coordenação das actividades das empresas e dos trabalhadores independentes que intervêm no estaleiro, tendo em vista a prevenção dos riscos profissionais;

e) Promover e verificar o cumprimento do plano de segurança e saúde, bem como das outras obrigações da entidade executante, dos subempreiteiros e dos trabalhadores independentes, nomeadamente no que se refere à organização do estaleiro, ao sistema de emergência, às condicionantes existentes no estaleiro e na área envolvente, aos trabalhos que envolvam riscos especiais, aos processos construtivos especiais, às actividades que possam ser incompatíveis no tempo ou no espaço e ao sistema de comunicação entre os intervenientes na obra;

f) Coordenar o controlo da correcta aplicação dos métodos de trabalho, na medida em que tenham influência na segurança e saúde no trabalho;

g) Promover a divulgação recíproca entre todos os intervenientes no estaleiro de informações sobre riscos profissionais e a sua prevenção;

h) Registar as actividades de coordenação em matéria de segurança e saúde no livro de obra, nos termos do regime jurídico aplicável ou, na sua falta, de acordo com um sistema de registos apropriado que deve ser estabelecido para a obra;

i) Assegurar que a entidade executante tome as medidas necessárias para que o acesso ao estaleiro seja reservado a pessoas autorizadas;

j) **Informar regularmente o dono da obra sobre o resultado da avaliação da segurança e saúde existente no estaleiro;**

l) **Informar o dono da obra sobre as responsabilidades deste no âmbito do presente diploma;**

m) **Analisar as causas de acidentes graves que ocorram no estaleiro;**

n) **Integrar na compilação técnica da obra os elementos decorrentes da execução dos trabalhos que dela não constem.**

Notas:

I – Como se verifica pela simples enumeração das suas obrigações, a estruturação da segurança e saúde centra-se essencialmente na actividade dos coordenadores, embora a responsabilidade pelo seu incumprimento seja pela lei – que utiliza a técnica da actuação através de um agente – atribuída aos donos da obra. Por isso se têm de configurar os preceitos que lha atribuem (arts. 25.º e 26.º) como **lei especial** relativamente ao disposto no n.º 2 do art. 7.º regime geral das contra-ordenações. Este apenas considera as pessoas colectivas ou equiparadas responsáveis pelas contra-ordenações praticadas pelos seus órgãos e no exercício das suas funções. Ora os coordenadores não são, nunca serão, titulares dos órgãos dos donos da obra, nem sequer, muitas vezes, seus agentes de direito, mas tão só de facto. A solução pode implicar questões de constitucionalidade, pois que o Dec-Lei n.º 273/2003 foi emitido pelo Governo ao abrigo da alínea a) do art. 198.º da CRP[373] e o regime geral dos actos ilícitos de mera ordenação social é da reserva relativa da Assembleia da República[374]. Assim, parece que os regimes específicos de contra-ordenações deviam conformar-se com o geral. Ora, saindo a solução preconizada neste particular fora do regime geral, poderá eventualmente ser considerada organicamente inconstitucional.

---

[373] Competência do Governo para legislar em matérias não reservadas à Assembleia da República

[374] Neste sentido, e para maiores desenvolvimentos sobre o tema, vd. Teresa Serra, *"Contra-Ordenações: Responsabilidade de Entidades Colectivas*, RPCC 9 (1999), p. 193 e ss..

184 *Responsabilidade pela segurança na construção civil e obras públicas*

II – Sobre a não responsabilidade contra-ordenacional dos coordenadores de segurança admitidos como prestadores de serviço, ao contrário do que pode suceder com os vinculados ao dono da obra por contrato de trabalho, por força do que determina o n.º 1 do art. 671.º por remissão para a alínea b) do n.º 1 do art. 274.º do Código, e a crítica de tal opção legislativa, remete-se para o que se disse supra (Parte I, n. 4).

III – Apenas as alíneas b) e e) do n.º 1 e as alíneas a), j) e l) do n.º 2 não constituem contra-ordenações imputáveis ao dono da obra, precisamente porque se trata aí de deveres do coordenador directamente reportados àquele responsável máximo pelas obras nos estaleiros.

IV – Sem prejuízo do reconhecimento do esforço legislativo em especificar as diversas componentes em que se deve desdobrar a coordenação da segurança e da prevenção dos riscos, parece-nos que é algo excessiva a elencagem.

A obrigação prevista na alínea c) é cópia da que constado n.º 3 do art. 14.º, aí já consagrada como contra-ordenação.

A prevista na alínea e) sobrepõe-se à que está prevista na alínea e) do art. 20.º quando remete para o art. 22.º, designadamente as alíneas b) e c), assim como a da alínea i) se sobrepõe com a da alínea i) do art. 20.º, sendo que estas **obrigações de asseguração de comportamentos de terceiros**, se bem que a intenção legislativa seja por certo a de responsabilizar a cadeia de intervenientes (coordenador de segurança e, por seu intermédio, o dono da obra; entidade executante; subempreiteiros) serão muito dificilmente demonstráveis, sobretudo quando, como defendemos, não são absolutas e se traduzem em meras obrigações de meios e não de resultados.

Acresce que estes deveres de alguns dos intervenientes no estaleiro assegurarem comportamentos de outros podem conflituar com o *dever de coordenação* consagrado na Directiva-Quadro sobre shst, transposta para o n.º 4 do art. 8.º do Dec-Lei n.º 441/91 e hoje constante também do n.º 4 do art. 273.º do Código do Trabalho, em termos tais que, se bem que tecnicamente se possam descortinar diferenças entre eles, na prática a invocação de um deve afastar o outro sob pena de grande risco de violação do princípio *ne bis in idem*[375].

---

[375] Vd. nota I ao art. 20.º

Regime jurídico da coordenação de segurança... 185

V – Ao contrário do que sucede com o país vizinho, em Portugal não se encontra regulamentado o livro de obra a que se reporta a alínea h) do n.º 2.

ARTIGO 20.º
Obrigações da entidade executante

A entidade executante deve:

a) Avaliar os riscos associados à execução da obra e definir as medidas de prevenção adequadas e, se o plano de segurança e saúde for obrigatório nos termos do n.º 4 do artigo 5.º, propor ao dono da obra o desenvolvimento e as adaptações do mesmo;

b) Dar a conhecer o plano de segurança e saúde para a execução da obra e as suas alterações aos subempreiteiros e trabalhadores independentes, ou pelo menos a parte que os mesmos necessitam de conhecer por razões de prevenção;

c) Elaborar fichas de procedimentos de segurança para os trabalhos que impliquem riscos especiais e assegurar que os subempreiteiros e trabalhadores independentes e os representantes dos trabalhadores para a segurança, higiene e saúde no trabalho que trabalhem no estaleiro tenham conhecimento das mesmas;

d) Assegurar a aplicação do plano de segurança e saúde e das fichas de procedimentos de segurança por parte dos seus trabalhadores, de subempreiteiros e trabalhadores independentes;

e) Assegurar que os subempreiteiros cumpram, na qualidade de empregadores, as obrigações previstas no artigo 22.º;

f) Assegurar que os trabalhadores independentes cumpram as obrigações previstas no artigo 23.º;

g) Colaborar com o coordenador de segurança em obra, bem como cumprir e fazer respeitar por parte de subempreiteiros e trabalhadores independentes as directivas daquele;

h) Tomar as medidas necessárias a uma adequada organização e gestão do estaleiro, incluindo a organização do sistema de emergência;

i) Tomar as medidas necessárias para que o acesso ao estaleiro seja reservado a pessoas autorizadas;

186 *Responsabilidade pela segurança na construção civil e obras públicas*

j) **Organizar um registo actualizado dos subempreiteiros e trabalhadores independentes por si contratados com actividade no estaleiro, nos termos do artigo seguinte;**

l) **Fornecer ao dono da obra as informações necessárias à elaboração e actualização da comunicação prévia;**

m) **Fornecer ao autor do projecto, ao coordenador de segurança em projecto, ao coordenador de segurança em obra ou, na falta destes, ao dono da obra os elementos necessários à elaboração da compilação técnica da obra.**

Notas:

I – Se é **obrigação da entidade executante** *assegurar que os subempreiteiros cumpram, na qualidade de empregadores as obrigações previstas no artigo 22.º* (al. e)) e entre estas, além das "obrigações gerais", consta a de *adoptar as prescrições mínimas de segurança e saúde* (p)*revistas*[376] *em regulamentação específica* (al. m)) tal não deve ser entendido, porém, como uma transferência genérica da responsabilidade contra-ordenacional dos subempreiteiros para o executante por violação das prescrições técnicas constantes do Regulamento de Segurança na Construção Civil[377]. Se se justifica que o empreiteiro geral/executante – que é quem detém simultaneamente o poder económico e o controlo genérico da actividade técnica do estaleiro – assegure as ditas *obrigações gerais*, já não faria sentido, seria aliás contraproducente em termos de prevenção, que se transferisse a responsabilidade dos subempreiteiros/empregadores para com os seus trabalhadores, relativamente às concretas prescrições técnicas, para aquela entidade. O que contrariaria o disposto no n.º 4 do art. 25.º e faria perder sentido à responsabilidade solidária do contratante pelo pagamento da coima do subcontratante consagrada no n.º 2 do art. 617.º do Código[378].

---

[376] Pensa-se que há no texto original uma gralha (não corrigida) por falta da letra "p"

[377] Decreto n.º 41821, de 11/8/58.

[378] *"Se um subcontratante, ao executar toda ou parte do contrato nas instalações do contratante ou sob a sua responsabilidade, violar disposições a que corresponda uma infracção muito grave, o contratante é responsável solidariamente pelo pagamento da correspondente coima, salvo demonstrando que agiu com a diligência devida".*

Há, antes, que ter na devida conta que, conforme refere o preâmbulo[379], *esta obrigação* [de assegurar o cumprimento do pss e outras obrigações sobre o funcionamento do estaleiro] *da entidade executante articula-se com a responsabilidade solidária que sobre ela impende pelo pagamento de coimas aplicadas a um subcontratado que infrinja as regras relativas à segurança, higiene e saúde no trabalho.*

Outrotanto se passa, *mutatis mutandis*, com a responsabilidade de assegurar que cumpram os seus deveres os trabalhadores independentes (al. f)).

Parece que o legislador não foi ao ponto de considerar uma responsabilidade conjunta do executante e do empregador: aquele por não ter assegurado o cumprimento e este por ter violado as prescrições técnicas. É preciso ter em atenção que esta responsabilidade nunca pode ser absoluta e deve ser afastada da esfera do executante, pelo menos, sempre que o empregador/subempreiteiro tenha actuado com dolo.

Para maior desenvolvimento, conferir *supra* o texto da parte final do n. 15.3 da Parte I. Ver também, sobre a responsabilidade do executante constituído por um consórcio o n. 15.5.

II – Apesar de aparentemente se querer condensar no artigo em anotação as obrigações gerais do executante, o certo é que, para além delas e das que constam do artigo seguinte, podem-se ainda enumerar como **deveres do executante**: a) transmitir aos subempreiteiros e trabalhadores independentes a declaração de nomeação e aceitação dos coordenadores e afixá-las no estaleiro (art. 9.º/5, 2.ª parte); b) desenvolver e especificar o pss em projecto e em obra (art. 11.º/1 e 2); c) só implantar o estaleiro após a aprovação do pss ou das fichas de segurança pelo dono da obra (arts.13.º/1 e 14.º/4); d) incluir nos contratos com os subempreiteiros e trabalhadores independentes a menção de que vão cumprir o pss (art. 13.º/4); e) apresentar o pss ou as fichas de segurança à IGT se esta lho determinar (arts. 13.º/5 e 14.º/6); f) suspender os trabalhos susceptíveis de destruir ou alterar vestígios de acidentes (art. 24.º/4); g) impedir o acesso

---

[379] Cf. a 2.ª parte do parágrafo 2.º do n.º 4.

188   *Responsabilidade pela segurança na construção civil e obras públicas*

de pessoas e máquinas em caso de acidente mortal ou grave (art. 24.º/5).

III – Ver sobre a obrigação da alínea b) a nota II ao art. 13.º e sobre as obrigações de asseguração das alíneas d) e) e f) a nota IV ao art. 14.º. Não deixaremos de notar, contudo, relativamente à alínea d), que o dever da entidade executante assegurar a aplicação do pss e fichas de segurança pelos seus próprios trabalhadores é de cariz inteiramente diferente, pois que aí são os próprios poderes de direcção que estão em jogo, diferentemente do que sucede com os subempreiteiros, por exemplo.

Jurisprudência:

A – A movimentação de carga pesada por grua em obra de construção civil é uma actividade perigosa, pelo que há uma presunção de culpa sobre quem exerce essa actividade, relativamente à morte de um trabalhador sobre o qual caiu uma palete de blocos de cimento.

Apesar da grua estar a ser utilizada por um subempreiteiro, competia à empreiteira, como empresa adjudicatária da obra, assegurar a coordenação desta em matéria de segurança, sem prejuízo das obrigações de cada empregador, relativamente aos seus trabalhadores.

Para ilidir a presunção de culpa que recai sobre ela, a empreiteira teria que provar que empregou todas as providências exigidas pelas circunstâncias, nomeadamente que deu instruções ao subempreiteiro em causa no sentido de que era necessário sinalizar e fiscalizar a zona de risco de queda de cargas perigosas.- Ac. do TRL, de 18/03/2003, relatado por Proença Fouto – in www.dgsi.pt.

B – II – Tratando-se de uma obra adjudicada a um consórcio externo constituído por várias empresas, a responsabilidade contraordenacional do adjudicatário de obra pertence a cada uma das empresas e não ao consórcio.- Ac. do TRL de 18/06/2003, relatado por Sarmento Botelho – in www.dgsi.pt

ARTIGO 21.º
Registo de subempreiteiros e trabalhadores independentes

1. A entidade executante deve organizar um registo que inclua, em relação a cada subempreiteiro ou trabalhador indepen-

Regime jurídico da coordenação de segurança... 189

dente por si contratado que trabalhe no estaleiro durante um prazo superior a vinte e quatro horas:

a) A identificação completa, residência ou sede e número fiscal de contribuinte;

b) O número do registo ou da autorização para o exercício da actividade de empreiteiro de obras públicas ou de industrial da construção civil, bem como de certificação exigida por lei para o exercício de outra actividade realizada no estaleiro;

c) A actividade a efectuar no estaleiro e a sua calendarização;

d) A cópia do contrato em execução do qual conste que exerce actividade no estaleiro, quando for celebrado por escrito;

e) O responsável do subempreiteiro no estaleiro.

2. Cada empregador deve organizar um registo que inclua, em relação aos seus trabalhadores e trabalhadores independentes por si contratados que trabalhem no estaleiro durante um prazo superior a vinte e quatro horas:

a) A identificação completa e a residência habitual;

b) O número fiscal de contribuinte;

c) O número de beneficiário da segurança social;

d) A categoria profissional ou profissão;

e) As datas do início e do termo previsível do trabalho no estaleiro;

f) As apólices de seguros de acidentes de trabalho relativos a todos os trabalhadores respectivos que trabalhem no estaleiro e a trabalhadores independentes por si contratados, bem como os recibos correspondentes.

3. Os subempreiteiros devem comunicar o registo referido no número anterior, ou permitir o acesso ao mesmo por meio informático, à entidade executante.

4. A entidade executante e os subempreiteiros devem conservar os registos referidos nos n.ºs 1 e 2 até um ano após o termo da actividade no estaleiro.

190 *Responsabilidade pela segurança na construção civil e obras públicas*

Notas:

I – Esta obrigação da entidade executante criada *ex novo* pelo Dec-Lei n.º 273/2003, constitui uma boa opção legislativa na tentativa de reduzir a diluição de responsabilidades no estaleiro que começava, muitas vezes, por se não saber quantas e quais as empresas que ali trabalhavam nem, muito menos, quem era o empregador de cada um dos trabalhadores que por lá se encontravam.

O facto de os trabalhadores independentes só serem obrigatoriamente registados se forem contratados por mais do que um dia propiciará fácil fuga à obrigação, mas seria demasiado rígido impor a obrigatoriedade de registo também nesse caso.

II – Sobre as **regras de acesso e permanência** na actividade de construção civil rege o Dec-Lei n.º 12/2004, de 9 de Janeiro, e as Portarias de 10 de Janeiro: n.º 15/2004, sobre as taxas dos encargos com os procedimentos de ingresso; n.º 16/2004, sobre as condições mínimas das empresas detentoras de alvará; n.º 17/2004, sobre as classes de habilitações consoante o valor das obras, n.º 18/2004, sobre os documentos necessários das empresas candidatas ao ingresso; 19/2004, sobre os tipos de trabalhos que os titulares de alvará estão habilitados a executar.

III – Ver também, sobre a responsabilidade do executante constituído por um consórcio o n. 15.5.

ARTIGO 22.º
Obrigações dos empregadores

1. Durante a execução da obra, os empregadores devem observar as respectivas obrigações gerais previstas no regime aplicável em matéria de segurança, higiene e saúde no trabalho e em especial:

a) **Comunicar, pela forma mais adequada, aos respectivos trabalhadores e aos trabalhadores independentes por si contratados o plano de segurança e saúde ou as fichas de procedimento de segurança, no que diz respeito aos trabalhos por si executados, e fazer cumprir as suas especificações;**

b) **Manter o estaleiro em boa ordem e em estado de salubridade adequado;**

Regime jurídico da coordenação de segurança...

c) Garantir as condições de acesso, deslocação e circulação necessária à segurança em todos os postos de trabalho no estaleiro;

d) Garantir a correcta movimentação dos materiais e utilização dos equipamentos de trabalho;

e) Efectuar a manutenção e o controlo das instalações e dos equipamentos de trabalho antes da sua entrada em funcionamento e com intervalos regulares durante a laboração;

f) Delimitar e organizar as zonas de armazenagem de materiais, em especial de substâncias, preparações e materiais perigosos;

g) Recolher, em condições de segurança, os materiais perigosos utilizados;

h) Armazenar, eliminar, reciclar ou evacuar resíduos e escombros;

i) Determinar e adaptar, em função da evolução do estaleiro, o tempo efectivo a consagrar aos diferentes tipos de trabalho ou fases do trabalho;

j) Cooperar na articulação dos trabalhos por si desenvolvidos com outras actividades desenvolvidas no local ou no meio envolvente;

l) Cumprir as indicações do coordenador de segurança em obra e da entidade executante;

m) Adoptar as prescrições mínimas de segurança e saúde no trabalho revistas em regulamentação específica;

n) Informar e consultar os trabalhadores e os seus representantes para a segurança, higiene e saúde no trabalho sobre a aplicação das disposições do presente diploma.

2. Quando exercer actividade profissional por conta própria no estaleiro, o empregador deve cumprir as obrigações gerais dos trabalhadores previstas no regime aplicável em matéria de segurança, higiene e saúde no trabalho.

Notas:

I – Quando o n.º 1 se refere às obrigações gerais previstas no regime aplicável em matéria de shst está, naturalmente, a reportar-se desde logo às previstas no art. 273.º do Código do Trabalho, mas também àquelas que constam dos diversos diplomas sobre matérias

192 *Responsabilidade pela segurança na construção civil e obras públicas*

específicas de shst[380], vários deles resultantes de transcrição das directivas oriundas da Directiva-Quadro, ditas também específicas [381].

Da análise da redacção da alínea a) do n.º 1 se nota, como noutros locais, a não consideração do legislador da possibilidade de os empregadores, entenda-se **subempreiteiros,** poderem, por sua vez, contratarem outros para a realização de parte da sua subempreitada. Mas não estando essa possibilidade legal em lado algum afastada, ela será naturalmente lícita e permitida nas obras particulares[382].

II – Quando a alínea e) do art. 20.º comete à entidade executante a **obrigação de assegurar** que os subempreiteiros, enquanto empregadores, cumpram as obrigações do artigo em anotação, sob pena de contra-ordenação grave (art. 26.º/c)), certamente que não inclui a da alínea m) – *adoptar as prescrições mínimas de segurança e saúde no trabalho previstas em regulamentação específica,* – dado que até nem tem sanção, uma vez que esta está prevista na parte final da alínea d) do art. 26.º ou no n.º 4 do art. 25.º[383].

III – Por força do que determina a alínea d) do n.º 3 do art. 25.º, a violação das alíneas a) a g) do n.º 1 deste artigo constituiria contra-ordenação muito grave. Mas a alínea d) do art. 26.º considera, por sua vez, que a violação das alíneas b) a e) do n.º 1 deste mesmo artigo constitui contra-ordenação grave, pelo que há contradição insanável entre as duas normas tipificadoras de contra-ordenações. Independentemente de se saber qual delas constitui gralha, a única solução até que a rectificação surja é a de considerar aplicável esta última por ser mais favorável ao arguido nos termos do n.º 2 do art. 3.º do Dec-Lei n.º 433/82, aplicável por analogia ou por argumento *ad maiorem.*

IV – Para além das aqui elencadas, também são **obrigações dos empregadores** cumprir o pss em obra (art. 13.º/4), organizar o registo dos trabalhadores, comunicá-lo ao executante e conservá-lo por um ano(art. 21.º/2/3), comunicar os acidentes em 24h à IGT e suspender os trabalhos susceptíveis de destruir os seus vestígios (art.

---

[380] Cf. *infra* Parte III, o índice de diplomas de shst: agentes químicos, físicos, biológicos, amianto, equipamentos dotados de visor, ruído, etc.

[381] Cf. art. 23.º/2 do DL 441/91, de14/11

[382] Cf. supra, Parte I, n. 15.3.

[383] Vd. nota I ao art. 20.º.

Regime jurídico da coordenação de segurança... 193

24.º/4), assim como a violação das prescrições técnicas previstas no Regulamento de Segurança na Construção Civil (Dec. n.º 41.821 de 11/08/58).

Jurisprudência[384]:

A. I – A culpa da entidade patronal na produção do acidente de trabalho pode resultar da falta de observação das regras sobre shst e da falta de observação dos deveres gerais de cuidado. II – A não utilização de determinado equipamento de segurança (o cinto de segurança, por exemplo) configura uma situação de culpa por violação das regras de segurança se existir norma legal que especificamente obrigasse a utilizar tal equipamento. III – Se tal norma não existir, só há culpa se os deveres gerais de cuidado impusessem o uso daquele equipamento. –Ac. do TRP de 24/05/2004, relatado por Fernanda Soares – *in* www.dgsi.pt..

B – I – O andaime é um meio de protecção adequado contra quedas em altura e, em situações normais, dispensa o uso do cinto de segurança e as redes de protecção.

II – Não é de imputar a culpa da entidade empregadora a queda do trabalhador que se encontrava a trabalhar, em cima de um andaime, a cerca de 3,5 metros do solo, a não ser que o andaime não satisfizesse os requisitos legais, nomeadamente por carecer de guarda-corpos ou por insuficiente largura da tábua de pé e da sua não fixação ao andaime e a queda tivesse ocorrido por falta daqueles requisitos – Ac. do TRP de 0/06/2004, relatado por Sousa Peixoto – *in* www.dgsi.pt.

ARTIGO 23.º

Obrigações dos trabalhadores independentes

Os trabalhadores independentes são obrigados a respeitar os princípios que visam promover a segurança e a saúde, devendo, no exercício da sua actividade:

a) **Cumprir, na medida em que lhes sejam aplicáveis, as obrigações estabelecidas no artigo 22.º;**

b) **Cooperar na aplicação das disposições específicas estabelecidas para o estaleiro, respeitando as indicações do coordenador de segurança em obra e da entidade executante.**

194 *Responsabilidade pela segurança na construção civil e obras públicas*

Notas:

I – Na alínea o) do n.º 1 do art. 3.º define-se **trabalhador independente** como *"a pessoa singular que efectua pessoalmente uma actividade profissional, não vinculada por contrato de trabalho, para realizar uma parte da obra a que se obrigou perante o dono da obra ou a entidade executante; pode ser empresário em nome individual".*

O que significa que, se o trabalhador independente só se pode obrigar contratualmente perante o dono da obra ou a entidade executante, o subempreiteiro não pode contratar um trabalhador independente. Mas isto parece-nos totalmente irreal[385]. Se os acabamentos de carpintaria forem executados por um subempreiteiro do executante (ou até de outro subempreiteiro?) não pode ele contratar um taqueiro para proceder ao assentamento dos tacos ou um serralheiro para proceder à operação de colocação das dobradiças e fechaduras?!

II – O legislador, e aqui bem, entendeu que a violação da alínea a) não constitui contra-ordenação, na medida em que ela, *recte*, a violação das alíneas b) a e) para onde ela remete, já consta da tipificação prevista na alínea e) do n.º 3 e n.º 4 do art. 25.º.

ARTIGO 24.º
Acidentes graves e mortais

1. Sem prejuízo de outras notificações legalmente previstas, o acidente de trabalho de que resulte a morte ou lesão grave do trabalhador, ou que assuma particular gravidade na perspectiva da segurança no trabalho, deve ser comunicado pelo respectivo empregador à Inspecção-Geral do Trabalho e ao coordenador de segurança em obra, no mais curto prazo possível, não podendo exceder vinte e quatro horas.

2. A comunicação do acidente que envolva um trabalhador independente deve ser feita pela entidade que o tiver contratado.

3. Se, na situação prevista em qualquer dos números anteriores, o acidente não for comunicado pela entidade referida, a entidade executante deve assegurar a comunicação dentro do mesmo prazo, findo o qual, não tendo havido comunicação, o dono da obra deve efectuar a comunicação nas vinte e quatro horas subsequentes.

4. A entidade executante e todos os intervenientes no estaleiro devem suspender quaisquer trabalhos sob sua responsabilidade que sejam susceptíveis de destruir ou alterar os vestígios do acidente, sem prejuízo da assistência a prestar às vítimas.

5. A entidade executante deve, de imediato e até à recolha dos elementos necessários para a realização do inquérito, impedir o acesso de pessoas, máquinas e materiais ao local do acidente, com excepção dos meios de socorro e assistência às vítimas.

6. A Inspecção-Geral do Trabalho pode determinar a suspensão imediata de quaisquer trabalhos em curso que sejam susceptíveis de destruir ou alterar os vestígios do acidente, sem prejuízo da assistência a prestar às vítimas.

7. Compete à Inspecção-Geral do Trabalho, sem prejuízo da competência atribuída a outras entidades, a realização do inquérito sobre as causas do acidente de trabalho, procedendo com a maior brevidade à recolha dos elementos necessários para a realização do inquérito preliminar.

8. Compete à Inspecção-Geral do Trabalho autorizar a continuação dos trabalhos com a maior brevidade, desde que a entidade executante comprove estarem reunidas as condições técnicas ou organizativas necessárias à prevenção dos riscos profissionais.

Notas:

I – A obrigação de **comunicação dos acidentes graves ou mortais** à IGT no prazo de 24 horas consta também actualmente do art. 257.º da Lei n.º 35/2004, de 29 de Julho[386].

Todavia, naquele preceito foi acrescentada uma norma, que se aplica igualmente no âmbito da comunicação dos acidentes ocorridos nos estaleiros, segundo a qual *"a comunicação prevista no número anterior deve ser acompanhada de informação, e respectivos registos, sobre todos os tempos de trabalho prestado pelo trabalhador nos 30 dias que antecederam o acidente"*

---

[384] As decisões judiciais têm a ver, normalmente, com a imputação da responsabilidade civil por acidentes de trabalho

[385] Vd. sobre a questão o que se diz *infra*, nota II ao art. 24.º

[386] Que acolheu o regime sobre organização das actividade de shst, que constava do Dec-Lei n.º 26/94 e suas alterações e que, assim, foi tacitamente revogado.

196 Responsabilidade pela segurança na construção civil e obras públicas

II – Apesar da definição de **trabalhador independente** (art. 3.º/ /o)) sugerir que este só poderia ser **contratado** pelo dono da obra e executante (nota I ao art. 23.º), a violação do n.º 2 constitui contra-ordenação que, para além desses intervenientes, pode também ser imputada ao empregador (art. 26.º/d)), pelo que, por esta via, é a própria lei a admitir essa possibilidade.

III – Se relativamente ao n.º 5 for um subempreiteiro, e não a entidade executante, que esteja a executar a frente da obra onde se deu o acidente e aquele continuar os trabalhos, não impedindo assim o acesso de pessoas, máquinas e materiais, quem é o responsável pela contra-ordenação?

Inequivocamente, a lei diz que é a entidade executante (art. 25.º/ /3/c) e não o subempreiteiro[387]. E, note-se, para efeitos desta lei o subempreiteiro não é, ao contrário do que alguns pensam, entidade executante. Em lado algum ela fala da responsabilidade contra-orde-nacional do subempreiteiro[388]. Mas não será a ele que é imputável a contra-ordenação enquanto autor material dela, independentemente da responsabilidade legal? Esta é uma questão que a técnica da im-putação da responsabilidade contra-ordenacional por determina-ção legal implica. Não nos parece razoável que o objectivo da lei seja tão amplo que queira estender a tutela do executante a todas as frentes da obra independentemente de estarem a ser desenvolvidas pelo executante ou por um subempreiteiro, pois que a realidade da construção não consente na maioria das obras aquele desiderato.

Por outro lado, é certo que o dever aqui imposto ao executante não consta dos que o art. 20.º enuncia. Pensamos, por isso, que mais avisada teria sido uma redacção semelhante à do n.º 4 em que a responsabilidade é imputável, para lá do executante, aos outros inter-venientes no estaleiro. E que, mesmo com a redacção que consta do n.º 5, será aquela a solução correcta.

IV – Sobre a não previsibilidade da suspensão dos trabalhos, fora do caso em que estes sejam susceptíveis de destruir ou alterar vestígios de acidente, previsto no n.º 6, já nos pronunciamos critica-mente (supra, Parte I, 15.2).

---

[387] No regime anterior era o dono da obra o responsável (cfr. art. 13.º/5 do DL 155/95)

[388] Sem prejuízo, é óbvio, da sua responsabilidade enquanto empregador.

Regime jurídico da coordenação de segurança... 197

V – Nos termos do n.º 8 é à entidade executante que compete comprovar estarem reunidas as condições necessárias à prevenção dos riscos, mas a suspensão dos trabalhos susceptíveis de alterar vestígios incumbe a todos os intervenientes (n.º 4).

Porém, diferentemente do que sucede quanto ao acesso restrito a pessoas autorizadas ao estaleiro, em que o legislador sentiu necessidade de, havendo mais que uma entidade executante, impor ao dono da obra a obrigação de designar a entidade executante responsável, no caso dos acidentes nada é dito, embora aqui a solução se imponha por maioria de razão.

CAPÍTULO III
Disposições finais e transitórias

Artigo 25.º
Contra-ordenações muito graves

1. Constitui contra-ordenação muito grave a elaboração do projecto, ainda que para atender a especificações do dono da obra, com opções arquitectónicas, técnicas e organizativas aplicáveis na fase do projecto e que não respeitem as obrigações gerais dos empregadores previstas no regime aplicável em matéria de segurança, higiene e saúde no trabalho.

2. A contra-ordenação referida no número anterior é imputável ao autor ou autores do projecto, ou ao dono da obra ou à entidade executante que seja empregador do autor do projecto, ou de um deles, sem prejuízo, neste último caso, da responsabilidade dos outros autores.

3. Constitui contra-ordenação muito grave:

a) **Imputável ao dono da obra, a violação dos n.ºs 1 e 2 conjugados com o n.º 4 do artigo 5.º, dos n.ºs 1 e 2 do artigo 6.º, do artigo 7.º, dos n.ºs 1 e 2 do artigo 9.º, do n.º 1 e da primeira parte do n.º 3 do artigo 12.º, do n.º 2 e da segunda parte do n.º 4 do artigo 13.º, dos n.ºs 1, 2 e 4 do artigo 16.º, da alínea i) do artigo 17.º e da alínea a) do n.º 1 e do n.º 2 do artigo 18.º, se o mesmo for empregador do autor do projecto, das alíneas a), c) e d) do n.º 1 e das alíneas b),** d), e), h) e n) do n.° 2 do artigo 19.°; b) Imputável ao autor do projecto que não seja trabalhador do dono da obra ou da entidade executante, a violação da alínea a) do n.° 1 e do n.° 2 do artigo 18.°;

c) Imputável à entidade executante, a violação dos n.ᵒˢ 1 e 2 do artigo 11.°, da segunda parte do n.° 3 do artigo 12.°, dos n.ᵒˢ 1 e 3 e da segunda parte do n.° 4 do artigo 13.°, dos n.ᵒˢ 1, 2, 4 e 5 do artigo 14.° e da alínea a) do n.° 1 e do n.° 2 do artigo 18.°, se a mesma for empregadora do autor do projecto, as alíneas a), b), l) e m) do artigo 20.°, do n.° 1 do artigo 21.° e dos n.ᵒˢ 4 e 5 do artigo 24.°;

d) Imputável ao empregador, a violação da primeira parte do n.° 4 do artigo 13.°, dos n.ᵒˢ 2 e 3 do artigo 21.°, das alíneas a) a g) do n.° 1 e do n.° 2 do artigo 22.° e do n.° 4 do artigo 24.°;

e) Imputável ao trabalhador independente, a violação da primeira parte do n.° 4 do artigo 13.°, das alíneas b) a e) do n.° 1 e do n.° 2 do artigo 22.° e do n.° 4 do artigo 24.°;

f) Imputável ao coordenador de segurança em obra, a violação do n.° 6 do artigo 9.°

4. Constitui ainda contra-ordenação muito grave, imputável ao empregador ou a trabalhador independente, a violação por algum deles do Regulamento de Segurança no Trabalho da Construção Civil, aprovado pelo Decreto n.° 41821, de 11 de Agosto de 1958, se a mesma provocar risco de queda em altura, de esmagamento ou de soterramento de trabalhadores.

Notas:

I – O **montante das coimas** correspondentes às contra-ordenações muito graves depende da dimensão da empresa em termos do volume de negócios respeitante ao ano anterior à infracção, conforme determinam os n.ᵒˢ 4 e 5 do art. 620.°.

Atente-se ainda que, nos termos do art. 622.°/1 do CT, os valores máximos das coimas são elevados para o dobro nas situações de violação (entre outras) das normas sobre shst.

II – A **interpretação e aplicação do n.° 2** não se revelarão fáceis quando houver mais do que um autor do projecto. Na verdade, a contra-ordenação é imputável aos *autores do projecto*. Assim, sen-

Regime jurídico da coordenação de segurança... 199

do segundo se crê o projecto um só[389], embora nele intervenham vários projectistas, e relembra-se aqui a definição de equipa de projecto (art. 3.º/i)) e o que sobre ela se disse então[390], parece que só haverá uma infracção e, correspondentemente, uma só coima que deverá ser paga por todos e cada um. Ou seja, estaremos perante um caso de solidariedade na infracção, que todos e cada um praticou, e solidariedade no pagamento da coima, a procedimentar nos termos da responsabilidade solidária civil (art.512.º do CC).

Mas a lei ressalva, na parte final, a *responsabilidade dos outros autores*. Que quererá, com isso, significar? Pode ser uma de duas coisas: i) ou que admite que se trate em qualquer caso de responsabilidade conjunta de todos os autores; ii) ou que, hipótese que se quadra melhor com a letra do preceito, no caso de haver autor(es) do projecto enquanto profissional(is) liberal(is) e autor(es) do projecto enquanto trabalhador(es) subordinado(s) só aquele(s) é (são) responsável(is) porque quem responde por este(s) é o dono a obra ou a entidade executante, enquanto seu(s) empregador(es).

III – Note-se que já ao coordenador é imputável uma contra-ordenação (embora uma só), ao contrário do que sucedia com o regime anterior, e apesar da crítica que fazemos ao sistema por não ter ido mais longe, criando até desigualdades injustificadas entre coordenadores de segurança trabalhadores subordinados do dono da obra e coordenadores pessoas colectivas ou trabalhadores autónomos[391].

IV – Não consta dos riscos que implicam a conversão automática em contra-ordenação muito grave, enumerados no n.º 4 a referência à electrocussão que é também uma importante causa de mortalidade (nota II ao art. 7.º), ultrapassando nalguns anos a cifra dos soterramentos[392].

---

[389] Embora em tese se possa admitir um projecto parcelado, sendo cada uma das sua parcelas ou fracções realizado por um projectista diferente, caso em que a responsabilidade seria imputável apenas àquele ou àqueles que tivesse(m) elaborado a sua parte com opções que não respeitassem as obrigações gerais dos empregadores.

[390] Cfr. nota II ao art. 3.º.

[391] Cf. supra,n. 3.2;4;15.1.

[392] Em 2002, p. ex., houve na construção civil e obras públicas 57 mortes por quedas em altura, 25 por esmagamentos, 11 por electrocussão, 6 por soterramento e 4 por causas desconhecidas (103).

Se se atentar na parte final do n.º 1 do Anexo II da Directiva 92/ /57/CEE (*infra*), verificar-se-á que esta permite que os Estados-membros fixem índices numéricos para cada uma das situações de **soterramento**, **afundamento** ou **quedas em altura**. No entanto, o legislador nacional não fixou para qualquer delas nenhum valor numérico. Mas não seria razoável considerar risco especial de queda em altura a que resultasse de trabalhos praticados a 1m do solo ou de soterramento os que se desenvolvessem a 1m de profundidade. No mínimo, há a considerar que sobre este aspecto dispõe o Regulamento de Segurança na Construção Civil[393]. Mas defendemos que nem todas as situações aí abrangidas devem ser consideradas para efeitos da agravação, pelo que o critério terá de ficar na discricionariedade do aplicador do direito

V – Veja-se sobre a imputação da responsabilidade por violação das prescrições técnicas do Regulamento de Segurança na Construção Civil ao subempreiteiro/empregador, e não ao executante, o que se diz na nota I ao art. 20.º.

VI – A al. d) considera contra-ordenação muito grave imputável ao empregador a violação das alíneas a) a g) do n.º 1 do art. 22.º que a al. d) do art. 26.º acaba por considerar meramente grave. Há, por isso, uma incorrecção técnica que, enquanto não for corrigida, só pode ser resolvida pela aplicação da lei mais favorável ao arguido (vd. também supra, Parte I, n. 15.4)

VII – Veja-se também sobre a imputação da responsabilidade a nota I ao art. 19.º.

ARTIGO 26.º
Contra-ordenações graves

Constitui contra-ordenação grave:

a) **Imputável ao dono da obra, a violação do n.º 3 do artigo 6.º, da alínea b) do n.º 1 e do n.º 2 do artigo 8.º, do n.º 3 e da primeira parte do n.º 5 do artigo 9.º, do n.º 3 do artigo 14.º, dos n.ºs 1 a 4 do artigo 15.º, da alínea h) do artigo**

---

[393] Cfr., p. ex., os arts. 1.º e 72.º do Dec. 41.821, de 11/8/58.

17.º e das alíneas b) e c) do n.º 1 do artigo 18.º, se o mesmo for empregador do autor do projecto, das alíneas c), f), g), i) e m) do n.º 2 do artigo 19.º e do n.º 2 do artigo 24.º, quando a comunicação do acidente competir àquele, e da segunda parte do n.º 3 do mesmo artigo;

b) Imputável ao autor do projecto que não seja trabalhador do dono da obra ou da entidade executante, a violação das alíneas b) e c) do n.º 1 do artigo 18.º;

c) Imputável à entidade executante, a violação da segunda parte do n.º 5 do artigo 9.º, do n.º 5 do artigo 13.º, do n.º 6 do artigo 14.º, da segunda parte da alínea c) e das alíneas d) a j) do artigo 20.º, do n.º 4 do artigo 21.º e do n.º 2 e da primeira parte do n.º 3 do artigo 24.º;

d) Imputável ao empregador, a violação do n.º 4 do artigo 21.º, das alíneas b) a e) e h) a l) do n.º 1 do artigo 22.º, dos n.ºs 1 e 2 do artigo 24.º, das prescrições previstas no Regulamento de Segurança no Trabalho da Construção Civil, aprovado pelo Decreto n.º 41821, de 11 de Agosto de 1958, e na Portaria n.º 101/96, de 3 de Abril;

e) Imputável ao trabalhador independente, a violação da alínea b) do artigo 23.º, das prescrições previstas no Regulamento de Segurança no Trabalho da Construção Civil, aprovado pelo Decreto n.º 41821, de 11 de Agosto de 1958, e na Portaria n.º 101/96, de 3 de Abril.

Notas:

I – O **montante das coimas** correspondentes às contra-ordenações graves depende da dimensão da empresa em termos do volume de negócios respeitante ao ano anterior à infracção, conforme determinam os n.ºs 3 e 5 do art. 620.º.

II – A al. d) considera contra-ordenação grave imputável ao empregador a violação das alíneas b) a e) do n.º 1 do art. 22.º que a al. d) do art. 25.º já considerava muito grave. Há, por isso, uma incorrecção técnica que, enquanto não for corrigida, só pode ser resolvida pela aplicação da lei mais favorável ao arguido (vd. também supra, Parte I, n. 15.4)

III – Veja-se também sobre a imputação da responsabilidade a nota I ao art. 19.º.

202 *Responsabilidade pela segurança na construção civil e obras públicas*

IV – A imputação da responsabilidade pela violação das prescrições do Regulamento de Segurança no Trabalho na Construção Civil e da Portaria n. 101/96, na alínea d) ao empregador e na alínea e) ao trabalhador independente, articulada com o facto de o dever de asseguração do cumprimento das obrigações previstas no artigo 22.º (alíneas e) e f) do art. 20.º) e ainda conjugada com a circunstância de a alínea m) do art. 22.º não ser tipificada como contra-ordenação, leva a considerar que apenas a violação pelos empregadores das restantes alíneas do art. 22.º (a) a l)) pode importar para a entidade executante violação desse dever de asseguração, sem prejuízo do cumprimento de dever de coordenação que também lhe incumbe[394]

ARTIGO 27.º
Contra-ordenações leves

Constitui contra-ordenação leve a violação dos n.ᵒˢ 5 e 6 do artigo 15.º

Notas:

I – O **montante das coimas** correspondentes às contra-ordenações leves depende da dimensão da empresa em termos do volume de negócios respeitante ao ano anterior à infracção, conforme determinam os n.ᵒˢ 2 e 5 do art. 620.º.

II – Este artigo é o único caso em todo o diploma em que a contra-ordenação não é expressamente imputada a uma qualquer das entidades intervenientes no estaleiro.

Mas aqui também não pode suscitar-se dúvidas de que a do n.º 5 é imputada ao dono da obra e a do n.º 6 à entidade executante.

ARTIGO 28.º
Critérios especiais de determinação do valor das coimas

1. As coimas aplicáveis a trabalhador independente são as correspondentes às infracções aos regimes jurídicos do contrato de serviço doméstico e do contrato individual de trabalho a bordo de embarcações de pesca.

---

[394] Vd. também nota I ao art. 20.º.

Regime jurídico da coordenação de segurança... 203

2. Ao dono da obra que não seja titular de empresa são aplicáveis as coimas dos escalões de dimensão da empresa determinados apenas com base no volume de negócios e fazendo corresponder a este o custo da obra.

Notas:

I – A redacção do n.º 1 só se compreende se se tiver presente que os trabalhos preparatórios do Dec-Lei n.º 273/2003 tiveram subjacente o regime geral das contra-ordenações laborais, anexo à Lei n.º 116/99, que vigorou até 1 de Dezembro, sendo, então substituído pelo regime contido no Código do Trabalho. Ao contrário deste, que se refere no artigo 621.º aos casos em que o agente não é empresa, no regime de 99 a coima aplicável aos trabalhadores era equiparada à estabelecida para o serviço doméstico[395]. Apesar do Dec-Lei 273//2003 ter visto a luz do dia quando já tinha sido publicada a Lei que introduziu o Código há mais de dois meses, não houve o cuidado de se fazer a devida adaptação.

As coimas aplicáveis aos trabalhadores independentes são, por isso, as previstas no art. 621.º do CT.

II – Subjacente ao trabalho independente não existe uma relação contratual laboral típica. Por isso o Código não transcreveu as normas da lei que transpusera a Directiva n.º89/391/CEE – o Dec-Lei n.º 441/91, de 14/11 – relativa aos trabalhadores independentes[396], tendo sido o artigo 212.º da Lei n.º 35/2004, de 29 de Julho, que o regulamenta, que torna aplicáveis aos trabalhadores por conta própria os princípios de promoção e prevenção da shst.

III – O que se disse na nota I relativamente ao disposto no n.º 1 do artigo sob análise, pode dizer-se agora, *mutatis mutandis*, no que toca ao n.º 2.

Também aqui se não fez a adaptação devida. É que, ao contrário do que sucedia no regime de 1999 em que também se utilizava como factor de determinação da dimensão da empresa o número de trabalhadores, no regime do Código a moldura das coimas depende somente do volume de negócios.

---

[395] Cfr. art. 8.º do regime anexo à L.116/99.
[396] Cotejar., p. ex., o art. 8.º/6 do DL 441/91 e o art. 273.º do Código

204 Responsabilidade pela segurança na construção civil e obras públicas

Isso não significa que neste caso, porque se trata de lei especial relativamente ao regime geral contido no art. 621.º do Código do Trabalho, se não aplique o n.º 2, nos seus termos, embora corrigidos da referência ao advérbio «apenas» indicador do regime de 1999 revogado pelo Código. Ou seja, que, quando o dono da obra é uma pessoa singular que se não dedica habitualmente à construção e comercialização de imóveis, se deve ter em conta para efeitos da determinação da moldura, não os valores dos n.os 2 a 4 do art. 621.º, mas, antes os que correspondam aos do art. 620.º do CT.

IV – Trata-se no n.º 2 duma disposição compreensível se fizermos uma interpretação adequada, que deverá ter de ser restritiva quanto ao segmento da norma que se refere ao "**titular de empresa**"[397]. Ao que se crê, quando produziu a norma o legislador tinha em mente a empresa de construção ou, talvez mais abrangentemente, empresas do ramo do imobiliário.

É claro que o preceito abrange, porém, no seu âmbito subjectivo, desde logo, o cidadão que, não sendo empresário da construção, manda fazer um prédio para sua própria habitação. Mas não se queda por aí. Deve abarcar também não só os cidadãos, empresários da construção civil quando actuam fora do exercício dessas funções[398], como também os membros da administração das empresas de outros quaisquer ramos de actividade.

Na verdade, não nos parece que se a administração de uma qualquer empresa, não pertencente ao ramo da construção civil ou das obras públicas, resolve ampliar as suas instalações, construindo um novo pavilhão, ou procede a reparações no telhado das instalações fabris, e por esse facto, enquanto dono da obra, lhe vem a ser imputada uma contra-ordenação do âmbito da shst nos estaleiros

---

[397] São vários e de diferente abrangência os conceitos de "empresa", variando inclusivamente com o ramo do ordenamento jurídico: para um conceito amplíssimo de empresa, vd. art. 5.º do Código da Insolvência e da Recuperação de Empresas (DL 53/2004, de 18/3): *toda a organização de capital e de trabalho destinada ao exercício de qualquer actividade económica"*

[398] Na verdade, nada obsta que um membro da administração duma empresa de construção se disponha a construir uma habitação para si, recorrendo aos serviços de uma outra empresa de construção.

temporários ou móveis[399], deva ser considerada, para efeitos de determinação da moldura sancionatória, a sua dimensão económica (volume de negócios) que não tem qualquer conexão com aquela actividade. Antes defendemos, nesses casos, a equiparação dessas empresas e empresários a "dono da obra não titular da empresa".

Problemática será a situação se uma dessas empresas tem, para além dos trabalhadores afectos à sua normal actividade (não construtiva), um grupo de pessoal adstrito à construção, reparação, ampliação, demolição, restauro ou conservação dos edifícios e o utiliza nessa actividade, situação em que também a consideração do volume de negócios total da empresa é adequada, continuando nós a considerar que, apesar de a questão não estar contemplada na letra do preceito, se deverá ter em conta apenas o custo da obra.

ARTIGO 28.°- A
Regiões Autónomas

O produto das coimas resultante da aplicação das contra-ordenações previstas no presente diploma e cobradas nas Regiões constitui receita própria destas.

ARTIGO 29.°
Regulamentação em vigor

Até à entrada em vigor do novo Regulamento de Segurança para os Estaleiros da Construção mantêm-se em vigor o Regulamento de Segurança no Trabalho da Construção Civil, aprovado pelo Decreto n.° 41821, de 11 de Agosto de 1958, e a Portaria n.° 101/96, de 3 de Abril, sobre as prescrições mínimas de segurança e de saúde nos locais e postos de trabalho dos estaleiros temporários ou móveis.

Jurisprudência[400]:

A – I – As normas disciplinares da segurança nos trabalhos da construção civil, são definidas no Dec. n. 41.821, de 11/08/58, no

---

[399] Para mais com a amplíssimo âmbito resultante do Anexo I.

[400] As decisões judiciais transcritas têm a ver, normalmente, com a imputação da responsabilidade civil por acidentes de trabalho e não directamente com a responsabilidade contra-ordenacional.

Dec-Lei n.º 441/91, de 14/11 e Portaria n. 101/96, de 3/4, impondo, sempre que haja risco de quedas em altura, a tomada de medidas de protecção colectivas adequadas e eficazes.

II – Verificando-se que a entidade empregadora procedia à reconstrução de uma casa de rés-do-chão e primeiro andar, trabalhando o sinistrado no momento do acidente, a cerca de 6 metros do solo, no carregamento de placa do primeiro andar, exigia-se a colocação de andaimes.

III – Não tendo instalado tais andaimes, a entidade empregadora infringiu aquelas regras legais de segurança.- Ac. do TRP de 14/02/ /2000, relatado por Machado da Silva – in www.dgsi.pt.

B – I – O art. 67.º do Regulamento de Segurança no Trabalho da Construção Civil aprovado pelo Decreto n.º 41821, de 11 de Agosto de 1958, só obriga a entivar os solos no caso de escavações.

II – A entidade patronal, contratada para construir um pavilhão industrial, não está obrigada a entivar os solos onde o pavilhão vai ser implantado, se a preparação do terreno para tal (escavações, remoção de terras e terraplanagens) tiver sido adjudicada pelo dono da obra a outra empresa.- Ac. do TRP de 15/12/2000, relatado por Sousa Peixoto – in www.dgsi.pt.

C. Se o emprego de andaimes só é obrigatório a mais de 4 metros de altura, logicamente, também (só) a partir dessa altura passa a funcionar a obrigatoriedade da aplicação de guarda-costas, princípio idêntico valendo para a obrigatoriedade de cintos de segurança, aqui sendo de aplicar o princípio constante do art. 44 n. 2 do Decreto n. 41821 de 11/8/1958. – Ac. do STJ, de 10/04/2002, relatado por Emérico Soares – in www.dgsi.pt.

D – II – Age de forma culposa a entidade patronal que ordena a um seu trabalhador com a categoria profissional de praticante de oficial mecânico, a execução de trabalhos próprios da construção civil, em telhado de 6 metros de altura e tempo de chuva, sem ter observado os preceitos legais regulamentares relativos á segurança do trabalho, nomeadamente o uso de cinto de segurança provido de cordas que lhe permitisse prender-se a um ponto resistente da construção, o que originou a queda da vítima e consequente morte – Ac. do TRP, de 16/06/2003, relatado por Pinto dos Santos – *in* www.dgsi.pt.

E – I – O trabalho em cima de telhados não implica, só por si, um risco efectivo de queda.

II – O não uso de equipamento de protecção contra quedas em altura, nomeadamente o cinto de segurança, só constitui violação das regras de segurança no trabalho se a configuração do telhado, a sua estrutura, a natureza e o estado do material de cobertura e as condições climatéricas ou outra o exigirem. – Ac. do TRP de 22/09/2003, relatado por Sousa Peixoto – *in* www.dgsi.pt.

F. I – Resulta da violação das regras de segurança a queda, de 8 metros de altura, na caixa de elevador, do trabalhador que, sem cinto de segurrança e sem a instalação de qualquer outra espécie de equipamento de protecção colectiva, procedia à colocação de traves de madeira, para impedir as quedas na referida caixa.- Ac. do TRP, de 29/09/2003, relatado por Sousa Peixoto – *in* www.dgsi.pt.

G – I – Estando provado que o acidente ocorreu pelo facto de um dos cabos que servia de espia a uma das duas varas de eucalipto que compunham a estrutura elevatória montada para içar pedras se ter solto, temos de concluir que o acidente resultou da falta de observância do disposto no art. 94.º do Regulamento de Segurança no Trabalho da Construção Civil, aprovado pelo Decreto n.º 41821, de 11 de Agosto de 1958, que, relativamente aos aparelhos elevatórios manda espiar solidamente os "paus de carga" por meio de cordas ou cabos.

II – Com efeito, estando provado que os cabos que sustentavam as varas tinham sido enrolados duas vezes uma à volta de uma árvore e outra à volta da pedra de uma parede e que, para impedir que as voltas se desfizessem e os cabos se soltassem, foram presos com arames e não com "cerra cabos", temos de concluir que o cabo se soltou por não estar solidamente preso – Ac. do TRP de 24/11/ /2003, relatado por Sousa Peixoto – *in* www.dgsi.pt.

Artigo 30.º
Revogação

É revogado o Decreto-Lei n.º 155/95, de 1 de Julho, na redacção dada pela Lei n.º 113/99, de 3 de Agosto.

Artigo 31.°
Entrada em vigor

O presente diploma entra em vigor 60 dias após a sua publicação. Notas:

Nota:
O diploma entrou em vigor em 28 de Dezembro de 2003

Visto e aprovado em Conselho de Ministros de 24 de Julho de 2003. José Manuel Durão Barroso. António Manuel de Mendonça Martins da Cruz. Maria Celeste Ferreira Lopes Carmona. António José de Castro Bagão Félix. António Pedro de Nobre Carmona Rodrigues.
Promulgado em 13 de Outubro de 2003.
Publique-se.
O Presidente da República, JORGE SAMPAIO.
Referendado em 15 de Outubro de 2003.
O Primeiro-Ministro, José Manuel Durão Barroso.

ANEXO I
Gestão e organização geral do estaleiro a incluir no plano de segurança e saúde em projecto, previstas na alínea f) do n.° 2 do artigo 6.°

1. Identificação das situações susceptíveis de causar risco e que não puderam ser evitadas em projecto, bem como as respectivas medidas de prevenção.
2. Instalação e funcionamento de redes técnicas provisórias, nomeadamente de electricidade, gás e comunicações, infra-estruturas de abastecimento de água e sistemas de evacuação de resíduos.
3. Delimitação, acessos, circulações horizontais e verticais e permanência de veículos e pessoas.
4. Movimentação mecânica e manual de cargas.
5. Instalações e equipamentos de apoio à produção. 6. Informações sobre os materiais, produtos, substâncias e preparações perigosas a utilizar em obra.
7. Planificação das actividades que visem evitar riscos inerentes à sua sobreposição ou sucessão, no espaço e no tempo.
8. Cronograma dos trabalhos a realizar em obra.
9. Medidas de socorro e evacuação.
10. Arrumação e limpeza do estaleiro.
11. Medidas correntes de organização do estaleiro.

Regime jurídico da coordenação de segurança...　209

12. Modalidades de cooperação entre a entidade executante, subempreiteiros e trabalhadores independentes.

13. Difusão da informação aos diversos intervenientes, nomeadamente empreiteiros, subempreiteiros, técnicos de segurança e higiene do trabalho, trabalhadores por conta de outrem e trabalhadores independentes.

14. Instalações sociais para o pessoal empregado na obra, nomeadamente dormitórios, balneários, vestiários, instalações sanitárias e refeitórios.

ANEXO II
Estrutura do plano de segurança e saúde para a execução da obra, prevista no n.° 2 do artigo 11.°

1. Avaliação e hierarquização dos riscos reportados ao processo construtivo, abordado operação a operação de acordo com o cronograma, com a previsão dos riscos correspondentes a cada uma por referência à sua origem, e das adequadas técnicas de prevenção que devem ser objecto de representação gráfica sempre que se afigure necessário.

2. Projecto do estaleiro e memória descritiva, contendo informações sobre sinalização, circulação, utilização e controlo dos equipamentos, movimentação de cargas, apoios à produção, redes técnicas, recolha e evacuação dos resíduos, armazenagem e controlo de acesso ao estaleiro.

3. Requisitos de segurança e saúde segundo os quais devem decorrer os trabalhos.

4. Cronograma detalhado dos trabalhos.

5. Condicionantes à selecção de subempreiteiros, trabalhadores independentes, fornecedores de materiais e equipamentos de trabalho.

6. Directrizes da entidade executante relativamente aos subempreiteiros e trabalhadores independentes com actividade no estaleiro em matéria de prevenção de riscos profissionais.

7. Meios para assegurar a cooperação entre os vários intervenientes na obra, tendo presentes os requisitos de segurança e saúde estabelecidos.

8. Sistema de gestão de informação e comunicação entre todos os intervenientes no estaleiro em matéria de prevenção de riscos profissionais.

9. Sistemas de informação e de formação de todos os trabalhadores presentes no estaleiro, em matéria de prevenção de riscos profissionais.

10. Procedimentos de emergência, incluindo medidas de socorro e evacuação.

11- Sistema de comunicação da ocorrência de acidentes e incidentes no estaleiro.

12. Sistema de transmissão de informação ao coordenador de segurança em obra para a elaboração da compilação técnica da obra.

13. Instalações sociais para o pessoal empregado na obra, de acordo com as exigências legais, nomeadamente dormitórios, balneários, vestiários, instalações sanitárias e refeitórios.

ANEXO III
Elementos a juntar ao plano de segurança e saúde para a execução da obra, de acordo com o n.° 2 do artigo 11.°

1. Peças de projecto com relevância para a prevenção de riscos profissionais.

2. Pormenor e especificação relativos a trabalhos que apresentem riscos especiais.

3. Organograma do estaleiro com definição de funções, tarefas e responsabilidades.

4. Registo das actividades inerentes à prevenção de riscos profissionais, tais como fichas de controlo de equipamentos e instalações, modelos de relatórios de avaliação das condições de segurança no estaleiro, fichas de inquérito de acidentes de trabalho e notificação de subempreiteiros e de trabalhadores independentes.

5. Registo das actividades de coordenação, de que constem:

a) As actividades do coordenador de segurança em obra no que respeita a:

    i) Promover e verificar o cumprimento do plano de segurança e saúde por parte da entidade executante, dos subempreiteiros e dos trabalhadores independentes que intervêm no estaleiro;

    ii) Coordenar as actividades da entidade executante, dos subempreiteiros e dos trabalhadores independentes, tendo em vista a prevenção dos riscos profissionais;

    iii) Promover a divulgação recíproca entre todos os intervenientes no estaleiro de informações sobre riscos profissionais e a sua prevenção.

b) As actividades da entidade executante no que respeita a:

    i) Promover e verificar o cumprimento do plano de segurança e saúde, bem como das obrigações dos empregadores e dos trabalhadores independentes;

    ii) Assegurar que os subempreiteiros cumpram, na qualidade de empregadores, as obrigações previstas no artigo 22.°;

    iii) Assegurar que os trabalhadores independentes cumpram as obrigações previstas no artigo 23.°;

    iv) Reuniões entre os intervenientes no estaleiro sobre a prevenção de riscos profissionais, com indicação de datas, participantes e assuntos tratados.

c) As auditorias de avaliação de riscos profissionais efectuadas no estaleiro, com indicação das datas, de quem as efectuou, dos trabalhos sobre que incidiram, dos riscos identificados e das medidas de prevenção preconizadas.

PARTE III

LEGISLAÇÃO DE SHST
(Avulsa – POR ORDEM CRONOLÓGICA)

SEGURANÇA NO TRABALHO DA CONSTRUÇÃO CIVIL

DECRETO-LEI N.º 41820
11 de Agosto de 1958

1. O elevado índice dos acidentes de trabalho e das doenças profissionais preocupa seriamente o Governo. A progressiva frequência de acidentes e doenças daquela natureza não pode, na verdade, deixar indiferentes os responsáveis. As consequências de ordem social e económica, e até de ordem moral, derivadas da sinistralidade do trabalho são por demais evidentes para que seja legitimo ignorá-las ou minimizá-las. O mal tem sido denunciado por toda a parte e ninguém, por certo, contestará a necessidade de providências eficazes destinadas a evitá-lo, na medida do possível, ou a reduzi-lo a proporções menos graves.

2. A indústria da construção civil não é das que menos contribuem para o acréscimo dos infortúnios do trabalho. Mais do que qualquer outra, ela põe em risco com frequência até a vida de pessoas que lhe são estranhas. Assim se justifica que em vários países, ao encarar-se o problema dos acidentes de trabalho, se dê primazia aos aspectos da prevenção no campo da construção civil.

Portugal conta-se precisamente entre os países que mais cedo se preocuparam com a regulamentação das condições de segurança nos trabalhos da construção civil. Já por Decreto de 6 de Junho de 1895 se procurou garantir protecção aos operários ocupados nos trabalhos, públicos ou particulares, de construção e reparação de estradas, caminhos de ferro, pontes, aquedutos, terraplenagens, novas edificações, ampliações, transformações ou grandes reparações e, bem assim, em quaisquer obras de demolição.

É de notar o facto de se exigir nesse diploma que os mestres de obras fossem habilitados com exame sobre processos de construção e sobre as condições a observar para a segurança nos locais de trabalho. Registe-se ainda que, segundo o mesmo diploma, a responsabilidade pelos acidentes sofridos por qualquer operário recaia sobre a pessoa encarregada da direcção das obras.

3. Decorrido mais de meio século sobre aquele decreto, bem se compreende que as suas normas, já de si rudimentares e insuficientes, se mostrem obsoletas e inaplicáveis, tanto mais que, como é sabido, o avanço da técnica e os novos métodos de trabalho provocaram alterações profundas nas diversas actividades da construção civil.

Por outro lado, o problema da prevenção de acidentes de trabalho e o da segurança dos trabalhadores na indústria da construção civil começou quase por toda a parte a despertar interesse cada vez mais vivo, a ponto de a Organização Internacional do Trabalho ter elaborado, para orientação dos governos nela representados, um regulamento-tipo com as regras mínimas a observar naquele importante ramo de actividade.

Para proceder à adaptação desse regulamento ao nosso Pais, foi oportunamente nomeada pelo presidente do Instituto Nacional do Trabalho e Previdência uma comissão técnica com representação dos diversos sectores interessados, que apresentou, após cuidadoso estudo, as conclusões a que chegou..

É sobre os trabalhos dessa comissão, uma vez revistos pelos serviços competentes, que, em grande parte, assenta, nos seus aspectos técnicos, o regulamento publicado nesta mesma data.

4. Não se pouparam esforços para tornar acessível aos interessados, através da clareza das normas e da melhor sistematização dos assuntos desse regulamento, a interpretação das novas regras relativas à segurança nas obras da construção civil. Na própria terminologia adoptada mantiveram-se as designações correntemente usadas pelos trabalhadores ou pelos construtores civis.

Procurou-se ainda não onerar inutilmente as obras de construção ou de reparação. Mas acima deste intento pôs-se sempre a preocupação de acautelar efectivamente a vida e a integridade física dos trabalhadores, de modo a dar-lhes confiança e tranquilidade no trabalho e a criar condições de pleno rendimento.

5. No que respeita à repressão das infracções, teve-se em vista ajustar a sanção à gravidade da falta e promover que os responsáveis pelas obras se interessem a sério pelo exacto cumprimento das normas agora decretadas.

Para garantia de execução dos novos preceitos, incorrerão nas multas previstas os responsáveis técnicos das obras e, nos casos em que a nomeação destes não sela obrigatória, o empreiteiro ou, não havendo empreitada, o dono das obras. Por via de regra, a aplicação da multa implicará a notificação ao interessado para suprir, em prazo certo, as deficiências encontradas.

6. O êxito das medidas estabelecidas agora dependerá da forma como for orientada a fiscalização. Por isso se dedicou ao assunto todo o cuidado, embora se saiba que só uma profunda reforma dos serviços da Inspecção do Trabalho logrará dar à fiscalização das condições de segurança e higiene dos locais de trabalho eficiência correspondente aos importantes valores humanos e económicos em causa.

De qualquer maneira, convém que, desde já, se crie e desenvolva, para além da força coerciva da lei, um estado de espírito capaz de congregar todos os interessados na solução dos graves e complexos problemas da prevenção de acidentes de trabalho e doenças profissionais. Para tanto é mister – sem prejuízo da competência específica da Direcção-Geral do Trabalho e Corporações – que todas as entidades com poderes directos ou indirectos na fiscalização conjuguem entre si, no melhor espírito, os esforços a desenvolver e se empenhem em esclarecer os técnicos, os empreiteiros, os proprietários e os trabalhadores, persuadindo-os a cumprir todas as normas relativas à segurança nos trabalhos da construção civil.

Um conselho bem formulado e oportuno pode evitar, como facilmente se compreenderá, graves desastres na vida ou na fazenda das pessoas. Impõe-se, portanto, que a Inspecção do Trabalho e as outras entidades encarregadas de lhe darem cooperação não possam deixar de, sem prejuízo da acção repressiva prevista neste diploma, exercer uma missão educativa, divulgando as regras relativas à segurança no trabalho e convencendo as entidades patronais e os trabalhadores da necessidade de, no seu próprio interesse, afastarem, a tempo e na medida do possível, as diversas causas dos acidentes de trabalho e das doenças profissionais.

216 *Responsabilidade pela segurança na construção civil e obras públicas*

7. É neste espírito que a Junta da Acção Social, criada pela Lei n.º 2085, de 17 de Agosto de 1956 (Plano de Formação Social e Corporativa), vai organizar uma campanha nacional de prevenção de acidentes de trabalho e doenças profissionais, enquanto a secção respectiva do Conselho Superior da Previdência Social estuda alguns importantes problemas respeitantes não só à prevenção de acidentes, mas também à indemnização e à recuperação e ocupação dos sinistrados do trabalho.

O presente diploma e o seu regulamento (também publicado nesta data) integram-se, pois, neste conjunto de providências, o que lhes confere interesse especial. Espera-se, na verdade, que eles, constituindo factor importante da campanha nacional de prevenção de acidentes de trabalho e doenças profissionais, contribuam para uma quebra sensível na sinistralidade do trabalho e, dessa forma, para uma apreciável valorização do capital humano da Nação.

Nestes termos:

Usando da faculdade conferida pela 1.ª parte do n.º 2.º do artigo 109.º da Constituição, o Governo decreta e eu promulgo, para valer como lei, o seguinte:

Artigo 1.º – As normas de segurança que devem ser obrigatoriamente adoptadas para protecção do trabalho nas obras de construção civil serão objecto de regulamento a publicar pelos Ministérios das Obras Públicas e das Corporações e Previdência Social.

Art. 2.º – A fiscalização do disposto no regulamento competirá à Inspecção do Trabalho e às câmaras municipais.

§ único – Nas obras do Estado e dos corpos administrativos, a fiscalização será da competência da Inspecção do Trabalho e dos serviços técnicos de que aquelas obras dependam.

Art. 3.º – As infracções ao regulamento serão punidas com multa até 10 000$, aplicáveis ao técnico responsável da obra, ou, se este não estiver nomeado, ao empreiteiro, ou, não havendo empreiteiro, ao dono da obra.

§ 1.º – Em casos de maior gravidade, e quando a aplicação desta multa se mostrar ineficiente, poderão as obras ser embargadas pelas entidades fiscalizadoras.

§ 2.º – Quando a aplicação do disposto no parágrafo anterior for motivada por falta imputável ao técnico responsável, poderá o Ministro das Corporações e Previdência Social, sob proposta da entidade

Legislação de SHST

fiscalizadora, suspendê-lo do exercício da profissão por um período de dois a vinte e quatro meses.

Art. 4.º – Os trabalhadores que não se submetam às prescrições de segurança estabelecidas poderão ser punidos com suspensão de dois a quinze dias de trabalho.

Art. 5.º – O julgamento das infracções ao regulamento será da competência dos tribunais do trabalho, sendo aplicável aos autos de notícia levantados pelos funcionários da fiscalização o disposto nos artigos 24.º e seguintes do Decreto-Lei n.º 37 245, de 27 de Dezembro de 1948.

Art. 6.º – Ninguém poderá ser despedido por ter reclamado contra a falta de segurança dos locais de trabalho, das instalações e dos aparelhos ou máquinas ali empregados.

§ único – Verificado o despedimento por essa causa, o trabalhador terá direito à indemnização fixada no artigo 4.º do Decreto-Lei n.º 31 280, de 22 de Maio de 1941.

Art. 7.º – O Ministro das Corporações e Previdência Social poderá estabelecer as condições de exercício da actividade profissional dos trabalhadores da construção civil, bem como definir os títulos indispensáveis ao mesmo exercício.

Publique-se e cumpra-se como nele se contém.

Paços do Governo da República, 11 de Agosto de 1958. – *Américo Deus Rodrigues Thomaz – António de Oliveira Salazar – Marcello Caetano – Fernando dos Santos Costa – Joaquim Trigo de Negreiros – João de Matos Antunes Varela – António Manuel Pinto Barbosa – Paulo Arsénio Viríssimo Cunha – Eduardo de Arantes e Oliveira – Raul Jorge Rodrigues Ventura- Francisco de Paula Leite Pinto – Ulisses Cruz de Aguiar Cortês – Manuel Gomes de Araújo – Henrique Veiga de Macedo.*

REGULAMENTO DA SEGURANÇA NO TRABALHO DA CONSTRUÇÃO CIVIL

DECRETO N.° 41821
11 de Agosto de 1958

Considerando o exposto no preâmbulo do Decreto-Lei n.° 41820, desta data, e em observância do preceituado no artigo 1.° desse diploma, que prevê deverem as normas de segurança no trabalho da construção civil ser objecto de regulamento a publicar pelos Ministérios das Obras Públicas e das Corporações e Previdência Social;

Usando da faculdade conferida pelo n.° 3.° do artigo 109.° da Constituição, o Governo decreta e eu promulgo o seguinte:

REGULAMENTO DE SEGURANÇA NO TRABALHO

TITULO I

Andaimes, plataformas suspensas, passadiços, pranchadas e escadas

CAPÍTULO 1

Andaimes

SECÇÃO I
Disposições gerais

Artigo 1.° – É obrigatório o emprego de andaimes nas obras de construção civil em que os operários tenham de trabalhar a mais de 4 m do solo ou de qualquer superfície contínua que ofereça as necessárias condições de segurança.

Art. 2.º – Os andaimes serão de madeira, metálicos ou mistos.

Art. 3.º – Sempre que não seja possível estabelecer ligações eficientes do andaime à construção, é indispensável a existência de duas filas de prumos. O afastamento entre estas há-de assegurar ao andaime posição independente, considerando mesmo a acção de forças eventuais, como a do vento.

Não é permitida a fixação dos andaimes à cofragem.

Art. 4.º – Os andaimes de conservação não podem ser ligados a qualquer ponto das janelas e caixilharia que se encontrem em mau estado ou não ofereçam resistência bastante.

Art. 5.º – A construção, desmontagem ou modificação de andaimes serão efectuadas por operários especialmente habilitados, sob a direcção de um técnico responsável, legalmente idóneo.

§ 1.º – Nas localidades onde não haja técnicos poderão as entidades competentes dispensar a exigência da sua intervenção, desde que as condições de trabalho garantam a indispensável segurança e os andaimes não ultrapassem 8 m.

§ 2.º – Os andaimes de altura superior a 25 m serão previamente calculados pelo técnico responsável, qualquer que seja o material neles empregado.

Art. 6.º – Antes da montagem, todas as peças serão inspeccionadas, elemento por elemento, não podendo ser utilizadas as que não satisfaçam às condições deste regulamento.

§ único – Em seguida a temporais ou a interrupções de uso por mais de oito dias, o andaime será examinado pelo técnico responsável antes da sua utilização.

Os resultados dos exames ficarão registados, sob rubrica do técnico, na folha ou boletim de fiscalização da obra, presumindo-se que o acto foi omitido se faltar aquele averbamento ou a rubrica correspondente.

Art. 7.º-Os andaimes serão montados de modo a resistirem a uma carga igual ao triplo do peso dos operários e materiais á suportar.

§ 1.º – Poderá a fiscalização submeter os andaimes aos ensaios de resistência que repute necessários.

§ 2.º – É proibida a acumulação de pessoas ou de materiais, na mesma zona do andaime, além do estritamente indispensável aos trabalhos em curso.

Art. 8.º-A construção dos andaimes nos cunhais deverá ser feita com especiais cuidados, em ordem a conseguir-se completa segurança dos operários, bem como uma ligação perfeita e um travamento firme para o conjunto do andaime.

Art. 9.º-Os prumos serão travados junto ao solo e, se o declive do terreno exceder 30 por cento, ficarão enterrados até à profundidade mínima de 0,20 m.

§ único – O dono da obra responderá pela reposição dos pavimentos.

Art. 10.º-As tábuas de pé serão assentes de junta no sentido transversal e imbricadas no sentido longitudinal, nunca podendo a sobreposição ser inferior a 0,35 m.

§ 1.º – Quando os andaimes forem constituídos por duas filas de prumos e as tábuas de pé não ocuparem todo o comprimento das travessas, serão instalados, na zona considerada, guarda-cabeças e guarda-costas com as características definidas neste regulamento.

§ 2.º – O intervalo entre a parede e a tábua de pé não será superior a 0,45.m.

Art. 11.º – O acesso aos diferentes pisos dos andaimes far-se-á por meio de pranchadas ou escadas com as características regulamentares.

Art. 12.º – Quando se trate de construções com estruturas moldadas no próprio local ou pré-fabricadas, que exijam andaimes diferentes do tipo usual, os serviços de inspecção podem relevar a inobservância dos preceitos regulamentares correspondentes, desde que se verifiquem requisitos de segurança idênticos.

Art. 13.º – Não é permitida a utilização dos andaimes durante os temporais que comprometam a sua estabilidade ou a segurança do pessoal.

Art. 14.º – O transporte manual de materiais nos andaimes, pranchadas e escadas de acesso só poderá ser efectuado por operários do sexo masculino com mais de 16 anos de idade. A carga e a altura não podem exceder, respectivamente, 30 kg e 9 m.

222 *Responsabilidade pela segurança na construção civil e obras públicas*

SECÇÃO II
Andaimes de madeira

SUBSECÇÃO I
Materiais

Art. 15.º – As madeiras a empregar nos andaimes devem estar completamente descascadas e em bom estado de conservação e ter arestas vivas e fibras direitas e paralelas ao eixo de cada peça.

A pintura e o tratamento das madeiras não poderão encobrir os defeitos destas.

§. 1° – As peças serão de secção bem definida e igual em todo o seu comprimento.

§ 2.° – Excepto nas polés e travessanhos, poderão ser tolerados nós de diâmetro inferior a 0,010m, desde que sejam sãos, bem aderentes e não agrupados.

§ 3.° – Não é permitido o uso de madeiras com nós que possam diminuir a resistência mecânica das peças.

Art. 16.° – A união dos elementos que compõem o andaime só pode ser feita por meio de parafusos de ferro, com anilhas e porcas.

§ único – Poderão, todavia, ser pregados os guarda-costas, guarda-cabeças e tábuas de pé.

SUBSECÇÃO II
Construção e características

Art. 17.° – O afastamento máximo dos prumos será de 2 m nos andaimes de construção e de 2,6 m de conservação.

Art. 18.º – Nas junções, os prumos têm de topejar e ser ligados por empalmes ou talas, observando-se o seguinte:

a) Os empalmes ou talas serão duplos e de secção igual e medirão cada um 0,80 m, não podendo a soma das secções ser inferior à dos prumos.

b) A junta ficará a meio dos empalmes, e estes serão fixados com dois parafusos por prumo (quatro por cada par).

c) Os parafusos estarão afastados 0,20m entre si e os dos extremos distarão 0,10 m do topo dos empalmes.

§ único – Poderão ser utilizados empalmes metálicos, desde que garantam condições de segurança não inferiores às dos de madeira.

Art. 19.º – O travamento dos prumos junto ao solo far-se-á por meio de varas ou de costaneiras.

Legislação de SHST

A ligação de vara a vara será feita com dois parafusos, afastados 0,15 m pelo menos, e a distância do prumo ao parafuso mais próximo não poderá ser inferior a 0,50 m.

§ único – Quando o terreno tiver declive superior a 0,30 m por metro, não é permitido o emprego de costaneiras e a secção das varas não poderá ser inferior a 0,06.m X 0,07 m.

Art. 20.° – Quando se apliquem travessanhos, a extremidade que for aparafusada ao prumo também se apoiará na tábua do travessanho; esta, por sua vez, ficará aparafusada ao prumo pelo lado de dentro.

Art. 21.° – As tábuas de pé serão, pelo menos, em número de quatro nos andaimes de construção e de duas nos andaimes de conservação.

§ único – Nos casos em que o tipo da obra o justifique, podem os serviços de inspecção autorizar, por escrito, que nos andaimes de construção haja menos de quatro tábuas de pé.

Art. 22.° – Para garantia da solidez dos andaimes, colocar-se-ão sempre travessas ou diagonais de contraventamento.

Art. 23.° – É obrigatória a aplicação de guarda-costas, que deverão ser pregados solidamente às faces interiores dos prumos, a 0,90m de cada plataforma do andaime.

Art. 24.° – Para impedir a queda de materiais e utensílios, haverá tábuas guarda-cabeças, que serão pregadas por forma idêntica à dos guarda-costas.

Art. 25.° – As peças dos andaimes de madeira terão as secções mínimas constantes da tabela seguinte:

ANDAIMES

Designação das peças	Para construção	Para Conservação
	Em centímetros	
Prumos	16×8	10×8
Travessanhos	16×8	–
Tábuas de travessanho	16×4	–
Polés	–	16×2,5
Tábuas de pé	18×4	18×4
Travessas ou diagonais	18×2,5	16×2,5
Guarda-costas	14×2,5	14×2,5
Guarda-cabeças	14×2,5	14×2,5
Empalmes	16×4	10×4

SECÇÃO III
Andaimes metálicos e mistos

Art. 26.º – Os andaimes metálicos e mistos, nos elementos que os compõem e na unidade da instalação, devem satisfazer condições de segurança não inferiores às estabelecidas para os andaimes de madeira.

§ único – As tábuas de pé serão solidamente fixadas à estrutura, não podendo utilizar-se pregos para esse efeito.

CAPITULO II
Plataformas suspensas

SECÇÃO I
Disposições gerais

Art. 27.º – Mediante prévia autorização por escrito dos serviços de inspecção, a conceder só em casos de reconhecida vantagem técnica, é permitida a utilização de plataformas suspensas com os requisitos dos artigos 30.º e seguintes.

§ único – A título muito excepcional e devidamente justificado, pode ser consentido o emprego de bailéus de características diferentes daquelas plataformas.

Art. 28.º – A fixação das plataformas às consolas ou a outros pontos de suspensão far-se-á de maneira que ofereça toda a segurança, sendo proibido o recurso a contrapesos para manter a posição das vigas de suporte.

§ único. Havendo dúvida sobre a resistência do ponto de apoio e do meio de fixação do braço da alavanca, poderá exigir-se a apresentação de cálculos de estabilidade, na base de uma carga igual ao triplo da carga máxima de serviço.

Art. 29.º – As plataformas não poderão ser utilizadas sem que o técnico responsável da obra verifique a sua montagem e mencione, nos termos da segunda parte do § único do artigo 6.º, o resultado do seu exame.

SECÇÃO II
Caracteristicas e acessórios

Art. 30.° – Todas as faces das plataformas terão guardas com a altura mínima de 0,90 m, não podendo os espaços livres permitir a passagem de pessoas.

Art. 31.º – A fim de reduzir a oscilação das plataformas, haverá, a toda a altura, cabos-guias esticados. Poderá, todavia, ser adoptado qualquer outro sistema de equilíbrio comprovadamente eficiente.

Art. 32.° – O comando do movimento da plataforma deverá ser único, para garantir permanente horizontalidade, e será manobrado por meio de um sistema diferencial, com manivela e trincos de segurança nos dois sentidos.

Art. 33.° – Os cabos de suspensão hão-de ter em todo o momento um coeficiente de segurança de 10, pelo menos, em relação ao máximo da carga a suportar, e o comprimento suficiente para que fiquem de reserva, na posição mais baixa da plataforma, duas voltas em cada tambor.

Art. 34.º – Os sarilhos das plataformas devem ser construídos e instalados de maneira que o mecanismo seja facilmente acessível a qualquer exame.

Art. 35.º – Os cabos, as correntes e as outras peças metálicas principais das plataformas e seus acessos 'serão devidamente protegidos contra a oxidação.

CAPITULO III
Passadiços, pranchadas e escadas

SECÇÃO I
Constituição e caracteristicas

Art. 36.º – Os passadiços, pranchadas e escadas aplicáveis em vãos até 2,5 m deverão ser fixados solidamente nos extremos e, a partir da altura de 2m, terão guarda-cabeças e corrimãos com as secções referidas no artigo 25.°.

226 *Responsabilidade pela segurança na construção civil e obras públicas*

Os passadiços, pranchadas e escadas, para vãos maiores serão devidamente calculados.

Art. 37.º – As tábuas de pé dos passadiços para vãos até 3 m terão as secções indicadas no artigo 25.º e serão ligadas entre si por travessas pregadas inferiormente.

Art. 38.º – As pranchadas serão construídas independentemente dos andaimes, levarão travessas destinadas a ligar as vigas e a impedir o escorregamento e satisfarão ainda às seguintes condições:

a) Altura máxima: 9m;

b) Inclinação máxima: 0,30 m por metro;

c) Largura mínima: 0,60 m;

d) Área mínima dos patins:1,20 × 1,25 m, salvo se o lanço estiver no prolongamento do anterior.

Art. 39.º – Além das condições exigidas no artigo 36.º, as escadas obedecerão aos requisitos seguintes:

a) As pernas terão uma secção de 0,16 m × 0,08 m e um afastamento mínimo de 0,60 m de eixo a eixo e serão calçadas de modo que não se desloquem;

b) Os degraus possuirão cobertores com a secção mínima de 0,18 m × 0,025 m e cunhos.

TITULO II

Aberturas e sua protecção

CAPITULO I

Aberturas nos soalhos ou plataformas de trabalho semelhantes

Art. 40.º – As aberturas feitas no soalho de um edifício ou numa plataforma de trabalho para passagem de operários ou material, montagem de ascensores ou escadas, ou para qualquer outro fim, serão guarnecidas de um ou mais guarda-corpos e de um guarda-cabeças, fixados sobre o soalho ou plataforma.

§ único – Os guarda-corpos, com secção transversal de 0,30 m2, pelo menos, serão postos à altura mínima de 1 m acima do pavimento, não podendo o vão abaixo deles ultrapassar a medida de 0,85 m.

A altura do guarda-cabeças nunca será inferior a 0,14 m.

Art. 41.º – Sempre que haja vigamentos a nu ou os elementos de enchimento não tenham adquirido ainda a necessária consistência, é obrigatório o emprego de estrados e outros meios que evitem a queda de pessoas, materiais e ferramentas.

CAPITULO II

Aberturas em paredes

Art. 42.º – Qualquer abertura feita numa parede, estando situada a menos de 1 m acima do soalho ou da plataforma, será protegida por um ou mais guarda-corpos com as características indicadas no § único do artigo 40.º, bem como, se for necessário, por um guarda-cabeças com a altura estabelecida naquele parágrafo. O guarda-cabeças ficará instalado o mais perto possível do pavimento ou do lado inferior da abertura.

CAPITULO III

Disposições comuns

Art. 43.º – Os dispositivos de protecção dás aberturas só podem ser retirados quando for necessário proceder ao fecho definitivo daquelas e, bem assim, durante o tempo estritamente necessário para o acesso de pessoas e transporte. ou deslocação de materiais.

No segundo caso, os dispositivos serão repostos logo que esteja concluída a operação.

TITULO III
Obras em telhados

Art. 44.° – No trabalho em cima de telhados que ofereçam perigo pela inclinação, natureza ou estado da sua superfície, ou por efeito de condições atmosféricas, tomar-se-ão medidas especiais de segurança, tais como a utilização de guarda-corpos, plataformas de trabalho, escadas de telhador e tábuas de rojo.

§ 1° – As plataformas terão a largura mínima de 0,40 m e serão suportadas com toda a segurança. As escadas de telhador e as tábuas de rojo serão fixadas solidamente.

§ 2.° – Se as soluções indicadas no corpo do artigo não forem praticáveis, os operários utilizarão cintos de segurança providos de cordas que lhes permitam prender-se a um ponto resistente da construção.

Art. 45.° – Nos telhados de fraca resistência e nos envidraçados usar-se-á das prevenções necessárias para que os trabalhos decorram sem perigo e os operários não se apoiem inadvertidamente sobre pontos frágeis.

Art. 46.° – Não devem trabalhar sobre telhados operários que tenham revelado não possuir firmeza e equilíbrio indispensáveis para esse efeito.

TITULO IV
Demolições

CAPITULO I
Disposições gerais

Art. 47.º – A demolição de qualquer edificação será dirigida por técnico responsável, legalmente idóneo, que responderá pela aplicação das medidas previstas neste título ou exigidas pela natureza especial dos trabalhos para protecção e segurança das pessoas e bens dos trabalhadores e do público.

CAPITULO II
Providências Preliminares

Art. 48.° – Não poderá ter início qualquer trabalho de demolição sem que previamente o técnico responsável se tenha assegurado de que a água, gás e electricidade fornecidos ao edifício se encontram cortados.

§ único – Se para o andamento dos trabalhos forem necessárias água ou energia, o respectivo fornecimento será feito em local e de forma a evitar quaisquer inconvenientes.

Art. 49.º – Os elementos frágeis, como envidraçados, fasquiados e estuques, serão retirados dos edifícios antes de começada a demolição.

§ único – Os operários empregados na remoção de estuques e tabiques utilizarão máscaras destinadas a defendê-los das poeiras, a menos que estas sejam eliminadas por meio de água ou qualquer outro processo adequado.

CAPITULO III
Outras providências

Art. 50.º – A demolição deve conduzir-se gradualmente, de cima para baixo, de andar para andar e dos elementos suportados para os elementos suportantes.

§ único – Não pode ser removido qualquer elemento suportante antes de o serem os elementos suportados que lhe correspondam, salvo se forem tomadas as devidas precauções para evitar os perigos que daí possam advir.

Art. 51.º – As paredes, chaminés e quaisquer outros elementos a demolir devem ser apeados por partes e nas condições exigidas na secção II do capítulo IV deste título.

§ 1 ° – Não é permitido lançar ou deixar cair materiais directamente sobre os pavimentos, nem a sua acumulação nos mesmos.

§ 2.º – Os produtos de demolição serão imediatamente retirados para fora do edifício:

Art. 52.° – As escadas e as balaustradas serão mantidas nos seus lugares durante o maior período de tempo possível.

230 *Responsabilidade pela segurança na construção civil e obras públicas*

Art. 53.º – Os elementos a demolir, particularmente paredes e chaminés, não podem ser abandonados em posição que torne possível o seu derrubamento por acções eventuais, nomeadamente a do vento ou a do choque de vigas.

Art. 54.º – Além das precauções previstas expressamente neste regulamento, haverá cuidados especiais no manejo de coberturas de chapas metálicas, no apeamento de cornijas e na demolição de paredes com vigas embebidas.

CAPÍTULO IV

Equipamento, instalações auxiliares e sua utilização

SECÇÃO I

Equipamento Do Pessoal

Art. 55.º – Todo o pessoal empregado em trabalhos de demolição usará calçado adequado.

§ 1° – Os trabalhadores expostos ao perigo da queda de objectos ou materiais usarão capacetes duros.

§ 2.º – Os trabalhadores empregados na remoção de materiais com arestas cortantes devem usar luvas resistentes.

SECÇÃO II

Remoção e descida de materiais

Art. 56° – Os produtos de demolição, sobretudo quando constituídos por grandes quantidades ou por volumes pesados, serão arreados por meio de cordas, cabos, roldanas, guinchos ou outros processos apropriados para zonas vedadas à permanência ou circulação do pessoal.

§ único – Na execução das descidas, adoptar-se-á um sistema adequado de sinalização e serão empregados, se necessário, cabos de cauda.

Art. 57.º – A utilização de um *derrick* na remoção de estruturas metálicas será precedida da verificação de que o pavimento onde vai ser instalado oferece a necessária resistência e estabilidade.

Nos casos em que isso seja aconselhável, poderão transmitir-se as cargas às vigas do pavimento por meio de pranchas suficientemente resistentes.

Art. 58.º – A remoção de materiais como tijolos e detritos pesados será feita por meio de caleiras metálicas ou de madeira que obedeçam aos seguintes requisitos:

a) Serem vedadas, para impedir a fuga dos materiais;

b) Não terem troços rectos maiores do que a altura correspondente a dois andares do edifício, para evitar que o material atinja, na descida, velocidades perigosas;

c) Terem na base um dispositivo de retenção eficiente, para deter a corrente de materiais;

d) Terem barreiras amovíveis junto da extremidade de descarga e um dístico com sinal de perigo.

Art. 59.º – Não é permitido o estacionamento de pessoas ou viaturas junto das extremidades de descarga das caleiras, excepto durante as operações de descarga.

Art. 60.º – Na descarga das caleiras, os operários usarão ferramentas apropriadas, sendo-lhes proibido. efectuá-la com as mãos.

SECÇÃO III

Andaimes

Art. 61.º – Sempre que se torne necessário ou vantajoso, serão montados andaimes para a demolição.

§ 1.º – Os andaimes serão construídos completamente desligados da zona em demolição, e de modo a poderem resistir, dentro de limites razoáveis, a pressões resultantes de desmoronamentos acidentais.

§ 2.º – São proibidos os andaimes no exterior das paredes sobre consolas, salvo se forem destinados à remoção de materiais leves que não ponham em perigo a estabilidade daquelas.

§ 3.º – Não é permitido que os operários trabalhem em cima dos elementos a demolir, a não ser que os serviços de inspecção reconheçam a impossibilidade de o fazerem por outra forma.

SECÇÃO IV
Plataformas

Art. 62.º – Na demolição de paredes exteriores, em edifícios de muitos andares, serão instaladas plataformas de descarga para evitar que sejam atingidos pela queda de materiais os operários que trabalham nos andares inferiores e o público.

§ 1° – As plataformas serão executadas com pranchas bastante resistentes, e o seu bordo exterior deverá estar, pelo menos, 0,15m mais alto do que o bordo interior.

§ 2 – O bordo exterior da plataforma será guarnecido de rede de areme galvanizado, com dimensões que ofereçam toda a segurança.

SECÇÃO V
Protecçao de aberturas

Art. 63.° – Todas as aberturas dos pavimentos do andar em demolição serão convenientemente tapadas para protecção do pessoal que trabalha nos andares inferiores, excepto se tiverem de ser utilizadas na passagem de materiais ou utensílios.

Não sendo possível mantê-las tapadas, as aberturas deverão ser resguardadas com corrimãos e guarda-cabeças.

CAPÍTULO V
Protecção do público

SECÇÃO I
Sinalizaçao

Art. 64.º – Durante o período de demolição, especialmente de edifícios situados em vias públicas, haverá um sistema permanente de sinalização destinado a prevenir o público da contingência de perigo.

Legislação de SHST

SECÇÃO II
Obras auxiliares

Art. 65.° – Junto de vias públicas, será vedado o passeio que confinar com o edifício a demolir.

§ 1° – Sempre que seja necessário, construir-se-ão plataformas, vedações com corrimão ou cobertos que garantam ao público passagem convenientemente protegida.

§ 2.° – Os cobertos sobre passeios devem poder resistir a uma carga de 700 kg /m2; no caso de servirem de depósito de produtos de demolição, este índice de resistência deverá ser elevado pelo menos ao dobro.

TÍTULO V
Escavações

CAPITULO I
Disposições comuns

Art. 66.° – Os trabalhos de escavação serão conduzidos de forma a garantir as indispensáveis condições de segurança dos trabalhadores e do público e a evitar desmoronamentos.

§ único – Haverá um técnico, legalmente idóneo, responsável pela organização dos trabalhos e pelo estudo e exame periódico das entivações.

Art. 67.° – É.indispensável a entivação do solo nas frentes de escavação. Aquela será o tipo mais adequado à natureza e constituição do solo, profundidade da escavação, grau de humidade e sobrecargas acidentais, estáticas e dinâmicas, a suportar pelas superfícies dos terrenos adjacentes.

§ único – Exceptuam-se da obrigação prevista neste artigo as escavações de rochas e argilas duras.

Art. 68.º – Quando sejam de recear desmoronamentos, derrubamentos ou escorregamentos, como no caso de taludes diferentes dos naturais, reforçar-se-á a entivação de modo a torná-la capaz de evitar esses perigos.

234 *Responsabilidade pela segurança na construção civil e obras públicas*

CAPITULO II

Obras auxiliares, equipamento e sua utilização

SECÇÃO I

Entivações

Art. 69.º – A entivação de uma frente de escavação, como das trincheiras, compreende, normalmente, elementos verticais ou horizontais de pranchões que suportem o impulso do terreno.

Estes impulsos podem ser transmitidos directamente pelos pranchões às escoras ou por intermédio de outros elementos que os liguem entre si por cruzamento.

§ único – Conforme a natureza do terreno e a profundidade de escavação, assim os elementos destinados a suportar directamente os impulsos serão mais ou menos afastados entre si, terão maior ou menor secção e poderão ser de madeira ou metálicos.

Os desenhos anexos Indicam, para três hipóteses, os madeiramentos mais convenientes.

Art. 70.º – Quando o terreno for escorregadio ou se apresentar sem grande coesão, devem usar-se cortinas de estacas-pranchas que assegurem a continuidade do suporte.

§ 1.º – Havendo pressões hidrostáticas, a cortina garantirá uma vedação suficiente.

§ 2.º – A espessura mínima das estacas-pranchas será de 0,05m e 0,08m, respectivamente, para profundidades de 1,20 m a 2,20 m e de 2,21 a 5m.

§ 3.º – Para escavações com mais de 5 m de profundidade as estacas-pranchas terão de ser metálicas.

Art. 71.º – As escoras (estroncas) devem manter os outros elementos de entivação na sua posição inicial e obedecer, para tanto, às seguintes condições:

a) Possuírem resistência suficiente, para o que serão calculadas como colunas, tendo em conta o efeito do varejamento;

b) Serem apertadas por meio de macacos, de cunhas ou por outro processo apropriado;

c) Descansarem sobre uma base estável, quando transmitirem directamente ao terreno as cargas que suportam;

Legislação de SHST   235

d) Impedirem o escorregamento da sua extremidade inferior por meio de espeques adequados, quando, na hipótese da alínea c), forem inclinadas;

e) Fazerem a ligação com os barrotes por meio de cunhas cravadas ou aparafusadas, no caso de escavação manual, e de cunhas aparafusadas, no caso de escavação mecânica.

Art. 72.º – Na abertura de trincheiras com profundidades compreendidas entre 1,20 m e 3m consideram-se asseguradas as necessárias condições de segurança contra desmoronamentos perigosos quando as entivações tenham como características mínimas as seguintes:

Natureza do solo	Prumos		Cintas		Estroncas		
	Secção (Cent.)	Espaçamento (Metros)	Secção (Cent.)	Espaçamento (Metros)	Secção (Cent.)	Espaçamento vertical (Metros)	Espaçamento horizontal (Metros)
Consistência média	5 × 15	1,80			10 × 15	1,20	1,80
Pouca consistência	5 × 15	0,90	10 × 95	1,20	10 × 15	1,20	1,80
Sem consistência	5 × 15	Pranchada contínua	10 × 15	1,20	10 × 15	1,20	1,80

SECÇÃO II
Passadiços Para Veiculos

Art. 73.º – Os passadiços para veículos poderão ser objecto de estrutura própria ou executados directamente sobre o terreno. Em qualquer das hipóteses, terão a largura mínima de 3,60m, devendo os bordos laterais ser guarnecidos solidamente por uma fila de barrotes.

§ único – Se a inclinação for acentuada e houver necessidade de o veículo estacionar na rampa, as rodas traseiras serão bloqueadas por meio de cunha com cabo resistente.

SECÇÃO III
Escadas

Art. 74.° – O desnível máximo a vencer por um tramo único de escadas auxiliares, de qualquer tipo, é de 6 m. No cimo de cada tramo, haverá uma plataforma com corrimão e guarda-cabeças.

Art. 75.° – Na abertura de trincheiras haverá, pelo menos, uma escada de mão em cada troço de 15 m, a qual sairá 0,90 m para fora da borda superior.

SECÇÃO IV
Macacos

Art. 76.° – Os macacos a empregar nas entivações (geralmente de parafuso), satisfarão às seguintes exigências:

a) Serem adequados ao fim a que se destinam;
b) Estarem sempre em boas condições de funcionamento;
c) Serem utilizados e conservados de acordo com as instruções dos respectivos fabricantes.

§ 1.° – Os macacos serão examinados, com frequência, por pessoa competente e, bem assim, antes da sua utilização após grandes períodos de repouso.

§ 2.° – As cargas a suportar pelos macacos serão bem centradas.

§ 3.° – O manejo dos macacos será confiado somente a operários idóneos.

§ 4.° – Não é permitido o trabalho debaixo de qualquer objecto suportado apenas por macacos.

SECÇÃO V
Escavadoras mecânicas

Art. 77.º – As escavadoras mecânicas, qualquer que seja o seu tipo (de baldes, de colher ou de garras, etc.), meio de accionamento (a vapor, electricidade, ar comprimido ou nafta, etc.) e processo de deslocação (carris, lagartas, etc.), satisfarão aos seguintes requisitos mínimos:

a) Serem apropriadas para o género de escavação a que se destinam;

Legislação de SHST 237

b) Funcionarem sempre em boas condições;

c) Serem utilizadas e conservadas segundo as instruções dos respectivos fabricantes.

§ 1.º – As escavadoras mecânicas serão examinadas com frequência por pessoa competente, especialmente depois de períodos grandes de repouso, não podendo ser postas em serviço antes de supridas as deficiências que o exame revelar.

§ 2.º – As escavadoras mecânicas só poderão ser conduzidas por maquinistas e operários habilitados, dispondo de um sistema de sinalização eficiente.

§ 3.º – Quando as escavadoras mecânicas estiverem em funcionamento, é proibida a aproximação de qualquer pessoa estranha ao serviço.

CAPÍTULO III
Normas de trabalho

Art. 78.º – Durante as escavações em que sejam utilizadas pás, picaretas, percutores e outras ferramentas semelhantes, os operários deverão manter entre si a distância mínima de 3,6 m, para evitar lesões.

Art. 79.º – Os produtos de escavação não podem ser depositados a menos de 0,60 m do bordo superior do talude.

§ único – Ao longo do bordo superior do talude fixar-se-á uma prancha de madeira, como resguardo, para evitar que os materiais rolem para as zonas escavadas.

Art. 80.º – Quando para a construção de muros de suporte ou de qualquer outro tipo de construção se hajam utilizado cortinas de estacas-pranchas ou outros elementos auxiliares, não podem os mesmos ser removidos dos seus lugares enquanto as ditas construções não atingirem a resistência necessária para o fim a que se destinam.

Art. 81.º – Antes de se executarem escavações próximas de muros ou paredes de edifícios, deve verificar-se se essas escavações poderão afectar a sua estabilidade. Na hipótese afirmativa, serão adoptados processos eficazes, como escoramento ou recalçamento, para garantir a estabilidade.

§ único – Os trabalhos referidos no corpo deste artigo serão orientados e examinados por pessoa competente.

238 *Responsabilidade pela segurança na construção civil e obras públicas*

Art. 82.° – Depois de temporais ou de qualquer outra ocorrência susceptível de afectar as condições de segurança estabelecidas, os trabalhos de escavação só poderão continuar depois de uma inspecção geral, que abranja os elementos de protecção dos trabalhadores e do público.

CAPITULO IV
Protecção do público

SECÇÃO I
Sinalização

Art. 83.° – O trânsito de peões e veículos deverá ser orientado por meio de sistemas adequados de sinalização que ofereçam completa segurança.

§ 1.° – Em todas as entradas e saídas de camiões haverá sinais de prevenção, devendo as manobras destes veículos serem dirigidas por um sinaleiro, que, simultaneamente, advertirá o público.

§ 2.° – Durante a noite, a sinalização far-se-á por meio de sinais luminosos vermelhos, e os passadiços destinados ao público deverão ser convenientemente iluminados.

§ 3.° – Nas trincheiras, os sinais luminosos vermelhos serão colocados ao longo das barreiras de protecção.

SECÇÃO II
Passadiços e Barreiras

Art. 84.° – Sempre que as escavações impeçam ou dificultem a normal passagem do público, serão instalados passadiços provisórios até que se restabeleça a normalidade.

§ 1° – Na construção dos passadiços, que podem ser de madeira, ter-se-á em conta o seguinte:

a) A largura deve estar de acordo com o movimento de pessoas;

b) Devem oferecer estabilidade suficiente e ter os lados protegidos com corrimão;

c) Serão mantidos livres de quaisquer obstáculos;

d) Se forem executados com pranchas, estas serão de espessura uniforme e ligadas entre si para evitar tropeços e deslocamentos.

§ 2.° – Quando a inclinação o aconselhe, os passadiços serão constituídos por degraus de pranchas sobre barrotes robustos ou por rampas com travessas antiescorregamento, espaçadas umas das outras no máximo de 0,40 m.

Art. 85.° – Os trabalhos de escavação devem ficar isolados do público por meio de barreiras protectoras, razoavelmente afastadas dos bordos.

TITULO VI

Aparelhos elevatõrios

CAPITULO 1

Disposições gerais

Art. 86.° – Os elementos de estrutura, mecanismo e fixação de que se compõem os guindastes, guinchos, talhas, cadernais, roldanas e outros engenhos elevatórios deverão ser de boa construção mecânica e de materiais apropriados, sólidos, resistentes, isentos de defeitos e mantidos permanentemente em estado impecável de conservação e funcionamento.

§ único – O técnico responsável examinará os referidos elementos quando forem instalados e, ulteriormente, pelo menos uma vez por semana.

A estes exames aplica-se o disposto na segunda parte do § único do artigo 6.°.

Art. 87.° – Em cada aparelho elevatório figurará por forma bem visível a carga máxima admitida, discriminando-se, quanto aos guindastes de lança móvel, as cargas máximas nos diferentes alcances da lança.

§ único – Prevendo-se que determinada carga atinja o peso útil admissível, será previamente ensaiada, com elevação a pequena altura, para verificar se o aparelho a suporta plenamente.

Art. 88.° – Os motores, engrenagens, transmissões, condutores eléctricos e outras partes perigosas serão providos de dispositivos eficazes de protecção, que não podem ser retirados durante o funcionamento.

240 *Responsabilidade pela segurança na construção civil e obras públicas*

§ único – Quando houver necessidade de os retirar, serão repostos tão depressa quanto possível, não podendo a máquina ou aparelho entrar em serviço antes de efectuada a reposição.

Art. 89.° – Adoptar-se-ão todas as disposições convenientes para salvaguardar a segurança das pessoas encarregadas da verificação e lubrificação dos guindastes e monta-cargas.

Art. 90.° – Os condutores de guindastes e aparelhos semelhantes devem dispor de uma cabina ou posto de comando coberto, que garanta completa segurança e perfeita visibilidade.

Art. 91.° – Nenhum condutor pode abandonar o aparelho que manobra estando a carga suspensa.

Art. 92.° – Não é permitido o transporte de qualquer pessoa por meio de guindastes, excepto na cabina do condutor, nem nos elevadores para carros de mão ou para argamassas.

Art. 93.° – Os recipientes destinados a içar tijolos, telhas ou outros materiais devem ser vedados de maneira que nenhum dos objectos transportados possa cair.

§ 1. – Os estrados destinados a içar ou a arrear materiais soltos ou carros de mão carregados serão guarnecidos de protecções adequadas.

§ 2.° – Os materiais terão de ser içados, arriados ou removidos de modo a evitar choques bruscos.

Art. 94.° – Utilizando-se paus de carga, serão estes solidamente espiados por meio de cordas ou cabos, que não podem ser fixados ao andaime.

Art. 95.° – O içamento de cargas junto de locais de circulação habitual de pessoas será feito em recintos resguardados. Se o volume da carga ou outro motivo atendível impedirem a aplicação desta regra, cumprirá aos interessados providenciar para que a circulação seja desviada ou interrompida pelo tempo indispensável.

Art. 96.° – Serão usadas as necessárias precauções para que, ao içar e arriar, a carga não vá embater em qualquer obstáculo.

Art. 97.° – Os condutores de aparelhos elevatórios serão operários especializados, com a idade mínima de 18 anos.

CAPITULO II
Meios de suspensao e fixação

Art. 98.º – Os cabos e qualquer outro meio de suspensão utilizados para içar ou arriar materiais devem oferecer ampla margem de resistência e encontrar-se sempre em perfeito estado de conservação.

O seu comprimento tem de ser suficiente para que, na máxima posição de trabalho, fiquem ainda duas voltas no tambor.

Art. 99.º – O diâmetro das roldanas e dos tambores em que girem cabos metálicos não pode ser inferior a quatrocentas vezes o diâmetro dos fios que constituem o cabo, excluída a «alma» do cabo.

Art. 100.º – Se os tambores e os guinchos forem de gornes, o raio destes será igual ou pouco superior ao do cabo. O passo dos gornes nunca será menor do que o diâmetro do cabo.

Art. 101.º – Os tambores dos guinchos estarão providos de guias que impeçam a fuga dos cabos.

Art. 102.º – Nos gornes do tambor ou na gola da roldana não podem ser usados cabos de diâmetro superior ao passo dos primeiros ou à largura da segunda.

Art. 103.º – Os cabos metálicos serão calculados de forma que tenham pelo menos um coeficiente de segurança de 6 em relação à carga máxima.

A sua resistência será determinada supondo os cabos apenas submetidos à força de tracção.

Art. 104.º – Nos trabalhos de içar ou arriar cargas não se empregará qualquer corrente ou cabo metálico com nós.

Art. 105.º – Os cabos e correntes dos aparelhos elevatórios, incluindo os que servem para a suspensão das lanças móveis dos «guindastes derrick», devem ser fixados aos tambores dos guindastes ou dos guinchos por forma segura e de modo que não corram o risco de serem cortados.

Art. 106.º – Será bastante resistente e adequada ao fim em vista qualquer ligação ou união provisória de cabos, correntes e de outros dispositivos aplicados na montagem ou desmontagem de guindastes.

Art. 107.º – As correntes, talhas e quaisquer argolas ou ganchos para içar ou arriar materiais ou empregados como meio de suspensão devem ser previamente ensaiados e ter inscritas, de forma bem legível, as indicações de carga útil admissível e a marca de identificação.

242 *Responsabilidade pela segurança na construção civil e obras públicas*

Art. 108.º – A não ser para efeitos de ensaio superiormente fiscalizado, nenhum elemento de fixação ou suspensão pode ser submetido a esforços que excedam a carga útil admissível.

Art. 109.º – Os ganchos para içar ou arriar materiais estarão munidos de um dispositivo eficiente que evite o desprendimento da lingada ou da carga.

§ único – Serão boleadas as partes dos ganchos que possam entrar em contacto com os cabos, cordas ou correntes.

Art. 110.º – Quando sejam utilizadas lingadas duplas ou múltiplas, as extremidades superiores das lingas devem ser reunidas por meio de uma argola e não metidas separadamente no «gato».

§ único – Esta prescrição não é obrigatória se a carga total não atingir metade da útil admitida pelo «gato» e se, além disso, as pernas da linga formarem um ângulo inferior a 60°.

Art. 111.º – Ao içar ou arriar objectos volumosos, a carga máxima da lingada será determinada em função da resistência e também da inclinação dos estropos ou lingas.

Nenhum estropo ou linga poderá estar em contacto com arestas vivas das estroncas ou das cargas.

Art. 112.º – O técnico responsável da obra examinará frequentemente os cabos, correntes, lingas ou estropos e outros acessórios de aparelhos elevatórios.

É aplicável a estes exames o disposto na segunda parte do § único do artigo 6.º.

CAPITULO III

Freios e dispositivos de travagem

Art. 113.º – Os guinchos, sarilhos e talhas serão providos de um ou vários freios eficazes, bem como de quaisquer outros dispositivos de segurança que se tornem necessários para evitar a queda das cargas.

Art. 114.º – Aplicar-se-á um dispositivo de travagem apropriado no tambor dos guindastes de lança móvel e na alavanca de comando dos sarilhos e talhas.

Art. 115.º – Nos aparelhos elevatórios accionados a vapor, a alavanca das mudanças de marcha terá um travão por meio de mola.

CAPITULO IV
GUINDASTES

SECÇÃO I
Disposições Gerais

Art. 116.º – Não pode ser posto em serviço qualquer guindaste sem o certificado de exame e ensaio, a passar pela autoridade competente e com especificação das cargas úteis admissíveis nos diferentes alcances da lança.

§ único – Os exames e ensaios repetir-se-ão regularmente dentro do prazo estabelecido no último certificado e em seguida à montagem ou a qualquer reparação importante do guindaste.

Art. 117.º – A carga útil admissível, especificada para cada alcance da lança no certificado mais recente, não deve exceder 80 por cento da carga máxima que o guindaste tenha suportado nesse alcance, durante o ensaio, e nunca ultrapassará a carga máxima declarada pelo fabricante.

Art. 118.º – A amarração dos guindastes deve ser ensaiada submetendo-se cada uma das amarras ao esforço máximo de arranque ou tracção, quer por meio de uma carga que ultrapasse em 25 por cento a carga máxima a elevar pelo guindaste, tal como está instalado, quer por meio de carga mais pequena disposta de forma a exigir um esforço equivalente.

Art. 119.º – Nenhum guindaste de lança móvel pode ser usado sem estar provido de indicador automático que mostre claramente ao condutor a aproximação dos limites de carga útil para os diversos alcances da lança. Se algum máximo for excedido, o aparelho indicador deverá emitir logo um sinal automático de alarme, de som característico e intensidade suficiente.

§ único – O disposto neste artigo não se aplica aos «guindastes derrick» com ovéns, aos guindastes manuais unicamente empregados na montagem e desmontagem de outro guindaste, nem àqueles cuja carga máxima admissível não ultrapasse 1000 kg.

Nestes casos será afixado no guindaste um quadro indicativo das cargas úteis admissíveis em todos os alcances da lança.

244 *Responsabilidade pela segurança na construção civil e obras públicas*

Art. 120.º – Em condições normais de trabalho, haverá um observador para dar ao condutor do guindaste os sinais indispensáveis à manobra.

Art. 121.º – Não sendo possível ao condutor ver a carga em todas as posições, serão colocados um ou mais observadores, de modo que a vigiem em todo o percurso e dêem àquele os sinais necessários.

Art. 122.º – Os sinais devem ser bem definidos para cada espécie de manobra e tais que a pessoa a quem se destinam os veja e interprete fàcilmente.

Os sinais principais são os seguintes, a realizar com o braço direito completamente estendido:

Içar: mão fechada, com o polegar voltado para cima;

Arriar: mão fechada, com o polegar voltado para baixo;

Parar: mão aberta, com a palma voltada para o condutor.

§ único – Os condutores são responsáveis pelo rigoroso acatamento dos sinais.

Art. 123.º – Durante o funcionamento do guindaste, tomar-se-ão todas as providências necessárias para impedir que alguém estacione ou circule onde possa ser atingido tanto pela carga como por qualquer peça do aparelho.

Art. 124.º – Sendo necessário empregar simultaneamente mais de um guindaste ou guincho para içar ou arriar uma carga, as máquinas, as instalações e os aparelhos a utilizar serão dispostos e fixados de maneira tal que nenhum deles, em qualquer momento, tenha de suportar carga superior à útil admissível ou seja colocado em posição de instabilidade.

§ único – A manobra conjunta dos aparelhos será executada sob a responsabilidade dum técnico.

Art. 125.º – As plataformas dos guindastes hão-de oferecer a necessária segurança, atendendo à altura, posição, capacidade de carga e potência do guindaste.

Art. 126.º – A plataforma de qualquer guindaste terá piso de madeira ou de chapa de ferro, gradeamento de protecção e meios seguros de acesso.

O condutor, a pessoa encarregada de fazer os sinais e, tratando-se de «guindastes derrick» com ovéns, o operador do mecanismo rotativo disporão, na plataforma, de espaço suficiente.

Art. 127.º – Os guindastes só podem ser empregados para içar ou arriar cargas verticalmente, salvo nos casos em que a sua estabilidade não seja afectada.

SECÇÃO II
Guindastes fixos

Art. 128.º – Os guindastes fixos serão lastrados por meio de carga suficiente e solidamente presa ou eficazmente imobilizados por outro processo.

§ único – No caso de estabilização por meio de lastro, será afixado na cabina de manobra do guindaste um diagrama indicando a posição e o valor do contrapeso.

SECÇÃO III
Guindastes móveis

Art. 129.º – Os carris em que se movam guindastes hão-de ter secção suficiente e superfície de rolamento contínua; serão ligados por meio de barretas e fixados firmemente às travessas, a menos que outras providências adoptadas assegurem a ligação e evitem variações sensíveis do seu afastamento.

§ único – Haverá um dispositivo para fixação de guindaste ao carril da via de rolamento.

Art. 130.º – As vias de apoio dos guindastes móveis serão bem assentes sobre suportes em bom estado e com a necessária resistência e terão calços ou esperas nas extremidades dos carris.

Art. 131.º – Deve ser prevista uma passagem nas plataformas, estruturas ou apoios, que fique o mais livre possível em todas as posições do guindaste e tenha, pelo menos, a largura de 0,60 m entre as partes móveis deste e as partes fixas ou o bordo das plataformas, estruturas ou apoios.

§ único – Serão tomadas as providências necessárias para impedir o acesso de pessoas a qualquer ponto onde não for possível manter livre a largura indicada no corpo do artigo.

Art. 132.º – Sempre que os ovéns móveis de um «guindaste derrick» não possam ser fixados a distância aproximadamente igual

246 Responsabilidade pela segurança na construção civil e obras públicas

entre si, devem tomar-se medidas para garantir a segurança do guindaste.

Art. 133.° – O alcance máximo da lança de um «guindaste derrick» deve ser claramente indicado no próprio guindaste.

§ único – É aplicável o disposto no artigo 98.° à qualidade e ao comprimento do cabo que serve para regular o alcance da lança.

CAPITULO V
Monta-cargas

Art. 134.° – Os monta-cargas destinam-se normalmente ao transporte de materiais.

§ único – A sua utilização no transporte de pessoas só é permitida em algum dos casos seguintes:

1) Quando satisfaçam às disposições regulamentares previstas para a instalação e funcionamento dos ascensores para pessoas;

2) Quando houver consentimento escrito da autoridade competente.

Art. 135.° – O exame e o ensaio dos monta-cargas serão renovados nos termos estabelecidos no § único do artigo 116.° para os guindastes.

Art. 136.° – Serão afixadas, de forma bem visível e em caracteres facilmente legíveis, as seguintes indicações:

a) Em todos os monta-cargas:

No estrado e no guincho: a carga máxima, expressa em quilogramas ou em toneladas.

b) Nos monta-cargas com certificado ou autorização para o transporte de pessoas:

No estrado ou na cabina: o número máximo de pessoas que podem ser transportadas de cada vez.

§ único – Em todos os locais de acesso aos monta-cargas destinados exclusivamente ao transporte de materiais será afixado o dístico: «Monta-cargas. Proibido o transporte de pessoas».

Art. 137.° – Os monta-cargas devem reunir os seguintes requisitos:

a) O estrado será construído de forma a garantir toda a segurança e, se for necessário, terá guardas;

b) As guias serão suficientemente rígidas para não flectirem e devem oferecer resistência bastante ao varejamento, no caso de eventual paragem brusca do estrado;

c) As caixas ou poços devem estar protegidos, em todos os níveis de trabalho, com excepção dos acessos, por taipais de 1,80 m de altura ou por outra vedação de eficácia equivalente;

d) O contrapeso mover-se-á entre guias; e, se for constituído por várias peças, estas terão de ser especialmente construídas para esse fim e ligadas umas às outras de modo seguro;

e) Os acessos serão convenientemente iluminados e protegidos por portas ou outras vedações equivalentes, com a altura mínima de 1 m, e dispositivos que as conservem fechadas durante o movimento do monta-cargas.

§ único – O movimento do monta-cargas não pode ser comandado do respectivo estrado.

Art. 138.º – Além de corresponderem às regras do artigo 98.º, todos os cabos de suspensão hão-de garantir, pelo menos, um coeficiente de segurança de 8 em relação à carga máxima.

§ único – Não podem utilizar-se cabos acrescentados.

Art. 139.º – As extremidades dos cabos de suspensão devem estar fixadas ao estrado por uma costura, com ligação sólida em fios de aço ou por qualquer outro processo equivalente.

§ único – A fixação do cabo ao tambor deve ser feita por forma adequada e segura.

Art. 140.º – Os tambores devem estar munidos de resguardos laterais que impeçam os cabos de se escaparem.

Art. 141.º – Quando se fizer uso de dois ou mais cabos de suspensão, a carga deve ser repartida igualmente por meio de dispositivo adequado.

Art. 142.º – As vagonetas transportadas em monta-cargas serão imobilizadas no estrado, em posição que ofereça toda a segurança.

Art. 143.º – O diâmetro dos cabos, nos tambores de gornes, será inferior ao passo e igual ou inferior ao diâmetro dos gornes.

Art. 144.º – O diâmetro das roldanas ou dos tambores não pode ser inferior a quatrocentas vezes o diâmetro dos fios que formam o cabo.

Art. 145.º – Não podendo o condutor ver o estrado em todo o seu percurso, colocar-se-á, em local apropriado, um observador responsável que lhe transmita os sinais necessários.

Art. 146.º – Quando o estrado estiver parado, o travão deve ficar aplicado automaticamente.

§ único – Durante a carga e descarga, a imobilização do estrado deve, além disso, estar assegurada por meio de calços ou outros dispositivos análogos.

Art. 147.º – Não deve ser possível inverter o sentido de marcha do monta-cargas sem passar por uma posição de paragem.

Art. 148.º – Não é permitido o emprego de rodas de roquete a que tenha de se soltar o linguete para o estrado poder descer.

Art. 149.º – Os monta-cargas terão interruptores de fim de curso, que façam cessar automaticamente a marcha logo que o estrado atinja o ponto superior de paragem. Acima deste ponto, haverá um espaço livre, de altura suficiente, para, em caso de avaria do interruptor, permitir a continuação da marcha.

TITULO VII
Equipamento de protecçao e primeiros socorros

CAPÍTULO I
Equipamento de protecção

Art. 150.º – A entidade patronal deve pôr à disposição dos operários os cintos de segurança, máscaras e óculos de protecção que forem necessários.

§ único – Os operários utilizarão obrigatoriamente estes meios de protecção sempre que o técnico responsável ou a entidade patronal assim o prescrevam.

CAPITULO II
Meios de salvação

Art. 151.º – Quando os trabalhos se realizarem junto de lugares em que haja risco de derrocada, incêndio ou afogamento, haverá no local de trabalho, em condições de utilização imediata, o necessário material de salvamento. Além disso, serão tomadas todas as providências para o pronto socorro de qualquer pessoa em perigo.

TITULO VIII
Disposições gerais

Art. 152.º – Este regulamento será distribuído aos industriais e aos operários da construção civil por intermédio dos organismos corporativos que os representam, sem prejuízo da acção a desenvolver em cumprimento da Lei n.º 2085, de 17 de Agosto de 1956, na parte que interessa à prevenção dos acidentes de trabalho e das doenças profissionais.

Art. 153.º – Nos locais de trabalho será afixado o texto das disposições deste regulamento que mais directamente interessem à defesa e protecção dos trabalhadores que neles prestem serviço.

Art. 154.º – Os operários cumprirão as prescrições de segurança respeitantes ao seu trabalho, quer estabelecidas pela legislação aplicável, quer concretamente determinadas pela entidade que os dirigir.

Art. 155.º – O pessoal das obras tomará as precauções necessárias em ordem à segurança própria ou alheia, abstendo-se de quaisquer actos que originem situações de perigo.

Art. 156.º – Aquele que verifique alguma deficiência susceptível de provocar acidente tem obrigação de a remediar prontamente ou prevenir sem demora quem possa tomar as necessárias providências.

Art. 157.º – Os meios de acesso aos locais de trabalho devem garantir toda a segurança.

Art. 158.º – Nenhum operário pode utilizar, para atingir ou abandonar qualquer lugar de trabalho, meios diferentes dos estabelecidos pela entidade patronal ou pelo encarregado da obra.

Art. 159.º – Ficando colocados a mais de 3,50 m de altura materiais e utensílios que possam cair e atingir alguém, será construída uma cobertura de protecção ou adoptada outra medida eficaz.

Art. 160.º – O material dos andaimes, as peças das máquinas e quaisquer outros objectos serão arriados com cuidado e nunca arremessados directamente.

250 *Responsabilidade pela segurança na construção civil e obras públicas*

Art. 161.º – Os estaleiros e outros locais de trabalho onde entrem pessoas, e todos os lugares de acesso, serão convenientemente iluminados.

§ único – Tornando-se necessário, instalar-se-á iluminação especial nas zonas dos andaimes ou das construções em que os materiais sejam içados.

Art. 162.º – Durante a realização de obras de construção civil, serão tomados os cuidados necessários para evitar que os operários contactem com condutores ou aparelhos eléctricos de qualquer tensão.

Art. 163.º – Não é permitida a utilização nem a arrumação de madeiras com pregos salientes.

A arrumação em depósito é sempre obrigatória relativamente às peças que não estejam em serviço e será feita de modo que não ofereça perigo.

Art. 164.º – Sem autorização do responsável da obra, ninguém pode alterar, deslocar, retirar, desarmar ou destruir as instalações e dispositivos de segurança prescritos no presente regulamento.

Art. 165.º – Sem prejuízo das comunicações impostas pela legislação em vigor sobre acidentes de trabalho, o técnico responsável, o empreiteiro ou o proprietário, conforme os casos, participarão, no prazo de vinte e quatro horas, qualquer acidente que obrigue a vítima a interromper o trabalho.

A participação será feita às entidades fiscalizadoras.

Art. 166.º – Se do acidente resultar morte ou lesões graves, as entidades competentes realizarão, com urgência, inquérito sumário sobre as causas do acidente, lavrando o respectivo auto.

§ único. Sem prejuízo da assistência a prestar às vítimas, o participante do acidente suspenderá, nestes casos, qualquer trabalho susceptível de destruir ou alterar os vestígios deixados.

TITULO IX

Fiscalização

Art. 167.º – A fiscalização do disposto neste regulamento compete à Inspecção do Trabalho e às câmaras municipais

§ único – Nas obras do Estado e dos corpos administrativos a fiscalização será da competência da Inspecção do Trabalho e dos serviços técnicos de que aquelas obras dependam

Art. 168.º – Os funcionários da fiscalização devem exercer uma acção não apenas repressiva, mas predominantemente educativa e orientadora.

Art. 169.º – Em caso algum poderá ser dificultada ou impedida a entrada nas obras aos funcionários da fiscalização e, bem assim, o seu acesso a qualquer local de trabalho.

Os donos, empreiteiros e técnicos são obrigados a prestar os esclarecimentos e a exibir os documentos que por aqueles lhes forem exigidos.

Art. 170.º – Não podem aceitar, sob pretexto algum, trabalho particular para projectos e obras de construção civil os funcionários que intervenham, por qualquer forma, na sua fiscalização.

TITULO X
Disposições penais

Art. 171.º – Sem prejuízo de quaisquer outras sanções de carácter penal aplicáveis nem das indemnizações a que possa dar lugar, a transgressão das disposições deste regulamento será punida nos termos seguintes:

a) Com multa de 200$ a 500$, a dos artigos 5.º; 7.º, § 2.º; 48.º e seu § único; 51.º, § 2.º; 62., § 1.º; 64.º; 65.º e seu § 1.º; 73.º; 83.º, § § 1.º e 2.º; e 136.º;

b) Com multa de 200$ a 500$, por pessoa em relação à qual se verifique a transgressão, a dos artigos 14.º; 44.º, § 2.º; 55.º, §§ 1.º e 2.º; 60.º; 76.º, § 3.º; e 92.º;

c) Com multa de 500$ a 2000$, a dos preceitos não mencionados nas alíneas anteriores.

Art. 172.º – O trabalhador que violar o preceituado nos artigos 154.º, 155.º, 156.º, 158 º e 164.º será punido com suspensão de dois a quinze dias de trabalho.

Art. 173.º – Em caso de reincidência pela primeira vez, os limites das multas serão agravados para o dobro; nas reincidências subsequentes, a multa não poderá ser inferior ao limite máximo aplicável pela primeira reincidência.

§ único – A suspensão referida no artigo 172.° não será inferior a dois terços ou à totalidade da sua duração máxima, conforme se trate da primeira ou das reincidências seguintes.

Art. 174.° – As multas são aplicáveis ao técnico responsável da obra; se este não tiver sido nomeado, ao empreiteiro; não havendo empreiteiro, ao dono da obra.

Art. 175.° – Compete aos tribunais do trabalho o julgamento das transgressões, aos preceitos deste regulamento, sendo aplicável aos autos de notícia levantados pelos funcionários da fiscalização o disposto nos artigos 24.° e seguintes do Decreto-Lei n.° 37 245, de 27 de Dezembro de 1948.

Art. 176.° – Em caso de autuação, e independentemente do normal prosseguimento do auto, notificar-se-á o técnico responsável, o empreiteiro ou o dono da obra, consoante os casos, para suprir, dentro de prazo certo, as deficiências encontradas.

§ único – A falta de cumprimento, dentro do prazo estabelecido, por parte do notificado, é punida com multa igual à anteriormente imposta, multiplicada pelo coeficiente 20, não podendo exceder 10000$.

Art. 177.° – Em casos de maior gravidade, e quando a aplicação das multas previstas no artigo anterior se mostrar ineficiente, poderá a obra ser embargada por qualquer das entidades fiscalizadoras.

§ único – A entidade que haja ordenado o embargo pode autorizar a continuação da obra, desde que tenham cessado as razões daquela providência.

Art. 178.° – Quando a aplicação do disposto no artigo anterior for motivada por falta imputável ao técnico responsável, poderá o Ministro das Corporações e Previdência Social, sob proposta da entidade fiscalizadora, suspendê-lo do exercício da profissão por um período de dois a vinte e quatro meses.

TITULO XI
Disposições finais e transitórias

Art. 179.° – Ninguém pode ser despedido por ter reclamado contra a falta de segurança dos locais de trabalho, das instalações e dos aparelhos ou máquinas ali empregados.

§ único – Verificado o despedimento por essa causa, o trabalhador terá direito à indemnização fixada no artigo 4.º do Decreto-Lei n.º 31 280, de 22 de Maio de 1941.

Art. 180.º – Nas obras em curso serão obrigatoriamente adoptadas as regras agora prescritas para todas as instalações, máquinas, aparelhos e demais elementos de trabalho, no prazo máximo de seis meses.

Publique-se e cumpra-se como nele se contém.

Paços do Governo da República, 11 de Agosto de 1958. – *Américo Deus Rodrigues Thomaz – António de Oliveira Salazar – Henrique Veiga de Macedo.*

MINISTÉRIO DAS OBRAS PÚBLICAS

GABINETE DO MINISTRO

DECRETO N.º 46 427
10 DE JULHO DE 1965

Torna-se conveniente regulamentar as disposições que deverão ser observadas nas obras em geral, em matéria de instalações para o pessoal que nelas trabalha;

Assim, e com base no estudo levado a efeito por comissão para esse fim nomeada;

Usando da faculdade conferida pelo n.º 3.º do artigo 109.º da Constituição, o Governo decreta e eu promulgo o seguinte:

Artigo único. É aprovado o Regulamento das Instalações Provisórias Destinadas ao Pessoal Empregado nas Obras, que faz parte integrante do presente diploma e com ele baixa assinado pelo Ministro das Obras Públicas.

Publique-se e cumpra-se como nele se contém.

Paços do Governo da República, 10 de Julho de 1965. – Américo Deus Rodrigues Thomaz – *António de Oliveira Salazar – Eduardo de Arantes e Oliveira*

REGULAMENTO DAS INSTALAÇÕES PROVISÓRIAS DESTINADAS AO PESSOAL EMPREGADO NAS OBRAS

CAPÍTULO I
Abastecimento de água

Artigo 1.º Em todos os locais onde se realizem obras deverá estar assegurado o fornecimento de água potável em quantidade suficiente para as necessidades do respectivo pessoal.

Art. 2.º Se existir rede de abastecimento local, a água deverá, sempre que possível, provir directamente dessa rede.

Art. 3.º Quando no local da obra não existir, rede de abastecimento ou não seja passível a sua utilização, e o número de pessoas nela a empregar e a sua natureza e duração o justifiquem, deverá, procurar-se dotá-lo com um sistema de abastecimento próprio de água potável.

Art. 4.º Não existindo rede de abastecimento local, nem se justificando a execução de sistema de abastecimento próprio, a água potável será obtida em origem conveniente e distribuída por meio de depósitos apropriados, fechados, devidamente localizados e permanentemente mantidos em bom estado de conservação e asseio.

§ 1.º A colheita da água destinada a esses depósitos será feita por forma higiénica, utilizando-se para o seu transporte recipientes fechados, destinados exclusivamente a esse fim e mantidos em bom estado de conservação e asseio.

§ 2.º Não sendo possível obter água potável em quantidade suficiente para todas as necessidades a satisfazer, poderá utilizar-se água não potável nas retretes e nos urinóis.

Quando assim suceder, nos recipientes e depósitos destinados ao transporte e distribuição de água não potável deverá ser aposta, a inscrição: «Água imprópria para beber».

258 *Responsabilidade pela segurança na construção civil e obras públicas*

Art. 5.º A utilização da água potável só poderá ser feita, a partir de torneiras ou jactos ligados à rede de abastecimento ou aos depósitos a que se refere o artigo 4.º.

§ 1.º Os dispositivos referidos no corpo deste artigo serão em número suficiente e convenientemente localizados, por forma a facilitar a utilização da água potável, quer para bebida., quer para lavagem do pessoal.

Os locais destinados à lavagem do pessoal serão devidamente resguardados das vistas.

§ 2.º É expressamente proibida a prática de mergulhar copos, canecas ou qualquer outra vasilha nos recipientes que contenham água potável para os fins indicados rio parágrafo anterior.

Art. 6.º Compete aos serviços técnicos de que dependam as obras:

a) Decidir sobre a impossibilidade alegada da utilização de água de uma rede de distribuição local;

b) Definir os casos em que deva ser dada aplicação ao disposto no artigo 3.º;

c) Aprovar o local e condições de colheita da água potável destinada ao abastecimento do pessoal, quando esta não provenha de rede local ou de sistema de abastecimento próprio;

d) Aprovar o tipo, número e localização dos depósitos para distribuição de água e, bem assim, o tipo de recipientes utilizados no seu transporte, recusando aqueles que não satisfizerem a qualquer dos requisitos fixados no artigo 4.º e no seu § 1.º;

e) Aprovar o número, tipo e localização das torneiras ou jactos ligados à rede de distribuição ou aos depósitos, conforme o abastecimento de água se fizer a partir de uma rede ou dos depósitos a que se refere o artigo 4.º;

f) Decidir sobre os casos a que se. reporta o § 2.º do artigo 4.º e aprovar as disposições a tomar de harmonia com o preceituado neste parágrafo.

CAPÍTULO II
Instalações sanitárias e drenagem dos seus esgotos

Art. 7.° Deverão existir nos locais onde se realizem obras, convenientemente localizadas e resguardadas das vistas, retretes para o pessoal – pelo menos uma por cada 25 indivíduos –, dispondo de água em quantidade suficiente para se manterem limpas e em boas condições de utilização. Quando agrupadas, as retretes individuais serão separadas entre si por divisórias com a altura mínima de 1,70 m.

§ 1.° As exigências mínimas, no que se refere a bacias de retrete, serão as do tipo turco sifonadas.

§ 2.° Poderá dispensar-se o cumprimento do determinado neste artigo:

a) Quando a localização da obra, sua natureza ou duração e o número de pessoas que nele trabalhem não justifiquem a instalação de retretes;

b) Sempre que a existência de retretes se apresente inconveniente em consequência da impossibilidade ou dificuldade da ligação dos seus esgotos à rede de drenagem local ou, não existindo esta, se não justifique o estabelecimento de um sistema de evacuação dos esgotos.

Art. 8.º A forma como deverá ser feita a drenagem dos esgotos e o destino a dar-lhes, incluindo, se se justificar, a execução de redes de drenagem privativas e de estações de depuração, serão resolvidos, para cada caso, tendo em consideração o número de indivíduos que trabalhem na obra, o tempo de duração, natureza e localização desta, de modo que fiquem devidamente asseguradas condições higiénicas, não só das zonas de trabalho, como também das da vizinhança.

Art. 9.° Quando pela localização da obra, sua natureza e duração se não justificar a existência de retretes, poderá permitir-se a adopção de outra solução que assegure as necessárias condições higiénicas, considerando-se como exigência mínima a utilização de valas abertas no terreno, com a profundidade aproximada de 0,60 m, a largura mínima de 0,60 m e suficientemente resguardadas das vistas.

§ 1.º Quando forem utilizadas valas, será obrigatória a imediata cobertura dos dejectos, depois da sua deposição, com soluto de cal ou criolina e logo em seguida com terra, para o que deverão existir no local os meios necessários para o efeito.

§ 2.º A vala não poderá receber dejectos até mais de 0,40 m de altura, devendo os restantes 0,20 m ser preenchidos com terra batida.

§ 3.º A localização destas valas será escolhida tendo em atenção, a má vizinhança que originam e a possibilidade de contaminação de águas.

Art. 10.º Sempre que a natureza e duração das obras e o número de pessoas que nelas trabalhem o justifiquem, deverão existir urinóis, em número suficiente, convenientemente localizados e resguardados das vistas por meio de uma protecção, mesmo rudimentar, dispondo de água em quantidade suficiente para se manterem limpos e em leoas condições de utilização e ligados ao sistema de esgotos.

Art. 11.º Não existindo sistema de esgotos, poderá ser permitida, em substituição dos urinóis, a adopção de outra solução que assegure as necessárias condições higiénicas, considerando-se como exigência mínima a utilização de valas para urinar, ligadas a poços absorventes.

§ 1.º Quando se utilizarem valas para urinar, estas terão 0,60 m de largura, 0,60 m de profundidade e declive acentuado, devendo estender-se, no máximo, 2 m para cada lado do poço absorvente a que estão ligadas e ficar suficientemente resguardadas das vistas por meio de uma protecção, mesmo rudimentar.

§ 2.º Os poços absorventes serão circulares, com diâmetro, sempre que possível, não inferior a 2 m e profundidade de 1 m, cheios até 0,75 m com brita e dessa altura até ao nível de terreno com areia ou saibro.

§ 3.º As valas e, bem assim, a superfície superior do poço absorvente serão diariamente regadas com soluto de cal ou criolina.

§ 4.º A localização das valas para urinar e respectivos poços absorventes será escolhida tendo em atenção a má vizinhança que originam e a possibilidade de contaminação de águas.

Art. 12.º Compete aos serviços técnicos de que dependam as obras:

a) Aprovar o tipo, número e localização alas retretes e promover que estas disponham dos meios necessários para se manterem permanentemente limpas e em boas condições de utilização;

b) Decidir sobre a dispensa prevista no § 2.º do artigo 7.º;

c) Aprovar a forma como será feita a drenagem dos esgotos e o destino a dar-lhes, nos termos do artigo 8.º;

d) Aprovar as soluções previstas no artigo 9.º;

e) Sempre que seja autorizado o emprego de valas, aprovar a sua localização e promover que a respectiva utilização obedeça, exactamente, ao disposto nos §§ 1.º e 2.º do já citado artigo 9.º;

f) Aprovar o tipo, número e localização dos urinóis e promover que disponham dos meios necessários para se manterem permanentemente limpos e em boas condições de utilização;

g) Decidir sobre os motivos alegados para poderem ser utilizados os dispositivos referidos no artigo 11.º, e aprovar o tipo dos que lhes forem propostos;

h) Quando tiver sido autorizado o emprego de valas para urinar ligadas a poços absorventes, aprovar a sua localização e promover que a sua construção e utilização obedeçam ao indicado nos §§ 1.º, 2.º e 3." do já citado artigo 11.º

CAPTÍTULO III
Recolha de lixos e seu destino

Art. 13.º Em todas as obras cuja execução implique a existência de dormitórios e refeitórios para o pessoal que nelas trabalhe, deverá assegurar-se um sistema de recolha de lixos, em recipientes fechados, e a sua remoção diária.

Se essa remoção não for efectuada por serviço público, deverá dar-se aos lixos destino conveniente, sob o ponto de vista higiénico.

§ único. Sempre que a natureza da obra, sua duração e o número de pessoas que nela trabalhem não justificarem a existência das instalações referidas neste artigo, nem a remoção diária dos lixos, deverão os detritos de comida e outros ser lançados em fosso para

262 Responsabilidade pela segurança na construção civil e obras públicas

esse fim aberto no terreno e seguidamente recobertos com uma camada de terra.

Art. 14.º Compete aos serviços técnicos de que dependam as obras:

a) Promover que, quer os locais de. trabalho, quer os de estada do pessoal, se mantenham limpos e isentos de lixos;

b) Aprovar os modelos de recipientes para recolha dos lixos;

c) Aprovar o destino a dar aos lixos, quando estes não sejam removidos por serviços públicos;

d) Promover o exacto cumprimento do disposto no § único do artigo 13.º, nos casos por ele abrangidos.

CAPÍTULO IV
Alojamentos para o pessoal

SECÇÃO I
Dormitórios e habitações para o pessoal

Art. 15.º Quando numa obra exista guarda permanente, deverá ser prevista uma construção, mesmo com carácter provisório, para lhe servir exclusivamente de local de repouso, com área não inferior a 6 m2 e com um pé-direito mínimo de 2,20 m.

§ único. Tratando-se de obras cuja execução decorra no período compreendido entre 1 de Abril e 31 de Outubro, as construções a que se refere este artigo poderão ser substituídas por barracas com a mesma área, de lona impermeável ou de outro material semelhante.

Art. 16.º Sempre que numa obra se empregar pessoal deslocado, deverá ser-lhe assegurado alojamento.

§ 1.º Considera-se pessoal deslocado todo aquele que diàriarnente seja obrigado a um percurso de ida e volta superior a duas horas, salvo se para utilizar qualquer meio de transporte, ou para se alojar nas suas proximidades, não tenha que despender mais de 1/10 do seu salário.

§ 2.º Estes alojamentos deverão ser situados próximo dos locais onde se realizem as obras e garantir, em boas condições higiénicas, o necessário repouso ao pessoal para que são destinados, quer descanse de dia, quer de noite.

Art. 17.° Os executores de obras poderão ser dispensados da instalação de alojamentos colectivos para o pessoal deslocado que nelas trabalhe:

a) Desde que lhe faculte gratuitamente outro alojamento satisfazendo as condições fixadas no § 2.° do artigo 16.°;

b) Ou desde que suportem o encargo representado pela diferença entre o custo dos transportes que esse pessoal tenha de utilizar diariamente e 1/10 dos seus salários.

Art. 18.° Os alojamentos colectivos para o pessoal deverão compreender dormitórios e instalações sanitárias anexas.

Art. 19.° Os dormitórios colectivos para o pessoal, que poderão ser desmontáveis, deverão satisfazer as seguintes condições mínimas:

a) As camas serão de preferência metálicas e fáceis de desmontar, para permitir uma eficiente desinfecção e desinfestação, não sendo de autorizar a instalação do tipo beliche com mais de duas camas;

b) O afastamento mínimo entre duas camas contíguas será de 1 m, mínimo este que se elevará para 1,50 m quando se instalarem beliches de duas camas;

c) Existirá coxia, com a largura mínima de 1,50 m, entre as camas e a parede, quando houver uma única fila de camas. Este mínimo será elevado para 2 m para largura das coxias entre as camas, quando forem previstas duas ou mais filas de camas;

d) A cubagem por ocupante não será inferior a 5,50 m3;

e) O pé-direito mínimo será de 3 m;

f) As paredes exteriores serão impermeáveis e garantirão um grau de isolamento térmico conveniente;

g) O pavimento será de material fàcilmente lavável e construído por forma a impedir infiltrações;

h) A cobertura será impermeável.;

i) Será assegurada uma ventilação conveniente, por janelas e por ventiladores protegidos, sempre que se justifique, por redes metálicas, a fim de impedir a entrada de mosquitos e de outros insectos;

j) A iluminação natural far-se-á por janelas com superfície total de, pelo menos, 1/10 da área do pavimento, dotadas de dispositivos que garantam um obscurecimento suficiente para permitir o descanso do pessoal que trabalhe de noite;

k) Disporão de iluminação eléctrica, salvo reconhecida impossibilidade, caso em que deverá ser empregado outro sistema de iluminação que dê a garantia de não viciar o ar e de não constituir perigo de incêndio;

l) Disporão, quando tal se justifique, de aquecimento do ambiente durante os meses mais frios do ano, com proibição expressa do emprego de braseiras ou semelhantes;

m) Disporão de portas a abrir para o exterior, com largura suficiente para permitirem a rápida saída dos ocupantes em caso de sinistro, portas essas que deverão estar sempre desimpedidas;

n) Disporão de instalação para extinção de incêndios, por meio de água sob pressão ou de extintores, em número suficiente e devidamente localizados;

o) Disporão de cacifos ou armários individuais, à prova de roedores, convenientemente localizados, onde o pessoal possa guardar os fatos de trabalho, separadamente das outras roupas.

Art. 20.º Os dormitórios colectivos serão mantidos em boas condições de higiene e limpeza, para o que devem ser:

a) Limpos diàriamente;

b) Submetidos a desinfecção e desinfestação todos os três meses;

c) Caiados ou pintados periodicamente.

§ único. Haverá sempre um responsável pelo asseio e disciplina de cada alojamento colectivo.

Art. 21.º Tratando-se de obras cuja execução decorra no período compreendido entre 1 de Abril e 31 de Outubro, poderão ser utilizados para dormitórios colectivos barracas de lona ou de outro material semelhante, desde que:

a) Sejam impermeáveis;

b) Satisfaçam as condições mínimas fixadas nas alíneas a), b), c), k), n) e o) do artigo 19.º;

c) Disponham de ventilação e iluminação natural suficientes;

d) Disponham de protecção contra insectos, a que se refere a alínea i) do já citado artigo 19.º.

Art. 22.° É aplicável aos dormitórios colectivos em barracas de lona ou de outro material semelhante. o disposto nas alíneas a) e b) do artigo 20.° e no seu § único.

Art. 23.° As construções destinadas às instalações sanitárias, que poderão ser desmontáveis, deverão satisfazer as seguintes condições:

a) Serão contíguas aos respectivos dormitórios colectivos e separadas destes por parede munida de porta;

b) Terão um pé-direito mínimo de 2,60 m;

c) Terão dimensões suficientes para comportarem em boas condições de utilização os dispositivos, cujo número mínimo, em função do número de ocupantes do dormitório a que disserem respeito, será o seguinte.

    1.° Lavatórios com uma torneira ou uma bica por cada 5 ocupantes;

    2.° Um chuveiro por cada 20 ocupantes;

    3.° Um urinol por cada 25 ocupantes;

    4.° Uma retrete por cada 15 ocupantes;

d) 0 pavimento será de betonilha ou equivalente, fàcilrnente lavável;

e) Disporão de ventilação natural conveniente, por janelas, destinadas também à sua iluminação natural, e sempre por ventiladores, protegidos por redes metálicas, a fim de impedir a entrada de insectos alados;

f) Disporão de iluminação eléctrica, salvo reconhecida impossibilidade, caso em que deverá ser empregado outro sistema de iluminação que, dê a garantia de não viciar o ar e de não constituir perigo de incêndio.

§ 1.° As retretes a que se refere este artigo poderão ser do tipo turco com sifão.

§ 2.° Quando a localização das construções referidas neste artigo o justificar, as retretes fixadas no n.° 4.° da sua alínea c) substituirão as exigidas no artigo 7.°, cuja instalação, por esse motivo, poderá então ser dispensada.

§ 3.° Os chuveiros, quando agrupados, deverão estar separados entre si por divisórias com a altura mínima de 1,70 m.

Poderá ser permitida como exigência mínima, para utilização como duches, a adopção de baldes suspensos a roldanas, tendo infe-

266 *Responsabilidade pela segurança na construção civil e obras públicas*

riormente um dispositivo provido de ralo. Entre o balde e o ralo deverá existir um sistema de obturação que permita interromper o duche quando se quiser.

§ 4.° Quando não existam lava-pés independentes, deverá prever-se uma bacia por debaixo do duche, com dimensões suficientes para esse fim, provida de válvula, ligada ao sistema de drenagem.

§ 5.° Sempre que tal se justifique, deverá prever-se o fornecimento de água quente para os duches e lava-pés I tirante os meses mais frios do ano.

Art. 24.° As instalações sanitárias deverão dispor de água corrente, em quantidade suficiente para todos os dispositivos instalados se poderem manter limpos e em boas condições de funcionamento.

§ 1.° A água a utilizar nos lavatórios e chuveiros deverá ser potável e obedecer, conforme os casos, ao disposto nos artigos 2.° e 3.° deste regulamento.

§ 2.° Quando a água não possa provir directamente da rede de abastecimento local ou de sistema de abastecimento próprio, nem houver possibilidade de se obter água potável em quantidade suficiente para uma conveniente higiénica utilização de todos os dispositivos instalados, deverão então prever-se nessas construções depósitos separados e apropriados, um para água potável, a partir do qual se fará o abastecimento dos lavatórios e chuveiros e outro para água não potável para abastecimento, das retretes e urinóis.

Art. 25.° Deverá ser assegurada a drenagem dos esgotos, dos lavatórios, chuveiros, retretes e urinóis a que se refere o artigo 23.° pela sua ligação à rede local ou sistema a prever nos termos do artigo 8.°.

Art. 26.° Nas obras com duração prevista superior a um ano, além dos alojamentos a que se refere o artigo 18.°, deverão existir habitações independentes, que poderão ser desmontáveis, destinadas ao pessoal recrutado com família a seu cargo, com residência a mais de 50 km do local do trabalho.

§ único. O número dessas habitações não deverá ser inferior a 20 por cento do total do pessoal referido neste artigo.

Art. 27.° As habitações referidas no artigo 26.° serão dos dois tipos a seguir indicados:

Tipo I – Constituídas por cozinha-sala comum, com a área mínima de 10 m2, e dois quartos de cama, respectivamente com as áreas mínimas de 6,50 m2 e 4 m2.

Tipo II – Constituídas por cozinha-sala comum, com a área mínima de 10 m2, e três quartos de cama, um com a área mínima de 6,5 m2 e dois com a área mínima de 4 m2.

§ 1.º Qualquer destes dois tipos disporá, em compartimento contíguo, de instalações sanitárias constituídas, no mínimo, por um lavatório, uma bacia de retrete (que poderá ser de tipo turco com sifão) e dispositivo para duches, devendo o seu abastecimento de água satisfazer ao determinado no artigo 24.º e a drenagem dos seus esgotos ao fixado no artigo 25.º.

§ 2.º Essas habitações, satisfazendo os mínimos fixados, nas alíneas f) e g) do artigo 19.º, terão um pé-direito mínimo de 2,5 m e deverão dispor de janelas envidraçadas, com uma superfície mínima igual a 1/10 da área do respectivo compartimento.

Art. 28.º O número total de habitações independentes a prever nos termos do disposto no artigo 26.º, compreenderá 50 por cento de cada um dos dois tipos fixados.

A distribuição de cada um desses tipos de habitações deverá ser feita tendo em consideração a composição dos agregados familiares a que são destinadas.

SECÇÃO II
Refeitórios para o pessoal

Art. 29.º Sempre que a natureza, localização e duração das obras e o número de indivíduos que nelas trabalhem o justifiquem, deverá ser previsto um local coberto e abrigado das intempéries, dotado de água potável e dispondo de mesas e bancos, onde o pessoal possa preparar e tomar as suas refeições.

Art. 30.º Tratando-se de obras que ocupem mais de 50 operários por período superior a seis meses, e quando a sua natureza e localização o justificar, deverão ser montadas cozinhas com chaminés, dispondo de pia e dotadas de água potável, e refeitórios com mesas e bancos, separados das primeiras, mas ficando-lhes contíguos.

§ 1. Os refeitórios deverão dispor de lavatórios com uma torneira ou bica por cada dez ocupantes.

§ 2.º A água a utilizar nas cozinhas e lavatórios deverá ser potável e obedecer, conforme os casos, ao disposto nos artigos 2.º, 3.º ou 4.º

268 *Responsabilidade pela segurança na construção civil e obras públicas*

§ 3.° O esgoto das pias e lavatórios deverá ser assegurado pela sua ligação á rede local ou ao sistema a prever nos termos do artigo 8.°

Art. 31.° As construções a que se refere o artigo anterior, que poderão ser desmontáveis, devem satisfazer as seguintes condições:

a) Disporão de uma cobertura impermeável;

b) As paredes exteriores garantirão defesa satisfatória do vento e da chuva;

c) O pavimento será de material facilmente lavável e construído por forma a impedir infiltrações;

d) O pé-direito mínimo livre será de 2,50 m;

e) Disporão de uma ventilação conveniente por janelas e por ventiladores, protegidos por redes metálicas, a fim de impedir a entrada de insectos alados:

f) A iluminação natural far-se-á por vãos com superfície total de, pelo menos, 1/10 da do pavimento.

g) Disporão de iluminação eléctrica, salvo reconhecida impossibilidade, caso em que deverá ser empregado outro sistema de iluminação que dê garantia de não viciar o ar e de não constituir perigo de incêndio;

h) Disporão de portas abrindo para o exterior, com largura suficiente.

Art. 32.° Os locais previstos nos artigos 29.° e 30.° serão mantidos em permanente estado de limpeza, devendo ser tomadas as providências necessárias para a eliminação dos lixos e resto de comida, nos termos do disposto no artigo 13.°.

Art. 33.º Ao pessoal é expressamente proibido preparar e tomar as suas refeições fora dos locais destinados a esse fim.

Art. 34.° Compete aos serviços técnicos de que dependam as obras:

a) Autorizar a utilização de barracas de lona ou de outro material semelhante nos casos previstos no § único do artigo 15.°, desde que satisfaçam os mínimos nele fixados;

b) Dispensar os executores das obras do cumprimento do disposto no artigo 16.°, desde que se verifique que por eles foi dada satisfação ao estabelecido nas alíneas a) ou b) do artigo 17.°;

Legislação de SHST 269

c) Promover quando tal se justifique, que seja dado cumprimento ao disposto nas alíneas k) e l) elo artigo 19.°;

d) Autorizar a utilização de barracas de lona ou de outro material semelhante para dormitórios colectivos nos casos previstos no artigo 21.°, desde que satisfaçam as condições fixadas nas suas alíneas e que a sua utilização obedeça ao determinado no artigo 22.°;

e) Quando tal se justificar, quer dispensar a instalação das retretes referidas no § 2.° do artigo 23.°, quer promover que seja dado cumprimento ao disposto no seu § 5.°;

f) Decidir os casos em que deva ser dado cumprimento ao disposto nos artigos 29.° e 30.°.

CAPÍTULO V
Disposições gerais, fiscalização e penalidades

SECCÃO I
Disposições gerais

Art. 35.° As disposições do presente regulamento são aplicáveis tanto a obras públicas como a obras particulares, quer sejam executadas em regime de empreitada, quer por administração directa.

§ 1.° Consideram-se obras públicas:

a) Os trabalhos de construção, reconstrução, reparação ou adaptação de bens imóveis e outros a fazer por conta do Estado, das autarquias locais e dos institutos públicos, ou que pelo Estado sejam comparticipados;

b) As obras de empresas concessionárias do Estado.

§ 2.° Consideram-se obras particulares as que não estiverem abrangidas pelo disposto no parágrafo anterior.

Art. 36.° Os encargos resultantes da aplicação do presente regulamento serão suportados peles executores das obras sempre que os respectivos contratos não disponham por forma diferente.

Art. 37.° Dos cadernos de encargos das empreitadas de obras públicas deverá constar a obrigação de os respectivos adjudicatários darem cumprimento às disposições do presente regulamento que lhes sejam aplicáveis.

§ único. Tratando-se de obras particulares, deverá constar das respectivas licenças idêntica obrigação para os seus executores.

Art. 38.° Na execução de obras públicas de qualquer natureza (referidas no § 1.° do artigo 35.°) os serviços técnicos responsáveis, tendo em consideração a natureza, importância, localização e duração prevista, grau de concentração e desenvolvimento a dar aos trabalhos, o número provável de pessoas a empregar e o local onde as mesmas forem recrutadas, precisarão aos seus adjudicatários, por escrito e antes do começo dos trabalhos, as disposições do presente regulamento a que logo de início ficarão obrigados, o prazo em que deverão efectivá-las e as demais indicações que se tornarem necessárias nos termos deste regulamento.

§ 1.° No decorrer da empreitada e em face da natureza, dos trabalhos a realizar e do desenvolvimento a dar às diferentes fases da sua execução, deverão os mesmos serviços técnicos determinar aos adjudicatários, também por escrito e com a necessária antecedência, as demais disposições do regulamento, a que ficarão obrigados, fixando a forma e os prazos para as cumprir.

§ 2.° Tratando-se de obras públicas a executar por administração directa, deverão os respectivos serviços promover que desde o seu início e nas diferentes fases da sua realização seja dado cumprimento às disposições do presente regulamento, tendo em consideração as circunstâncias já indicadas neste artigo.

Art. 39.° Na execução de obras particulares e sempre que tal se justificar, os serviços técnicos de que dependam, tendo em consideração a natureza, importância, localização e duração dos trabalhos, o número de pessoas a empregar e o local onde forem recrutadas, fixarão por escrito, nos documentos das mesmas obras e antes do seu início, as obrigações do presente regulamento a que o seu executor deverá dar satisfação, o prazo em que deverão efectivá-las e as demais indicações que se tornem necessárias nos termos deste regulamento.

§ único. Para cumprimento do disposto neste artigo, as obras não poderão ser iniciadas sem que os seus executores, com a necessária antecedência, dêem conhecimento à entidade licenciadora da data em que as pretendem começar.

Art. 40.° Nos locais de trabalho será afixado o texto das disposições deste regulamento que mais directamente interessam o seu pessoal.

Art. 41.º Ninguém pode ser despedido por ter reclamado contra faltas de cumprimento do preceituado neste regulamento.

§ único. Verificado o despedimento por essa causa., o trabalhador terá direito à indemnização fixada no artigo 4.º do Decreto-Lei n.º 31280, de 22 de Maio de 1941.

Art. 42.º Dos «Boletins de informação – Cadastro dos empreiteiros», relativos a empreitadas de obras públicas, deverá constar a informação sobre o modo como nelas foi dado cumprimento às disposições deste regulamento.

SECCAO II
Fiscalização

Art. 43.º A fiscalização do preceituado neste regulamento compete:

a) Nas obras públicas, aos serviços técnicos de que essas obras dependam e à Inspecção do Trabalho;

b) Nas abras particulares, aos serviços técnicos das entidades que as licenciaram e à Inspecção do Trabalho.

§ 1.º Nas obras comparticipadas pelo Estado, a fiscalização será exercida pelos serviços técnicos das entidades comparticipantes e comparticipadas e pela Inspecção do Trabalho. Quando estas obras forem executadas por administração directa, a fiscalização competirá então aos serviços técnicos das entidades comparticipantes e à Inspecção do Trabalho.

§ 2.º Sempre que o julgue conveniente, poderá a fiscalização fazer depender as suas resoluções que envolvam matéria de natureza sanitária de prévia consulta à respectiva delegação de saúde.

Art. 44.º Os funcionários da fiscalização devem exercer uma acção não apenas repressiva, mas predominantemente educativa e orientadora.

Art. 45.º Em caso algum poderá ser impedida ou dificultada a entrada nas obras e o acesso a qualquer local do trabalho aos funcionários da fiscalização e dos serviços de saúde.

Art. 46.º Das resoluções da fiscalização haverá os seguintes recursos:

a) Das tomadas pela fiscalização dos serviços técnicos de que uma obra pública dependa, para a chefia dos respectivos serviços;

272 Responsabilidade pela segurança na construção civil e obras públicas

b) Das tomadas pela fiscalização de obras particulares, para a entidade que as licenciou;

c) Das tomadas pela fiscalização da Inspecção do Trabalho, para a própria Inspecção do Trabalho.

§ único. Os recursos a que se refere este artigo não têm efeito suspensivo.

SECÇÃO III
Penalidades

Art. 47.° Se um adjudicatário não der cumprimento às obrigações que lhe foram impostas nos termos do disposto no artigo 38.° e seu § 1.°, a fiscalização, independentemente da aplicação das multas a que houver lugar, poderá promover a execução de tudo o que para. tal for necessário, à custa do mesmo adjudicatário.

Art. 48.° As obras particulares iniciadas em contravenção com o disposto no artigo 39.° poderão ser imediatamente embargadas por qualquer das entidades fiscalizadoras.

§ 1.° Do auto de embargo constará, com a minúcia suficiente, o estado de adiantamento das obras.

§ 2.° A suspensão dos trabalhos será notificada aos executores das obras e, no caso de estes se não encontrarem no local, aos respectivos encarregados.

§ 3.° A continuação dos trabalhos depois do embargo sujeita os executores da obra às penas do crime de desobediência qualificada.

§ 4.° 0 embargo só poderá ser levantado depois de cessar o motivo que o determinou.

Art. 49.° Os funcionários são disciplinarmente responsáveis pela observância do disposto nos artigos 37.° e seu § único, 38.° e seus parágrafos e 39.° e 48.° e seus parágrafos.

Art. 50.° Além das penalidades previstas nos artigos anteriores, as transgressões às disposições deste regulamento serão punidas:

a) Com multa de 200$: a falta de cumprimento das decisões tomadas pelos serviços técnicos respectivos no referente ao disposto nas alíneas c) do artigo 6.° e a) e b) do artigo 14.°, por cada trabalhador para o qual não for dado cumprimento ao disposto no artigo 16.°, ou, tenha sido concedida dispensa do cumprimento do disposto nesse artigo, por cada trabalhador para o qual não for dada exacta satisfação ao estabelecido nas alíneas a) ou b) do artigo 17.°; a falta de cumprimento do disposto no artigo 40.°; e ainda a falta de cumprimento das disposições deste regulamento, para as quais se não preveja penalidade especial;

b) Com multa de 500$: a falta de cumprimento das decisões tomadas pelos serviços técnicos respectivos no referente ao disposto nas alíneas a) e d) do artigo 6°, a), b), c), d), e), f), g) e h) do artigo 12.° e a), b), c) e d) do artigo 14.°;

c) Com multa de 1000$: a falta de cumprimento das decisões tomadas pelos serviços técnicos respectivos no referente ao disposto na alínea c) do artigo 12.°; e alíneas a), c), (d) e e) do artigo 34.°;

d) Com multa de 2000$: a falta de cumprimento do disposto no artigo 1.° e das decisões tomadas pelos serviços técnicos respectivos no referente ao disposto nas alíneas b) e c) do artigo 6.° e f) do artigo 34.°;

§ 1.° No caso de reincidência, as multas a aplicar serão agravadas para o dobro.

§ 2.° Nas obras públicas comparticipadas pelo Estado e executadas por administração directa serão suspensos os pagamentos a efectuar pela entidade comparticipante enquanto subsistir a falta que se observar no cumprimento das disposições deste regulamento.

Art. 51.° As multas cominadas no artigo anterior serão aplicadas aos executores das obras, quer sejam empreiteiros, tarefeiros ou donos.

§ 1.° Em caso de autuação, e independentemente do normal prosseguimento dos trabalhos, notificar-se-á o seu executor para suprir, dentro do prazo certo, as deficiências encontradas.

§ 2.° A falta de cumprimento no prazo fixado do que constar da notificação será punida com multa igual à anteriormente imposta., multiplicada pelo coeficiente 10, não podendo, porém, exceder 20 000$.

Art. 52.° Quando a aplicação das multas previstas no artigo anterior se mostrar ineficiente, poderá a obra ser embargada por qualquer das entidades fiscalizadoras.

§ 1.º Tratando-se de obras publicas, o embargo só poderá ser ordenado por acordo de todas as suas entidades fiscalizadoras.

§ 2.º As entidades que hajam ordenado o embargo de uma obra podem autorizar a continuação dos trabalhos, desde que tenha cessado o motivo que o determinou.

Art. 53.º O trabalhador que violar o preceituado nos artigos 5.º e 33.º será punido com suspensão de três dias de trabalho, e de quinze se se mancomunar com os executores de obras, com o fim de serem dispensados do cumprimento do disposto nos artigos 16.º e 17.º

§ único. Em caso de reincidência as suspensões aplicadas serão elevadas para o dobro.

Art. 54.º Compete aos tribunais do trabalho o julgamento das transgressões aos preceitos deste regulamento, sendo aplicável aos autos de notícia levantados pelos funcionários da fiscalização o disposto nos artigos 24.º e seguintes do Decreto-Lei n.º 37 245, de 27 de Dezembro de 1948.

Ministério das Obras Públicas, 10 de Julho 1965.

O Ministro das Obras Públicas, *Eduardo de Arantes e Oliveira*

DIRECTIVA 92/57/CEE DO CONSELHO
de 24 de Junho de 1992

relativa às prescrições mínimas de segurança e de saúde a aplicar nos estaleiros temporários ou móveis
(oitava directiva especial na acepção do n.º 1 do artigo 16.º da Directiva 89/391/CEE)

O CONSELHO DAS COMUNIDADES EUROPEIAS,

Tendo em conta o Tratado que institui a Comunidade Económica Europeia e, nomeadamente, o seu artigo 118.º.A,

Tendo em conta a proposta da Comissão (1), elaborada após consulta ao comité consultivo para a segurança, a higiene e a protecção da saúde no local de trabalho,

Em cooperação com o Parlamento Europeu (2),

Tendo em conta o parecer do Comité Económico e Social (3),

Considerando que o artigo 118.º-A do Tratado prevê que o Conselho adopte, por directiva, prescrições mínimas destinadas a promover a melhoria, nomeadamente, das condições de trabalho, a fim de assegurar um melhor nível de protecção da segurança e da saúde dos trabalhadores;

Considerando que, nos termos do referido artigo, essas directivas deverão evitar impor disciplinas administrativas, financeiras e jurídicas que sejam contrárias à criação e ao desenvolvimento de pequenas e médias empresas;

Considerando que a comunicação da Comissão sobre o seu programa no âmbito da segurança, da higiene e da saúde no local de trabalho (4) prevê a adopção de uma directiva com vista a garantir a segurança e a saúde dos trabalhadores nos estaleiros temporários ou móveis;

Considerando que, na sua resolução, de 21 de Dezembro de 1987, relativa à segurança, higiene e saúde no local de trabalho (5), o Conselho tomou nota da intenção da Comissão de lhe apresentar a curto prazo prescrições mínimas relativas aos estaleiros temporários ou móveis;

Considerando que os estaleiros temporários ou móveis constituem um sector de actividade que expõe os trabalhadores a riscos particularmente elevados;

Considerando que escolhas arquitectónicas e/ou organizacionais inadequadas ou uma má planificação dos trabalhos na elaboração do projecto da obra contribuíram para mais de metade dos acidentes de trabalho nos estaleiros da Comunidade;

Considerando que, em cada Estado-membro, as autoridades competentes em matéria de segurança e de saúde no trabalho devem ser informadas, antes do início dos trabalhos, da realização de obras importantes para além de um certo limite;

Considerando que, aquando da realização de uma obra, uma falha de coordenação, designadamente devido à presença simultânea ou sucessiva de empresas diferentes num mesmo estaleiro temporário ou móvel, pode provocar um número elevado de acidentes de trabalho;

Considerando que é por isso necessário reforçar a coordenação entre os diferentes intervenientes, desde a elaboração do projecto da obra e também durante a realização da obra;

Considerando que, a fim de garantir a segurança e a saúde dos trabalhadores, se impõe a observância das prescrições mínimas destinadas a assegurar um melhor nível de segurança e de saúde nos estaleiros temporários ou móveis;

Considerando, por outro lado, que os trabalhadores independentes e as entidades patronais quando eles próprios exercem uma actividade profissional num estaleiro temporário ou móvel podem, em razão dessa actividade, pôr em perigo a segurança e a saúde dos trabalhadores;

Considerando que, por conseguinte, é oportuno alargar aos trabalhadores independentes e às entidades patronais, quando exercem eles próprios uma actividade profissional no estaleiro, certas disposições pertinentes da Directiva 89/655/CEE do Conselho, de 30 de Novembro de 1989, relativa às prescrições mínimas de segurança e de saúde para a utilização pelos trabalhadores, no trabalho, de equipamentos de trabalho (segunda directiva especial) (6), e da Directiva 89/656/CEE do Conselho, de 30 de Novembro de 1989, relativa às prescrições mínimas de segurança e de saúde para a utilização pelos trabalhadores, no trabalho, de equipamentos de protecção individual (terceira directiva especial) (7);

Considerando que a presente directiva é uma directiva especial na acepção do n.º 1 do artigo 16.º da Directiva 89/391/CEE do Conselho, de 12 de Junho de 1989, relativa à aplicação de medidas destinadas a promover a melhoria da segurança e da saúde dos trabalhadores no trabalho (8); que, por esse facto, as disposições da referida directiva se aplicam plenamente ao domínio dos estaleiros temporários ou móveis, sem prejuízo de disposições mais restritivas e/ou específicas contidas na presente directiva;

Considerando que a presente directiva constitui um elemento concreto no âmbito da realização da dimensão social do mercado interno, nomeadamente no que diz respeito à matéria a que se refere a Directiva 89/106/CEE do Conselho, de 21 de Dezembro de 1988, relativa à aproximação das disposições legislativas, regulamentares e administrativas dos Estados-membros respeitantes aos produtos de construção (9), e à matéria a que se refere a Directiva 89/440/CEE do Conselho, de 18 de Julho de 1989, que altera a Directiva 71/305/ /CEE relativa à coordenação dos processos de adjudicação de empreitadas de obras públicas (10);

Considerando que, por força da Decisão 74/325/CEE (11), o Comité consultivo para a segurança, a higiene e a protecção da saúde no local de trabalho deve ser consultado pela Comissão com vista à elaboração de propostas neste domínio,

ADOPTOU A PRESENTE DIRECTIVA:

Artigo 1.º
Objecto

1. A presente directiva, que constitui a oitava directiva especial na acepção do n.º 1 do artigo 16.º da Directiva 89/391/CEE, estabelece as prescrições mínimas de segurança e saúde aplicáveis aos estaleiros temporários ou móveis tal como definidos na alínea a) do artigo 2.º

278 *Responsabilidade pela segurança na construção civil e obras públicas*

2. A presente directiva não se aplica às actividades de perfuração e extracção das indústrias extractivas na acepção do n.º 2 do artigo 1.º da Decisão 74/326/CEE do Conselho, de 27 de Junho de 1974, que torna extensiva a competência do órgão permanente para a segurança e salubridade nas minas de hulha ao conjunto das indústrias extractivas (12).

3. As disposições da Directiva 89/391/CEE são plenamente aplicáveis ao conjunto do domínio referido no n.º 1, sem prejuízo de disposições mais restritivas e/ou específicas contidas na presente directiva.

ARTIGO 2.º
Definições

Para efeitos da presente directiva, entende-se por:

a) Estaleiros temporários ou móveis (a seguir designados por «estaleiros»), os estaleiros onde se efectuam trabalhos de construção de edifícios e de engenharia civil, cuja lista não exaustiva se inclui no anexo I;

b) Dono da obra, a pessoa singular ou colectiva por conta da qual é realizada uma obra;

c) Director/fiscal da obra, a pessoa singular ou colectiva encarregada da concepção e/ou da execução e/ou do controlo da execução da obra por conta do dono da obra;

d) Trabalhador independente, a pessoa cuja actividade profissional contribui para a realização da obra, com excepção das pessoas indicadas nas alíneas a) e b) do artigo 3.º da Directiva 89/391/CEE;

e) Coordenador em matéria de segurança e de saúde durante a elaboração do projecto da obra, a pessoa singular ou colectiva designada pelo dono da obra e/ou pelo director/fiscal da obra para executar, durante a elaboração do projecto da obra, as tarefas referidas no artigo 5.º;

f) Coordenador em matéria de segurança e de saúde durante a realização da obra, a pessoa singular ou colectiva designada pelo dono da obra e/ou pelo director/fiscal da obra para executar, durante a realização da obra, as tarefas referidas no artigo 6.º.

Artigo 3.º
Coordenadores. Plano de segurança e de saúde – Parecer prévio

1. O dono da obra ou o director/fiscal da obra nomeará, para um estaleiro em que vão operar várias empresas, um ou vários coordenadores em matéria de segurança e de saúde, tal como se encontram definidos nas alíneas e) e f) do artigo 2.º.

2. O dono da obra ou o director/fiscal da obra assegurará que, antes da abertura do estaleiro, seja estabelecido um plano de segurança e de saúde, em conformidade com a alínea b) do artigo 5.º.

Os Estados-membros, após consultarem os parceiros sociais, poderão derrogar o primeiro parágrafo, excepto se se tratar de trabalhos que acarretem riscos particulares como os enumerados no anexo II.

3. No caso de estaleiros

– cujos trabalhos tenham uma duração presumivelmente superior a 30 dias úteis e que empreguem simultaneamente mais de 20 trabalhadores

ou

– cujo volume se presuma vir a ser superior a 500 homens-dia,

o dono da obra ou o director/fiscal da obra comunicarão às autoridades competentes, antes do início dos trabalhos, o parecer prévio elaborado em conformidade com o anexo III.

O parecer prévio deverá ser afixado no estaleiro de forma visível e, se necessário, deverá ser actualizado.

Artigo 4.º
Elaboração do projecto da obra: Princípios gerais

Durante as fases de concepção, estudo e elaboração do projecto da obra, o director/fiscal da obra e, eventualmente, o dono da obra devem ter em consideração os princípios gerais de prevenção em matéria de segurança e saúde referidos na Directiva 89/391/CEE, nomeadamente:

– nas opções arquitectónicas, técnicas e/ou organizacionais para planificar os diferentes trabalhos ou fases do trabalho que irão desenrolar-se simultânea ou sucessivamente,

– na previsão do tempo a destinar à realização desses diferentes trabalhos ou fases do trabalho.

280 *Responsabilidade pela segurança na construção civil e obras públicas*

Serão igualmente tidos em conta, sempre que se afigure necessário, todos os planos de segurança e de saúde e todos os dossiers elaborados nos termos das alíneas b) ou c) do artigo 5.º ou adaptados nos termos da alínea c) do artigo 6.º.

ARTIGO 5.º
Elaboração do projecto da obra: Função dos coordenadores

O coordenador ou coordenadores em matéria de segurança e de saúde durante a elaboração do projecto da obra, nomeado(s) em conformidade com o disposto no n.º 1 do artigo 3.º:

a) Coordenarão a aplicação das disposições do artigo 4.º;

b) Elaborarão ou mandarão elaborar um plano de segurança e de saúde que indicará com precisão as regras aplicáveis ao estaleiro em questão, atendendo eventualmente às actividades de exploração que se realizem no local; esse plano deve ainda incluir medidas específicas relativas aos trabalhos que se insiram numa ou mais das categorias do anexo II;

c) Elaborarão um dossier adaptado às características da obra, que incluirá os elementos úteis em matéria de segurança e de saúde a ter em conta em eventuais trabalhos posteriores.

ARTIGO 6.º
Realização da obra: Função dos coordenadores

O coordenador ou coordenadores em matéria de segurança e de saúde durante a realização da obra, nomeado(s) em conformidade com o disposto no n.º 1 do artigo 3.º:

a) Coordenarão a aplicação dos princípios gerais de prevenção e de segurança:

– nas opções técnicas e/ou organizacionais para planificar os diferentes trabalhos ou fases de trabalho que irão desenrolar-se simultânea ou sucessivamente,

– na previsão do tempo destinado à realização desses diferentes trabalhos ou fases do trabalho;

b) Coordenarão a aplicação das disposições pertinentes, a fim de garantir que as entidades patronais e, se tal for necessário para a protecção dos trabalhadores, os trabalhadores independentes:

– apliquem de forma coerente os princípios indicados no artigo 8.º,

– apliquem, sempre que a situação o exija, o plano de segurança e de saúde previsto na alínea b) do artigo 5.º;

c) Procederão ou mandarão proceder a eventuais adaptações do plano de segurança e de saúde referido na alínea b) do artigo 5.º e do dossier referido na alínea c) do artigo 5.º, em função da evolução dos trabalhos e das modificações eventualmente efectuadas;

d) Organizarão a nível das entidades patronais, incluindo as que se sucedem no estaleiro, a cooperação e coordenação das actividades com vista à protecção dos trabalhadores e à prevenção de acidentes e de riscos profissionais prejudiciais à saúde, bem como a respectiva informação mútua, previstas no n.º 4 do artigo 6.º da Directiva 89/391/CEE, integrando, se existirem, os trabalhadores independentes;

e) Coordenarão a fiscalização da correcta aplicação dos métodos de trabalho;

f) Tomarão as medidas necessárias para que o acesso ao estaleiro seja reservado apenas a pessoas autorizadas.

ARTIGO 7.º
Responsabilidades do dono da obra, do director/fiscal da obra e das entidades patronais

1. O facto do dono da obra ou do director/fiscal da obra nomearem um ou vários coordenadores para a execução das tarefas referidas nos artigos 5.º e 6.º não os desobriga das suas responsabilidades neste domínio.

2. A aplicação dos artigos 5.º e 6. e do n.º 1 do presente artigo não prejudica o princípio da responsabilidade das entidades patronais consignado na Directiva 89/391/CEE.

ARTIGO 8.º
Aplicação do artigo 6.º da Directiva 89/391/CEE

Na realização dos trabalhos, aplicam-se os princípios enunciados no artigo 6.º da Directiva 89/391/CEE, designadamente no que diz respeito aos seguintes aspectos:

282 *Responsabilidade pela segurança na construção civil e obras públicas*

a) Manter o estaleiro em ordem e em estado de salubridade satisfatório;

b) Escolha da localização os postos de trabalho tendo em conta as condições de acesso a esses postos e a determinação das vias ou zonas de deslocação ou de circulação;

c) Condições de manutenção dos diferentes materiais;

d) Conservação, controlo antes da entrada em funcionamento e controlo periódico das instalações e dispositivos, a fim de eliminar deficiências susceptíveis de afectar a segurança e a saúde dos trabalhadores;

e) Delimitação e organização das zonas de armazenagem e de depósito dos diferentes materiais, especialmente quando se trate de matérias ou substâncias perigosas;

f) Condições de recolha dos materiais perigosos utilizados;

g) Armazenagem e eliminação ou evacuação de resíduos e escombros;

h) Adaptação, em função da evolução do estaleiro, do tempo efectivo a consagrar aos diferentes tipos de trabalho ou fases do trabalho;

i) Cooperação entre as entidades patronais e os trabalhadores independentes;

j) Interacções com actividades de exploração no local no interior do qual ou na proximidade do qual está implantado o estaleiro.

ARTIGO 9.º
Obrigações das entidades patronais

A fim de preservar a segurança e a saúde no estaleiro, e nas condições definidas nos artigos 6.º e 7.º, as entidades patronais:

a) Nomeadamente aquando da aplicação do artigo 8.º, tomarão medidas conformes com as prescrições mínimas constantes no anexo IV;

b) Atenderão às indicações do ou dos coordenadores em matéria de segurança e de saúde.

ARTIGO 10.º
Obrigações de outros grupos de pessoas

1. A fim de preservar a segurança e a saúde no estaleiro, os trabalhadores independentes:

a) Observarão mutatis mutandis designadamente:

   i) o disposto no n.º 4 do artigo 6.º e no artigo 13.º da Directiva 89/391/CEE, e no artigo 8.º e no anexo IV da presente directiva,

   ii) o disposto no artigo 4.º da Directiva 89/655/CEE e as disposições pertinentes do respectivo anexo,

   iii) o disposto no artigo 3.º, nos n.ᵒˢ 1 a 4 e no n.º 9 do artigo 4.º e no artigo 5.º da Directiva 89/656/CEE;

b) Atenderão às indicações do ou dos coordenadores em matéria de segurança e saúde.

2. A fim de preservar a segurança e a saúde no estaleiro, as entidades patronais, quando exerçam elas próprias uma actividade profissional no referido estaleiro:

   a) Observarão mutatis mutandis designadamente:

   i) o disposto no artigo 13.º da Directiva 89/391/CEE,

   ii) o disposto no artigo 4.º da Directiva 89/655/CEE e as disposições pertinentes do respectivo anexo,

   iii) o disposto no artigo 3.º, nos n.ᵒˢ 1 a 4 e no n.º 9 do artigo 4.º e no artigo 5.º da Directiva 89/656/CEE;

   b) Atenderão às indicações do ou dos coordenadores em matéria de segurança e de saúde.

ARTIGO 11.º
Informação dos trabalhadores

1. Sem prejuízo do artigo 10.º da Directiva 89/391/CEE, os trabalhadores e/ou os seus representantes serão informados de todas as medidas a tomar no que diz respeito à sua segurança e à sua saúde no estaleiro.

2. As informações devem ser compreensíveis para os trabalhadores a quem dizem respeito.

ARTIGO 12.º
Consulta e participação dos trabalhadores

A consulta e a participação dos trabalhadores e/ou dos seus representantes relativamente às matérias abrangidas pelo artigo 6.º e pelos artigos 8.º c 9.º da presente directiva efectuar-se-ão em conformidade com o artigo 11.º da Directiva 89/391/CEE, prevendo, sem-

284 *Responsabilidade pela segurança na construção civil e obras públicas*

pre que necessário, e atendendo à importância dos riscos e à dimensão do estaleiro, uma coordenação adequada entre os trabalhadores e/ou os representantes dos trabalhadores nas empresas que exerçam as suas actividades no local de trabalho.

ARTIGO 13.º
Alteração dos anexos

1. As alterações dos anexos I, II e III serão adoptadas pelo Conselho de acordo com o procedimento previsto no artigo 118.º-A do Tratado.

2. As adaptações de natureza estritamente técnica do anexo IV em função:

– da adopção de directivas em matéria de harmonização técnica e de normalização respeitantes aos estaleiros temporários ou móveis, e/ou

– do progresso técnico, da evolução das regulamentações ou especificações internacionais ou dos conhecimentos no domínio dos estaleiros temporários ou móveis,

serão adoptadas de acordo com o procedimento previsto no artigo 17.º da Directiva 89/391/CEE.

ARTIGO 14.º
Disposições finais

1. Os Estados-membros porão em vigor as disposições legislativas, regulamentares e administrativas necessárias para dar cumprimento à presente directiva o mais tardar em 31 de Dezembro de 1993.

Do facto informarão imediatamente a Comissão.

2. Quando os Estados-membros adoptarem tais disposições, estas deverão incluir uma referência à presente directiva ou ser acompanhadas dessa referência aquando da sua publicação oficial. As modalidades dessa referência serão adoptadas pelos Estados-membros.

3. Os Estados-membros comunicarão à Comissão o texto das disposições de direito interno já adoptadas ou que adoptarem no domínio regulado pela presente directiva.

4. Os Estados-membros enviarão à Comissão, de quatro em quatro anos, um relatório sobre a execução prática das disposições da presente directiva, do qual constarão os pontos de vista dos parceiros sociais.

A Comissão informará do facto o Parlamento Europeu, o Conselho, o Comité Económico e Social e o Comité consultivo para a segurança, a higiene e a protecção da saúde no local de trabalho.

5. A Comissão apresentará periodicamente ao Parlamento Europeu, ao Conselho e ao Comité Económico e Social um relatório sobre a execução da presente directiva, tendo em conta o disposto nos n.ᵒˢ. 1, 2, 3 e 4.

ARTIGO 15.º

Os Estados-membros são os destinatários da presente directiva.

Feito no Luxemburgo, em 24 de Junho de 1992.

Pelo Conselho

O Presidente

José da SILVA PENEDA

ANEXO I
LISTA NÃO EXAUSTIVA DOS TRABALHOS DE CONSTRUÇÃO DE EDIFÍCIOS E DE ENGENHARIA CIVIL REFERIDOS NA ALÍNEA a) DO ARTIGO 2.º DA DIRECTIVA

1. Escavação.
2. Terraplenagem.
3. Construção.
4. Montagem e desmontagem de elementos pré-fabricados.
5. Adaptação ou equipamento.
6. Transformação.
7. Renovação.
8. Reparação.
9. Desmantelamento.
10. Demolição.
11. Manutenção.
12. Conservação – Trabalhos de pintura e limpeza.
13. Saneamento.

286 *Responsabilidade pela segurança na construção civil e obras públicas*

ANEXO II

LISTA NAO EXAUSTIVA DOS TRABALHOS QUE IMPLICAM RISCOS ESPECIAIS PARA A SEGURANÇA E A SAÚDE DOS TRABALHADORES REFERIDOS NO SEGUNDO PARÁGRAFO DO N.º 2 DO ARTIGO 3.º DA DIRECTIVA

1. Trabalhos que exponham os trabalhadores a riscos de soterramento, de afundamento ou de queda de altura, particularmente agravados pela natureza da actividade ou dos métodos utilizados ou pelo enquadramento em que está situado o posto de trabalho ou a obra (*).

2. Trabalhos que exponham os trabalhadores a substâncias químicas ou biológicas que representem riscos específicos para a segurança e a saúde dos trabalhadores ou relativamente às quais exista uma obrigação legal de vigilância sanitária.

3. Trabalhos com radiações ionisantes em relação aos quais seja obrigatória a designação de zonas controladas ou vigidadas como as definidas no artigo 20.º da Directiva 80/836/Euratom (¹).

4. Trabalhos na proximidade de cabos eléctricos de alta tensão.

5. Trabalhos que impliquem risco de afogamento.

6. Trabalhos de poços, de terraplenagem subterrânea e de túneis.

7. Trabalhos de mergulho com aparelhagem.

8. Trabalhos em caixa de ar comprimido.

9. Trabalhos que impliquem a utilização de explosivos.

10. Trabalhos de montagem ou desmontagem de elementos pré-fabricados pesados.

(*) Para a aplicação deste ponto 1, os Estados-membros têm a faculdade de fixar índices numéricos para cada situação particular.

*Nota do autor: Vd. o que sobre este * se diz nas notas III ao art. 7.º e IV ao art. 25.º*

(¹) JO n.º L 246 de 17. 9. 1980, p. 1. Directiva com a última redacção que lhe foi dada pela Directiva 84/467/Euratom (JO n.º L 265 de 5. 10. 1984, p. 4).

Nota do autor: Não se inclui o texto dos Anexos III e IV da Directiva.

PORTARIA N.º 101/96
de 3 de Abril

As regras gerais relativas a prescrições mínimas de segurança e saúde no trabalho, a aplicar nos estaleiros temporários ou móveis, foram definidas por diploma legal que procedeu à transposição para o direito interno das disposições gerais da Directiva n.º 92/57/CEE, do Conselho, de 24 de Junho.

De acordo com o referido diploma legal, é necessário estabelecer a regulamentação dessas prescrições mínimas, em conformidade com as regras complementares da mesma directiva, através de portaria do Ministro do Emprego e da Segurança Social.

Assim:

Manda o Governo, pelos Ministros da Saúde e para a Qualificação e o Emprego, ao abrigo do artigo 14.º do Decreto-Lei n.º 155/95, de 1 de Julho, o seguinte:

1.º
Objecto

A presente portaria regulamenta as prescrições mínimas de segurança e de saúde nos locais e postos de trabalho dos estaleiros temporários ou móveis.

2.º
Estabilidade e solidez

1 – Os materiais, os equipamentos, bem como todos os elementos que existam nos locais e nos postos de trabalho, devem ter solidez e ser estabilizados de forma adequada e segura.

2 – O acesso a qualquer local que não obedeça às exigências referidas no número anterior só pode ser autorizado desde que sejam

Responsabilidade pela segurança na construção civil e obras públicas

fornecidos equipamentos ou outros meios adequados, que permitam executar o trabalho em segurança.

3 – Todas as instalações existentes no estaleiro devem possuir estrutura e estabilidade apropriadas ao tipo de utilização previsto.

4 – Os postos de trabalho móveis ou fixos, situados em pontos elevados ou profundos, devem ter estabilidade e solidez de acordo com o número de trabalhadores que os ocupam, as cargas máximas que poderão ter de suportar, bem como a sua repartição pelas superfícies e as influências externas a que possam estar sujeitos.

5 – Os postos de trabalho referidos no número anterior devem ser concebidos de forma a impedir qualquer deslocação intempestiva ou involuntária do seu conjunto ou de partes que os constituam.

6 – Para além das verificações prévias da estabilidade e da solidez dos postos de trabalho, devem ser feitas outras, sempre que haja modificações, nomeadamente na altura ou na profundidade.

3.º
Dimensões e volume de ar nas instalações

Os locais de trabalho devem ter superfície e altura que permitam executar todas as tarefas previstas sem risco para a segurança e saúde dos trabalhadores.

4.º
Instalações de distribuição de energia

1 – As instalações de distribuição de energia não podem comportar risco de incêndio ou explosão e devem assegurar que a respectiva utilização não constitua factor de risco para os trabalhadores, por contacto directo ou indirecto.

2 – A concepção, a realização e os materiais utilizados nas instalações devem respeitar a legislação específica aplicável, nomeadamente o Regulamento de Segurança de Instalações de Utilização de Energia Eléctrica.

3 – As instalações de distribuição de energia eléctrica existentes no estaleiro, nomeadamente as que estão sujeitas a influências exteriores, devem ser regularmente verificadas e conservadas.

4 – As instalações existentes antes da implantação do estaleiro devem ser identificadas, verificadas e claramente assinaladas.

Legislação de SHST 289

5 – Os cabos eléctricos existentes devem ser desviados para fora da área do estaleiro ou colocados fora de tensão ou, sempre que isso não seja possível, devem ser colocadas barreiras ou avisos que indiquem o limite de circulação permitido a veículos e o afastamento das instalações.

6 – Se houver necessidade de fazer passar veículos por baixo de cabos eléctricos, devem ser colocados avisos adequados, bem como uma protecção suspensa.

5.º
Vias e saídas de emergência

1 – A instalação de cada posto de trabalho deve permitir a evacuação rápida e em máxima segurança dos trabalhadores.

2 – O número, localização e dimensões das vias e saídas de emergência devem atender ao tipo de utilização, às características do local de trabalho, ao tipo de equipamento e ao número de utilizadores em simultâneo.

3 – As vias normais de emergência, bem como as portas que lhes dão acesso, devem estar permanentemente desobstruídas e em condições de utilização e o respectivo traçado deve conduzir, o mais directamente possível, a áreas ao ar livre ou a zonas de segurança.

4 – Quando as vias normais ou de emergência apresentarem risco de queda em altura, devem ser colocados resguardos laterais e, se necessário, rodapés.

5 – As vias e as saídas de emergência devem estar sinalizadas com suportes suficientemente resistentes, instalados em locais apropriados e de acordo com a legislação sobre sinalização de segurança.

6 – As vias e as saídas de emergência, que necessitem de iluminação artificial durante os períodos de trabalho devem dispor de iluminação de segurança alternativa, dotada de alimentação autónoma para os casos de avaria da iluminação principal.

7 – As portas de emergência não podem ser de correr, nem rotativas, nem estar fechadas à chave ou com qualquer outro dispositivo, devendo abrir para o exterior de forma rápida e facilmente acessível a qualquer pessoa.

6.º
Detecção e luta contra incêndios

1 – Os meios de detecção e luta contra incêndios devem ser definidos em função das dimensões e do tipo de utilização dos locais de trabalho, das características físicas e químicas dos materiais e das substâncias neles existentes, bem como do número máximo de pessoas que possam encontra-se no local.

2 – Sempre que necessário, devem existir dispositivos de detecção de incêndios e de alarme apropriados às características das instalações, de acesso e manipulação fáceis, caso não sejam automáticos.

3 – Os sistemas de detecção e alarme e o material de combate contra incêndios devem encontrar-se em locais acessíveis, em perfeito estado de funcionamento, para o que se procederá periodicamente a ensaios e exercícios adequados, e devem, ainda, ser regularmente verificados, nos termos da legislação aplicável.

4 – Durante os períodos de trabalho, deve haver trabalhadores em número suficiente, devidamente instruídos sobre o uso dos sistemas de detecção e alarme e do material de combate contra incêndios.

5 – O material de combate contra incêndios deve estar sinalizado de acordo com a legislação aplicável.

7.º
Ventilação

1 – Os locais de trabalho devem dispor de ar puro em quantidade suficiente para as tarefas a executar, atendendo aos métodos de trabalho e ao esforço físico exigido.

2 – Os sistemas de ventilação mecânica devem ser mantidos em bom estado de funcionamento e garantir que os trabalhadores não fiquem expostos a correntes de ar prejudiciais à saúde.

3 – Sempre que esteja em causa a saúde dos trabalhadores, deve existir um sistema de controlo que assinale qualquer avaria no funcionamento das instalações de ventilação, devendo igualmente fazer-se uma rápida eliminação de depósitos ou sujidades que, em caso de inalação, constituam risco imediato.

Legislação de SHST 291

8.º
Exposição a contaminantes físicos e químicos

1 – Os trabalhadores não devem estar expostos a níveis sonoros proibidos pela legislação específica aplicável, nem a outros factores externos nocivos, nomeadamente gases, poeiras e vapores.

2 – Os trabalhadores só podem entrar em atmosferas nocivas à sua saúde, carentes de oxigénio, inflamáveis ou explosivas, desde que sejam tomadas medidas de protecção eficazes contra os riscos que daí advêm.

3 – O contacto com atmosferas fechadas de alto risco só pode ser autorizado sob vigilância permanente a partir do exterior e desde que sejam tomadas medidas adequadas a um socorro eficaz e imediato, em caso de emergência.

9.º
Influências atmosféricas

Os trabalhadores devem ser protegidos contra as influências atmosféricas que possam pôr em perigo a sua segurança e saúde.

10.º
Queda de objectos

1 – Os trabalhadores devem dispor de protecção colectiva contra a queda de objectos ou, se isso não for tecnicamente possível, ter o acesso interdito às zonas perigosas.

2 – Os materiais e os equipamentos devem ser dispostos ou empilhados de forma a evitar a sua queda.

11.º
Quedas em altura

1 – Sempre que haja risco de quedas em altura, devem ser tomadas medidas de protecção colectiva adequadas e eficazes ou, na impossibilidade destas, de protecção individual, de acordo com a legislação aplicável, nomeadamente o Regulamento de Segurança no Trabalho da Construção Civil.

2 – Quando, por razões técnicas, as medidas de protecção colectiva forem inviáveis ou ineficazes, devem ser adoptadas medidas

complementares de protecção individual, de acordo com a legislação aplicável.

12.º
Utilização de equipamentos e ferramentas

Os andaimes, escadas, aparelhos de elevação, veículos e máquinas de terraplenagem, veículos e máquinas de movimentação de materiais, instalações mecânicas, equipamentos, ferramentas e qualquer outro tipo de máquinas utilizadas no estaleiro devem obedecer às prescrições da legislação aplicável.

13.º
Situações específicas de trabalho

Os trabalhos em escavações, poços, zonas subterrâneas, túneis, terraplenagens e coberturas, os trabalhos com utilização de vigamentos metálicos ou de betão, cofragens, elementos pré-fabricados pesados, ensecadeiras e caixotões e trabalhos de demolição, realizados no estaleiro, devem obedecer às prescrições da legislação aplicável.

14.º
Temperatura

A temperatura e a humidade dos locais de trabalho e de outros locais de permanência devem ser adequadas ao organismo humano, aos métodos de trabalho e aos condicionalismos físicos impostos aos trabalhadores.

15.º
Iluminação natural e artificial

1 – Os locais de trabalho devem, na medida do possível, dispor de iluminação natural adequada.

2 – Os locais de trabalho que não disponham de iluminação natural adequada devem ter iluminação artificial, complementar ou exclusiva, que garanta idênticas condições de segurança e saúde aos trabalhadores durante todo o período de trabalho.

3 – As janelas, as clarabóias e as paredes envidraçadas não devem permitir excessiva exposição a raios solares, tendo em conta o tipo de trabalho ou a utilização do local.

4 – O equipamento de luz portátil utilizada como iluminação artificial deve estar protegido contra choques.

5 – As instalações de iluminação não devem utilizar cores que alterem ou dificultem a percepção da sinalização ou constituam um factor de risco para os trabalhadores.

6 – Nos casos em que a avaria da iluminação possa expor os trabalhadores a riscos, deve existir iluminação de segurança de intensidade suficiente, dotada de alimentação autónoma.

16.º
Pavimentos, paredes e tectos das instalações

1 – Os pavimentos interiores dos locais de trabalho devem ser fixos, estáveis, antiderrapantes, sem inclinações perigosas, saliências e cavidades.

2 – Os pavimentos, as paredes e os tectos no interior dos locais de trabalho devem permitir a sua limpeza e, se necessário, o reboco e a pintura das superfícies.

3 – As divisórias transparentes e translúcidas existentes nos locais de trabalho, na sua proximidade ou nas vias de circulação devem ser instaladas e assinaladas de forma a evidenciar a sua presença.

4 – As divisórias referidas no número anterior devem ser constituídas por materiais que não comportem risco para os trabalhadores, tendo em conta o tipo de trabalho e a utilização do local.

17.º
Janelas e clarabóias

1 – As características e a instalação das janelas, clarabóias e dispositivos de ventilação devem permitir o seu funcionamento em segurança.

2 – A limpeza das janelas, clarabóias e dispositivos de ventilação deve poder realizar-se sem perigo para os trabalhadores que a executam e para aqueles que se encontram nas imediações.

18.º
Portas e portões

1 – A localização, número, dimensão e materiais das portas e portões devem atender às características e ao tipo de utilização dos locais de trabalho.

294 Responsabilidade pela segurança na construção civil e obras públicas

2 – As portas e os portões de correr devem ter um dispositivo de segurança que os impeça de saltar das calhas e cair.

3 – As portas e os portões que abram na vertical devem ter um dispositivo de segurança que os impeça de cair.

4 – As portas e os portões de funcionamento mecânico não devem ser factor de risco para os trabalhadores, devendo ter dispositivos de paragem de emergência facilmente identificáveis e acessíveis.

5 – Em caso de falha de energia, as portas e os portões de funcionamento mecânico devem abrir automaticamente ou por comando manual.

6 – As portas e os portões com painéis transparentes, que não possuam resistência suficiente, devem ser protegidos para não oferecer perigo em caso de estilhaçamento.

7 – As portas e nos portões de vaivém devem ter painéis transparentes.

8 – Nas portas e nos portões transparentes devem ser colocadas marcas opacas, facilmente identificáveis pelo olhar.

9 – As portas e os portões situados em vias de emergência devem abrir para o exterior, ter sinalização adequada, ser fáceis de abrir pela parte de dentro e poder manter-se abertos.

10 – Na imediação de portões destinados à circulação de veículos devem existir portas para peões, sinalizadas e permanentemente desobstruídas, se aqueles não puderem ser utilizados sem risco para a segurança das pessoas.

19.º
Vias de circulação. Zonas de perigo

1 – As vias de circulação, incluindo escadas fixas e escadas móveis, devem ser calculadas, implantadas, construídas e tornadas transitáveis de forma a permitir a circulação fácil e segura das pessoas, de acordo com os fins a que se destinam.

2 – As dimensões das vias de circulação de pessoas, de mercadorias ou de ambas, incluindo as utilizadas em operações de carga e descarga, devem ser calculadas em função do número potencial de utilizadores e do tipo de actividades a que se destinam.

3 – As vias de circulação destinadas a veículos devem estar distanciadas das portas, dos portões, das vias de circulação para

peões, dos corredores e das escadas, de modo a não constituírem risco para os seus utilizadores, ou, caso isso não seja possível, possuir meios de protecção adequados ao trânsito de peões.

4 – As vias de circulação que permitam o trânsito simultâneo de pessoas e veículos devem ter largura suficiente para garantir a segurança de umas e outros.

5 – As vias de circulação devem estar claramente sinalizadas, ter o traçado assinalado se a segurança dos trabalhadores o exigir e ser sujeitas a verificação e conservação adequadas.

6 – As vias de circulação que conduzam a zonas de acesso limitado devem estar assinaladas de modo bem visível e equipadas com dispositivos que impeçam a entrada de trabalhadores não autorizados.

7 – Os trabalhadores autorizados a entrar em zonas de perigo devem beneficiar de medidas apropriadas de protecção.

20.º
Escadas e passadeiras rolantes

As escadas e passadeiras rolantes devem funcionar de modo seguro, ter dispositivos de segurança e de paragem de emergência, acessíveis e facilmente identificáveis.

21.º
Cais e rampas de carga

1 – Os cais e rampas de carga devem ser adequados à dimensão das cargas que neles se movimentam e permitir a circulação fácil e segura das pessoas.

2 – Os cais de carga devem possuir, pelo menos, uma saída.

22.º
Instalações de primeiros socorros

1 – O empregador deve garantir que o sistema de primeiros socorros esteja constantemente operacional e em condições de evacuar os trabalhadores acidentados ou acometidos de doença súbita, para lhes ser prestada assistência médica.

2 – O número de instalações de primeiros socorros em cada local de trabalho é determinado em função do número de trabalhadores, do tipo de actividade e da frequência de acidentes.

296 *Responsabilidade pela segurança na construção civil e obras públicas*

3 – As instalações de primeiros socorros devem dispor de material e equipamentos indispensáveis ao cumprimento das suas funções, permitir o acesso, a macas e estar devidamente sinalizadas, de acordo com a legislação aplicável.

4 – Para além das instalações de primeiros socorros referidas no n.º 2, deve existir material de primeiros socorros, sinalizado e de fácil acesso, em todos os locais onde as condições de trabalho o exigirem.

5 – O endereço e o número de telefone do serviço de urgência local devem estar afixados de forma clara e visível.

23.º
Instalações de vestiário

1 – Se for necessário utilizar vestuário especial de trabalho, deve haver vestiários apropriados para o efeito, separados por sexos ou com utilização separada dos mesmos, se razões de saúde ou de decoro não aconselharem a mudança de roupa noutro local.

2 – Os vestiários referidos no número anterior devem ser de fácil acesso, possuir dimensões suficientes tendo em vista o número previsível de utilizadores em simultâneo, ser dotados de assentos e, caso seja necessário, permitir a secagem de roupas.

3 – Os trabalhadores devem dispor de armários individuais, com chave, para guardar roupas e objectos de uso pessoal.

4 – Caso as circunstâncias o exijam, designadamente se os trabalhadores tiverem contacto com substâncias perigosas, atmosferas excessivamente húmidas ou sujidades, o vestuário de trabalho deve ser guardado em local diferente do utilizado para objectos e vestuário de uso pessoal.

24.º
Instalações sanitárias

1 – Quando o tipo de actividade ou as condições de salubridade o exigirem, os trabalhadores devem dispor, nos vestiários ou comunicando facilmente com estes, de cabinas equipadas com chuveiros de água quente e fria em número suficiente, com dimensões adequadas e possibilidade de utilização separada por sexos.

2 – Quando não forem necessários chuveiros nos termos do número anterior, deve haver lavatórios suficientes, tendo em vista o

número previsível de utilizadores em simultâneo, localizados na proximidade dos postos de trabalho e comunicando facilmente com os vestiários, se estes existirem, com utilização separada por sexos e dotados de água corrente, quente e fria se necessário.

3 – Deve haver retretes, urinóis, se necessário, e lavatórios na proximidade dos postos de trabalho, dos locais de descanso, dos vestiários e das cabinas de banho, separados por sexos ou com utilização separada dos mesmos, em instalações independentes e em número suficiente, não inferior a um por cada 25 trabalhadores.

25.º
Locais de descanso

1 – Quando a segurança e a saúde dos trabalhadores o exigirem, nomeadamente devido ao tipo de actividade e ao isolamento do estaleiro, deve existir um local de descanso com acesso fácil, dimensões suficientes e dispondo de mesas e assentos com espaldar compatíveis com o número potencial de utilizadores, ou outras instalações que possam desempenhar as mesmas funções.

2 – Se forem necessários alojamentos provisórios, estes devem ser separados por sexos, ter camas, armários, mesas e cadeiras de espaldar em número suficiente para os utilizadores, bem como instalações sanitárias, uma sala de refeições e outra de estar.

3 – Os locais de descanso e alojamento devem ter uma zona isolada, destinada a fumadores.

26.º
Mulheres grávidas e lactantes

As mulheres grávidas e lactantes devem ter a possibilidade de descansar em posição deitada e em condições adequadas.

27.º
Trabalhadores deficientes

Se for caso disso, os locais de trabalho devem ser concebidos tendo em atenção os trabalhadores com deficiência física, nomeadamente no que respeita a postos de trabalho, portas, escadas, outras vias de circulação e acesso e instalações sanitárias.

28.º
Disposições diversas

1 – O perímetro do estaleiro deve estar delimitado e assinalado de forma a ser perfeitamente identificável.

2 – Os trabalhadores devem dispor de água potável e, eventualmente, de bebidas não alcoólicas, em quantidade suficiente, nas instalações ocupadas e em local do estaleiro próximo dos seus postos de trabalho.

3 – Os trabalhadores devem dispor de instalações adequadas para comer e, se necessário, preparar refeições.

Ministérios da Saúde e para a Qualificação e o Emprego.

Assinada em 7 de Março de 1996.

A Ministra da Saúde, Maria de Belém Roseira Martins Coelho Henriques de Pina. – Pela Ministra para a Qualificação e o Emprego, António de Lemos Monteiro Fernandes, Secretário de Estado do Trabalho.

ÍNDICE DE DIPLOMAS DE SHS
(por ordem cronológica)

Dec-Lei n.º 38.382, de 7 de Agosto de 1951 – Aprova o Regulamento Geral das Edificações Urbanas (alterado pelo Dec-Lei n.º 555/99, de 16/12)

Dec-Lei n.º 41.764, de 30 de Junho de 1958 – Aprova o Regulamento das disposições de segurança relativas à Indústria e Comércio de Armazenamento de Munições e Explosivos

Dec-Lei n.º 41.820, de 11 de Agosto de 1958 – Regime da Segurança na construção civil

Decreto n.º 41.821, de 11 de Agosto de 1958 – Regulamento da Segurança na construção civil

Decreto-lei n.º 44.060, de 25 de Novembro de 1961 – Normas gerais da protecção das pessoas contra as radiações ionizantes e cria a Comissão de Protecção Contra as Radiações Ionizantes – Ver Dec.Reg. n.º 9/90, de 19/4

Decreto-lei n.º 44.308, de 27 de Abril de 1962 – Bases da prevenção médica da silicose

Decreto n.º 44.537, de 22 de Agosto de 1962 – Regulamenta o Dec-Lei n.º 44.308, sobre a prevenção médica da silicose

Decreto-lei n.º 45.132, de 13 de Julho de 1963 – Nova composição da Comissão de Protecção Contra as Radiações Ionizantes criada na Junta de Energia Nuclear

Portaria n.º 20.558, de 6 de Maio de 1964 – Adaptação do Regulamento de Transportes de Materiais Radioactivos editado pela Agência Internacional de Energia Atómica

Decreto n.º 46.427, de 10 de Julho de 1965 – Regulamento das **instalações provisórias** destinadas ao pessoal empregado nas obras

Portaria n.º 53/71, de 3/2. Regulamento Geral de Higiene e Segurança nos Estabelecimentos Industriais (alterada pela Portaria n.º 702, de 22 de Setembro de 1980)

Decreto n.º 574/71, de 21/12 – Alterações ao Regulamento da Profissão de Fogueiros para condução de geradores de vapor, aprovado pelo Decreto n.º 49.989

300 *Responsabilidade pela segurança na construção civil e obras públicas*

Portaria n.º 29/74, de 16 de Janeiro – Regulamenta as condições de higiene e segurança do trabalho nas instalações de explosivos e pirotécnicas

Decreto-Lei n.º 740/74, de 26/9 – Aprova o regulamento de Segurança das Instalações de Utilização de Energia Eléctrica

Dec. Reg. N.º 12/80, de 8/5, alterado pelo Desp. Normativo n.º 253/82 (de 22/11) – **Lista das doenças profissionais**

Convenção n.º 155 da OIT, de 22/6/81 sobre a Segurança e a Saúde doa Trabalhadores e o Ambiente de Trabalho – Aprovada para ratificação pelo Decreto do Governo n.º 1/85, de 16/1/85.

Decreto-lei n.º 2/82, de 5/1 – Participação pelos médicos do **diagnóstico de doenças profissionais** à Caixa Nacional de Seguros de Doenças Profissionais (Centro Nacional de Prevenção de Riscos Profissionais).

Decreto-lei n.º 49/82, de 18/2 – Regulamento de Higiene e Segurança nos Caixões de Ar Comprimido

Decreto-Lei n.º 225/83, de 27/5 (alterado pelo Dec-Lei n.º 505/85, de 31/12) – Regulamento sobre notificação de substâncias químicas

Decreto-Lei n.º 334/83, de 15/7 – Regulamento sobre fiscalização de produtos explosivos

Decreto-Lei n.º 336/83, de 19/7, alterado pelo Dec-Lei n.º 474/88, de 22/12– Regulamento sobre fabrico, armazenagem, comércio e emprego de produtos explosivos

Decreto-Lei n.º 426/83, de 7/12 (Dec. Reg. n.º 78/84, de 9/10) – Regulamento de Protecção de Segurança Radiológica nas Minas e Anexos de tratamento de Minério e de Recuperação de Urânio

Portaria n.º 354/84, de 9/6– Alteração ao Regulamento sobre o Transporte de Produtos Explosivos por Caminho de Ferro, aprovado pelo Dec-Lei n.º 144/79, de 23/5

Decreto Regulamentar n.º 73/84, de 13/9 – Regulamento de Segurança nas Instalações Eléctricas das Embarcações

Decreto Regulamentar n.º 90/84, de 26/12 – Regulamento de Segurança de redes de Distribuição de Energia Eléctrica em Baixa Tensão

Decreto-Lei n.º 479/85, de 13/11 – Fixa as substâncias, os agentes e os processos industriais que comportam **risco cancerígeno**, efectivo ou potencial, para os trabalhadores profissionalmente expostos.

Índice de diplomas de SHS

Decreto-Lei n.º 243/86, de 20/8 – Aprova o **Regulamento Geral de Higiene e Segurança nos Estabelecimentos Comerciais, de Escritório e Serviços.**

Decreto-Lei n.º 251/87, de 24/6 – Aprova o **Regulamento Geral sobre o Ruído** (arts. 16.º, 17.º e 18.º revogados pelo Dec-Lei n.º 72/92, de 28/4).

Decreto-Lei n.º 28/87, de 14/1, alterado pelo Dec-Lei n.º 138/88, de 22/4 – Limita a **comercialização e a utilização do amianto** e dos produtos que o contenham.

Portaria n.º 374/87, de 4/5 – Regulamento sobre resíduos originados na Indústria Transformadora

Decreto-Lei n.º 251/87, de 24/6 – Regulamento geral sobre o ruído (derrogado pelo DL 72//92, de 28/4)

Resolução do Conselho de Ministros n.º 2/88, de 6/1 – Estabelece medidas relativas à implementação do Regulamento Geral de Higiene e Segurança do Trabalho nos Estabelecimentos Comerciais, de Escritório e Serviços nos Serviços da Administração Pública

Decreto-Lei n.º 62/88, de 27/2 – Informações e instruções sobre máquinas, equipamentos e materiais de estaleiro

Decreto-Lei n.º 124/88, de 20/4, alterado pelo Dec-Lei n.º 247/90, de 30/7 – Medidas relativas à notificação de substâncias químicas e classificações, embalagem e rotulagem de substâncias perigosas

Decreto-Lei n.º 138/88, de 20/4 – Proibição de comercialização e utilização de produtos contendo fibras de amianto

Decreto-Lei n.º 221/88, de 28/6 – Limita a comercialização e utilização de algumas substâncias perigosas

Portaria n.º 503/88, de 27/7 – Regulamenta o regime de prevenção, verificação e tratamento de acidentes em serviço e de doenças profissionais dos trabalhadores das administrações dos portos

Decreto-Lei n.º 273/89, de 21/8 – Regime de protecção da saúde dos trabalhadores contra os riscos de exposição ao **cloreto de vinilo monómero** nos locais de trabalho. **Revogado pelo DL 301/2000, de 18/11**

Decreto-Lei n.º 274/89, de 21/8 – Medidas de protecção da saúde dos trabalhadores contra os riscos de exposição ao **chumbo.** (alterado pela L 113/99, de 3/8)

Decreto-Lei n.º 284/89, de 24/8, alterado pelo Dec-Lei n.º 389/93, de 20/11, que transpõe a Directiva n.º 91/382/CEE – Regime de protecção da saúde dos trabalhadores contra os riscos de exposição ao **amianto** nos locais de trabalho (alterado pelo DL 389/93, de 20/11).

302 *Responsabilidade pela segurança na construção civil e obras públicas*

Decreto-Lei n.º 348/89, de 12/10, derrogado pelo Dec-Lei n.º 165/2002, de 17/7 – Estabelece medidas destinadas a assegurar a protecção de pessoas e bens contra **radiações** (derrogado pelo DL 165/2002, de 17/7)

Decreto-Lei n.º 47/90, de 9/2 – Limita o uso de diversas **substâncias e preparações perigosas.**

Decreto-Lei n.º 64/90, de 21/2 – Regulamento de Segurança contra **incêndios nos edifícios de habitação**

Decreto-Lei n.º 121/90, de 9/4 – Regula o movimento fronteiriço de resíduos perigosos, bem como o trânsito dos mesmos em território nacional

Decreto-Lei n.º 162/90, de 22/5 – Aprova o **Regulamento Geral de Segurança e Higiene nas Minas e Pedreiras.**

Decreto-Lei n.º 186/90, de 6/6 – Avaliação do impacto ambiental

Portaria n.º 879/90, de 20/9 – Emissão de ruído

Decreto-Lei n.º 105/91, de 8/3 – Máquinas e materiais de estaleiro

Decreto-Lei n.º 273/91, de 7/8 – Aparelhos de elevação e movimentação

Decreto-Lei n.º 275/91, de 7 de Agosto – Regulamenta as medidas especiais de prevenção e protecção da saúde dos trabalhadores contra os riscos de exposição a algumas **substâncias químicas** (alterado pela L 113/99, de 3/8)

Decreto-Lei n.º 286/91, de 9/8 – Normas para construção., verificação e funcionamento dos aparelhos de elevação e movimentação (Directiva n.º 84/528/CEE, de 17/9/84)

Decreto-Lei n.º 441/91, 14/11. Regime Jurídico do Enquadramento da Segurança, Higiene e Saúde no Trabalho; alterado pelo DL 133/99, de 21/4 (não revogado pelo Código do Trabalho).

Decreto-Lei n.º 445/91, de 20/11, alterado pelo Dec-Lei n.º 239/94, de 15/10) – Regime jurídico de **licenciamento do obras particulares**

Decreto Regulamentar n.º 3/92, de 12/3 – Radiações ionizantes

Decreto-Lei n.º 72/92, de 28/4 e Dec. Reg. n.º 9/92, de 28/4 – Protecção dos trabalhadores contra os **riscos de exposição ao ruído.**

Decreto-Lei n.º 113/93, de 10/4 – Materiais de construção

Decreto-Lei n.º 126/93, de 20/4 – Utilização confinada de organismos e **microrganismos geneticamente** modificados

Índice de diplomas de SHS

Decreto-Lei n.º 204/93, de 3/6 – Prevenção de riscos de acidentes graves em actividades industriais ou de armazenagem.

Decreto-Lei n.º 330/93, de 25/9 – Prescrições mínimas de segurança e saúde na **movimentação manual de cargas.**

Decreto-Lei n.º 341/93, de 30/9 – Aprova **a Tabela Nacional de Incapacidades** por Acidentes de Trabalho e Doenças Profissionais.

Decreto-Lei n.º 347/93, de 1/10 e Portaria n.º 987/93, de 6/10 – Prescrições mínimas de **segurança e saúde nos locais de trabalho.**

Decreto-Lei n.º 348/93, de 1/10 e Portaria n.º 988/93, de 6/10 – Prescrições mínimas de segurança e saúde para a utilização de **equipamento de protecção individual.**

Decreto-Lei n.º 349/93, de 1/10 e Portaria n.º 989/93, de 6/10 – Prescrições mínimas de segurança e saúde no trabalho com **equipamentos dotados de visor.**

Decreto-Lei n.º 362/93, de 15/10 – Sobre **estatística de acidentes de trabal**ho e doenças profissionais

Portaria n.º 1131/93, de 4/11 – Exigências essenciais s/s aplicáveis aos EPIs.

Decreto-Lei n.º 378/93, de 5/11 (alterado pelo Dec-Lei n.º 374/98, de 24/11) – Regime aplicável à **concepção e fabrico de máquinas,** visando a protecção da saúde e segurança dos utilizadores e terceiros.

Decreto-Lei n.º 389/93, de 20/11 – Altera o DL 284/89 – Utilização do amianto

Decreto-Lei n.º 390/93, de 20/11 – Prescrições mínimas de saúde e segurança relativas à protecção dos trabalhadores expostos a **agentes cancerígenos. Revogado pelo DL 301/2000, de 18/11**

Decreto-lei n.º 26/94, de 1/2, alterado pela Lei n.º 7/95, de 29/3. Regime de organização e funcionamento dos serviços de segurança, higiene e saúde no trabalho (revogado tacitamente pela Lei 35/2004, de 29 de Julho, que regulamentou o Código).

Decreto-Lei n.º 265/94, de 25/10 – Transposição da Directiva n.º 93/15/CEE relativa à harmonização das disposições sobre explosivos para utilização civil

Decreto-Lei n.º 141/95, de 14/6 – Prescrições mínimas sobre **sinalização de saúde e segurança**

Portaria n.º 1179/95, de 26/9, alterada pela Portaria n.º 53/96, de 20/2 – Modelo de ficha de notificação da modalidade adoptada pela empresa para a organização dos serviços de SHS.

304 *Responsabilidade pela segurança na construção civil e obras públicas*

Decreto-Lei n.º 274/95, de 23/10 – Prescrições mínimas de shst para melhoria da **assistência médica a bordo dos navios** (alterado pela L 113/99, de 3/8)

Decreto-Lei n.º 324/95, de 29/11 – Regulamentado pelas Portarias n.os 197/96 e 198/96, de 4/6 – Prescrições mínimas de segurança e saúde no trabalho nas indústrias extractivas por perfuração a céu aberto e subterrâneas (mantém em vigor o Reg. Geral de Seg. E Hig. nas Minas e Pedreiras -DL 162/90).

Portaria n.º 101/96, de 3/4 – **Prescrições mínimas de shst para os estaleiros da construção.**

Portaria n.º 280/96, de 22/7 – Sobre fabrico de máquinas (marcação CE)

Decreto-Lei n.º 9/97, de 10/1 – Regime de realização de concursos cm vista à concessão de laços de auto-estrada

Decreto-Lei n.º 84/97, de 16/4 – Prescrições mínimas de segurança e saúde dos trabalhadores contra os riscos de **exposição a agentes biológicos** durante o trabalho.

Decreto-Lei n.º 116/97, de 12/5 – Segurança e Saúde no trabalho a bordo dos **navios de pesca**. Regulamentado pela Portaria n.º 356/98, de 24/6, (alterado pela L 113/99, de 3/8)

Decreto-Lei n.º 267/97, de 2/10 – Regime de realização de concursos para as concessões SCUT

Portaria n.º 247/98, de 11/4 – Aprova as normas de construção de barragens

Decreto-Lei n.º 268/98, de 28/8 – Regime de licenciamento da instalação e ampliação de depósitos de sucata

Decreto-Lei n.º 273/98, de 2/9 – Transpõe a Directiva n.º 94/76/CE do Conselho, de 16/12, relativa à incineração de resíduos perigosos

Decreto-Lei n.º 374/98, de 24/11 – (altera o DL 378/93, de 5/11 s/ fabrico de máquinas) **Marcação CE**

Portaria n.º 1036/98, de 15 de Dezembro – Altera a lista dos agentes biológicos aprovada pela Port. 405/98, de 11 /7

Decreto-Lei n.º 409/98, de 23 de Dezembro – Aprova o Regulamento de Segurança contra incêndios de tipo hospitalar

Decreto-Lei n.º 410/98, de 23 de Dezembro – Aprova o Regulamento de Segurança contra incêndios de tipo administrativo

Decreto-Lei n.º 414/98, de 23 de Dezembro – Aprova o Regulamento de Segurança contra incêndios em edifícios escolares

Índice de diplomas de SHS

Decreto-lei n.º 59/99, de 2/3 – **Regime do contrato administrativo de empreitada de obras públicas**

Decreto-lei n.º 82/99, de 16/3 – Altera o regime das prescrições mínimas de segurança e saúde para a utilização de **equipamentos de trabalho** <Directiva 95/63/CE>.

Lei n.º 20/99, de 15/4 (alterada pela L 22/2000, de 10/8)– Tratamento de resíduos industriais

Decreto-Lei n.º 142/99, de 30 de Abril – Cria o Fundo de Acidentes de Trabalho (L 100/97)

Decreto-Lei n.º 143/99, de 30 de Abril – Regulamenta o seguro de acidentes de trabalho da Lei n.º 100/97 (reparação de acidentes de trabalho)

Decreto-Lei n.º 159/99, de 11 de Maio – Regulamenta o seguro de acidentes de trabalho para os trabalhadores independentes

Decreto-Lei n.º 160/99, de 11 de Maio – Aprova a Lei Orgânica do Centro de Protecção de Riscos Profissionais

Decreto-Lei n.º 248/99, de 2 de Julho – Reformulação e aperfeiçoamento da regulamentação das **doenças profissionais**

Decreto-Lei n.º 321/99, de 11 de Agosto – Licenciamento da construção, exploração, encerramento e monitorização dos aterros para resíduos industriais banais

Decreto-Lei n.º 368/99, de 18/9 – Segurança contra **riscos de incêndio nos estabelecimentos comerciais**.

Decreto-Lei n.º 429/99, de 21/10 (Portaria n.º 1041/99, de 25/11)– Programa Trabalho Seguro e regula os termos da redução da taxa contributiva das p.m.e. face às boas práticas em shst

Decreto-Lei n.º 446/99, de 3/11 – Transpõe Directivas sobre limitação da colocação no mercado e da utilização de algumas **substâncias e preparações perigosas**

Decreto-Lei n.º 488/99, de 17/11 – Formas de aplicação do regime de shst na Administração Pública

Decreto-Lei n.º 503/99, de 20/11 – Novo regime jurídico de acidentes em serviço e doenças profissionais na Administração Pública

Decreto-Lei n.º 555/99, de 04/06 (republicado pelo DL 177/2001, de 04/06) – **Regime Jurídico da urbanização e da edificação**.

306 *Responsabilidade pela segurança na construção civil e obras públicas*

Decreto-Lei n.º 76/2000, de 9/5, Introduz modificações no Dec-Lei n.º 77/97, de 3/5 que estabelece medidas relativas ao transporte rodoviário de mercadorias perigosas e aprova o Regulamento Nacional do **Transporte de Mercadorias Perigosas por Estrada** (RPE) – Ver também Portaria n.º 1196-C/97, de 24/11.

Decreto-lei n.º 109/2000 de 30/6 – Altera o Dl 26794 – Serviços de SHST

Decreto-Lei n.º 110/2000, de 30/6 (alterado pela L 14/2001, de 4/6)– Condições de acesso e de exercício das profissões de técnico superior e de técnico de segurança, higiene e saúde no trabalho

Decreto-lei n.º 227-C/2000, de 22/9 – Transporte ferroviário de mercadorias perigosas

Decreto-Lei n.º 240/2000, de 26/9 – Altera o Dec-Lei n.º 492/99, de 17/11, sobre as radiações ionizantes nas unidades de saúde

Decreto-Lei n.º 301/2000, de 18/11 – Protecção dos trabalhadores contra os riscos ligados à exposição a **agentes cancerígenos ou mutagénicos** durante o trabalho.

Decreto Regulamentar n.º 6/2001, de 5 de Maio – Aprova a lista das **doenças profissionais**

Decreto-lei n.º 164/2001,de 23/5 – Regime jurídico da prevenção e controlo dos perigos associados a **acidentes graves** que envolvam substâncias perigosas (transpõe a Directiva 96/82/CE do Conselho)

Decreto-Lei n.º 222/2001, de 8/8 – Altera o Regulamento para notificação de substâncias químicas e classificação, embalagem e rotulagem de substância perigosas

Decreto-Lei n.º 245/2001, de 8/9 – Conselho Nacional de SHST

Portaria n.º 1104/2001, de 17/109 – Disposições legais e regulamentares a observar pelos técnicos responsáveis pelos projectos de obras

Decreto-lei n.º 290/2001, de 16/11 – Protecção contra riscos ligados à exposição **a agentes químicos** (transpõe Directivas 98/024, do Conselho e 91/322 e 2000/39 da Comissão – não revoga o DL 275/91, de 7/8)

Portaria n.º 1299/2001, de 21/11 Segurança contra riscos de incêndio nos estabelecimentos comerciais com menos de 300m2.

Decreto-Lei n.º 29/2202, de 124/2 – Programa de adaptação dos serviços de shst

Portaria n.º 467/2002, de 23/4 – Requerimento de autorização de serviços externos

Decreto-Lei n.º 139/2002, de 17/5 – Regulamento sobre a segurança nas instalações de fabrico e de armazenagem de produtos explosivos

Índice de diplomas de SHS

Decreto-Lei n.º 165/2002, de 17/7 – Competências dos organismos na protecção contra as **radiações ionizantes** (transpõe a Directiva n.º 96/29/Euratom)

Decreto-Lei n.º 167/2002, de 18/7 – Regime jurídico do licenciamento e funcionamento das entidades com actividades nas áreas da protecção radiológica

Decreto-Lei n.º 180/2002, de 8/8 – Radiações ionizantes em exposições radiológicas médicas

Portaria n.º 1009/2002, de 9/8 – Taxas de actos relativos à autorização e avaliação da capacidade dos serviços externos de shst

Portaria n.º 1031/2002, de 10/8 – Modelo de ficha de aptidão

Portaria n.º 1184/2002, de 29/8 – Modelo de relatório de actividades dos serviços de shst

Decreto-Lei n.º 238/2002, de 5/11 – Aproximação da legislação sobre a limitação no mercado de substâncias perigosas.

Decreto-Lei n.º 69/2003, de 10/4 – **Regulamenta o Exercício da Actividade Industrial**.

Dec.Reg. n.º 8/2003, de 11/4 – Regulamento do licenciamento da actividade industrial

Portaria n.º 464/2003, de 6/6 – Classificação dos estabelecimentos industriais para efeitos de licenciamento

Decreto-Lei n.º 236/2003, de 30/9 – Prescrições de s/s dos trabalhadores expostos a riscos de **atmosferas explosivas** no local de trabalho.

Decreto-Lei n.º 12/2004, de 09/01 – **Regime jurídico aplicável ao exercício da actividade de construção.**

Portaria n.º 15/2004, de 10/01 – Procedimentos para emissão de alvarás

Portaria n.º 16/2004, de 10/01 – Condições mínimas de quadro de pessoal que devem ser respeitadas pelas empresas detentoras de alvarás

Portaria n.º 17/2004, de 10/01 – Habilitações para o exercício da actividade de construção

Portaria n.º 18/2004, de 10/01 – Documentos necessários para ingresso e permanência na actividade de construção

Portaria n.º 19/2004, de 10/01 – Tipos de trabalhos que os titulares de alvará estão habilitados a executar

Decreto-Lei n.º 152/2004, de 30/6 – Regime de intervenção das entidades acreditadas no processo de **licenciamento industrial**

ÍNDICE TEMÁTICO

Note bem:
P I = Parte Um (Evolução Histórica. Princípios e ideias gerais);
P II= Parte Dois (Regime Jurídico da Coordenação de Segurança da Construção Civil e Obras Públicas);
P III = Parte Três (Legislação sobre SHST).

Abertura do estaleiro – P II, art. 15.º e notas.
Acidentes de Trabalho
– competência para a realização do inquérito – P II, art. 24.º/7.
– graves e mortais – comunicação à IGT – P II, art. 24.º, nota I
– electrocussão – P II, art. 7.º, nota I
– esmagamento – P II – P II, art. 7.º, nota I
– mortais (estatísticas) P I, n.º 1 (nota de rodapé n. 4) e nota II ao art.7.º
– quedas em altura – P II, art. 7.º, nota I
– responsabilidade civil – P I, n. 13
– responsabilidade pelo risco – P I, n. 13
– soterramento – P II, art. 7.º, nota I
– suspensão dos trabalhos e impedimento de acesso – P II, art. 24.º/4/5
Actividade industrial (licenciamento) – P II, nota III ao art. 4.º
Administração Pública central, regional, local – P I, n.º 11; P II, art. 2.º, nota II; art.3.º, nota IV
Agrupamento complementar de empresas (ACE) – P I, n. 10.1, (nota de rodapé); n. 15.5.
Âmbito (do DL 273/2003) – P II, art. 2.º

Apuramento salarial – título executivo – P I, n. 10.3.
Auto de advertência – P I, n. 5
Autor do projecto (v.tb. equipa de projecto)
– P II, art. 3.º/a, nota II; art. 4.º
– contra-ordenações – P II, art. 25.º/1/2 e 3/b e art. 26.º/b
– obrigações – P II, art. 18.º
– pluralidade de autores – P II, art. 25.º, nota II
Autoria (nos crimes e contra-ordenações) – P I, n.º 2;
Autuação conjunta – P II, nota I ao art. 13.º
CAE (Classificação das Actividades Económicas) – P II, nota I ao art. 2.º
Caso
– força maior – P I, n. 13
– fortuito – P I, n. 13.
Coimas
– aplicáveis à Administração Pública – P I, n. 11.
– aplicáveis a trabalhadores independentes – P II, art. 28.º, notas I e II.
– determinação da moldura pelo número de trabalhadores – P I, n. 6.2
– montante – P II, nota I ao art. 25.º; nota I ao art. 26.º

310 Responsabilidade pela segurança na construção civil e obras públicas

Comparticipação
– em geral – P I, n. 9; 15.3; P II, nota I ao art. 13.º
– legal – P I, n. 9.2
Compilação técnica
– actualização com intervenções posteriores – P II, art. 16.º/
– recusa da recepção da obra sem compilação – P II, art. 16.º/1/2
– requisitos – P II, art. 16.º/1/2
Comunicação prévia (de abertura do estaleiro) – P II, art. 15.º e notas.
Concessionárias de obras públicas- P II, art. 3.º, nota IV
Consórcios – P I, n. 10.1, (nota de rodapé); n. 15.5.
Construção civil
– acesso e permanência – P II, art. 21.º/ b) e nota II
– definição – P II, art. 1.º, nota II;
Contra-Ordenações (ver responsabilidade contra-ordenacional)
– imputação às pessoas colectivas – P I, n. 8.
Cooperação – P I, n. 9.1; 15.3
Coordenação
– deveres – P I, n. 9.1;
– exercício por empresas – P II, art. 9.º, nota IV.
– objecto – P II, art. 1.º e nota I;
Coordenador de segurança em obra
– declaração aos outros intervenientes – P II; art. 9.º/4/5
– definição – P II, art. 3.º/c
– exercício – P II, art. 9.º/3 e nota III
– incompatibilidades – P II, art. 9.º/6 e nota V
– nomeação – P II, art. 9.º/2
– obrigações – P II, art. 19.º/2
– responsabilidade contra-ordenacional – P I, n. 3.2; n. 4; n.º 15.1; P II, art. 9.º/ 6 e nota IV
Coordenador de segurança em projecto
– contra-ordenações – P II, art. 25.º/3/f
– declaração aos outros intervenientes – P II, art. 9.º/4,5

– definição – P II, art. 3.º/b
– exercício de actividade – P II, art. 9.º/ 3 e nota III
– identificação escrita – P I, n. 14.3
– nomeação – P II, art. 9.º/1
– obrigações – P II, art. 19.º/2
– responsabilidade contra-ordenacional – P I, n. 3.2; n. 4; n.º 15.1; P II, art. 9.º/6
Crime
– denúncia – P I, n. 7.3.
– desobediência – P I, n. 5; P II, nota III ao art. 6.º; nota V ao art. 13.º
– infracção das regras de construção – P I, n. 7.2.
– infracção das regras de segurança – P I, n. 7.2.

Dec-Lei n.º 155/95 – P I – n.º 1.2
Dec-Lei n.º 273/2003 – debilidades: P I, n. 15
Desobediência (crime por falta de apresentação do pss) – P II, nota III ao art. 6.º
Dever de cooperação – P I, n. 15.3; P II nota IV ao art.19.º
Directivas
– Específicas – P I, n. 7.3 (nota de rodapé)
– Estaleiros" n.º 92/57/CEE, do Conselho – P II, art. 1.º:
– Quadro n.º 89/391/CEE – P I, n.º 1.2
Director de obra – P I, n. 3.3
Director técnico da empreitada – P II, art. 3.º/e
Dono da obra
– contra-ordenações – P I, n.º 2; P II, art. 17.º e nota III; arts. 25.º/3/a e 26.º/a
– definição – P II, art. 3.º/f
– enquadramento no DL 273/2003 – P I, n. 14.1
– não titular de empresa – P II, art. 28.º, notas III e IV.
– obras públicas – P II, art. 3.º, notas III, V e VI;
– obrigação de apresentação do PSS em projecto à IGT – P II, art. 6.º/3

Índice Temático

– obrigações gerais – P I, n.º 3.3; P II, art. 17.º
– responsabilidade por incumprimento das obrigações do coordenador – P I, n. 14.8; art. 19.º; nota I.
Empregador
– contra-ordenações – P II, arts. 25.º/3/d; 25.º/4 e 26.º/d;
– definição – P II, art. 3.º/g
Empreitada
– obras públicas – P II, art. 8.º, nota III.
Empresas
– conceito – P II, nota IV ao art. 28.º
– estrangeiras: aplicação de coimas – P I, n. 12.
– públicas – P II, art. 3.º, nota IV;
– utilizadora – P I, n. 9.1
Engenharia civil – P II, art. 2.º, nota V;
Equipa de projecto – P II, art. 3.º/i; art. 4.º
Esmagamento (vd. Riscos)
Estaleiros temporários ou móveis
– afixação de cópias da comunicação e alterações – - P II, art. 15.º/6
– comunicação de alterações – P II, art. 15.º/4
– comunicação mensal de subempreiteiros – P II, art. 15.º/5
– comunicação prévia de abertura – P I, n. 14.7; P II, art. 15.º/1/2/3
– definição – P II, notas I e III ao art. 1.º; art. 3.º/j
Estrangeiros
– estatísticas – P I, n.º 1.2
– ilegais – P I, n. 10.3
Executante
– conservação de registos – P II, art. 21.º/4
– contra-ordenações – P II, art. 25.º/3/c e 26.º/c
– definição – P II, art. 3.º/h, nota III
– enquadramento no DL 273/2003 – P I, n. 14.1.
– obrigações – P II, art. 13.º, nota II; art. 20.º
– registo de subempreiteiros – P I, n. 14.5; P II, art. 21.º/1

Fichas de procedimentos de segurança
– acessibilidade aos subempreiteiros e trabalhadores independentes– P II, art. 14.º/5
– apresentação pelo executante à IGT– P II, art. 14.º/6
– enquadramento no DL 273/2003 – P I, n. 14.4
– exigibilidade – P II, nota I ao art. 7.º; art. 14.º/1/4
– conteúdo – P II, art. 14.º/2
Fiscal da obra – P II, art. 3.º/l
Fiscalização das pessoas colectivas públicas – P I, n. 11.
Ilicitude
– extensão em caso de comparticipação – P I n. 9.2
Imputação (ver responsabilidade)
– ao dono da obra – P I, n. 8.2
– critérios – P I, n. 15.4.
Infracções
– de regras de segurança (crime) – P I, n. 7.1
– em massa – P I, n. 6.3.
– punição do concurso – P I, n. 6.4
– pluralidade no CT – P I, n. 6.4
– unidade ou pluralidade – P I, n. 6.1.
Interesse colectivo – P I, n. 8.1
Livro de obra – P II, art. 19.º/h)
Medidas executórias – P I; n. 5.
Objecto do DL 273/2003– P II, art. 1.º
Obras particulares
– recepção provisória – P II, art. 16.º/3 e nota II
– sectores privado, cooperativo e social – P II, art. 2.º; art. 8.º/2 e nota II
Obras públicas
– administração pública, central, regional e local – P II, art. 2.º/1 e nota IV; art. 3.º, notas V e VI; art. 8.º/1 e notas I e III.
– dono da obra – P II, nota III ao art. 3.º
– recepção provisória – P II, art. 16.º/3 e nota II
– regime jurídico – P II, nota III ao art. 5.º

312 Responsabilidade pela segurança na construção civil e obras públicas

– responsabilidade do empreiteiro pelos subempreiteiros – P I, 10.2

Obrigações de assegurar comportamentos – P II, art. 19.º/1/a) e 2/i) e nota IV; 20.º/d),e) e f) e nota I; 22.º, nota II

Organização – P II, art. 1.º e nota I

Perfuração e extracção (actividades de) – P. II, nota VI;

Pessoas colectivas públicas
– classificação doutrinária – P II, art. 2.º, nota IV.
– critério de imputação de responsabilidade – P I, n. 8
– responsabilidade por contra-ordenações – P II, art. 2.º, nota III;

Planeamento – P II, art. 1.º e nota I; art. 5.º

Plano de segurança e saúde (PSS)
– aplicação só depois da aprovação – P II; art. 13.º
– apresentação pelo executante à IGT – P II, art. 13.º/5
– aprovação das alterações do PSS em projecto – P II, art. 12.º/1/2
– concepção – P II, art. 5.º, nota I.
– conhecimento a todos os intervenientes – P II, art. 12.º/3
– conteúdo – P II, nota II ao art. 6.º
– cumprimento pelos subempreiteiros e trabalhadores independentes – P II, art. 13.º/4
– desenvolvimento na execução da obra – P II, art. 11.º
– elaboração – P II, art. 5.º/1
– enquadramento no DL 273/2003 – P I, n. 14.2
– estar acessível a subempreiteiros e trabalhadores independentes – P II, art. 13.º/3
– evolução – P II, art. 5.º/2/3
– falta de apresentação – P II, nota IV ao art. 13.º
– obrigatoriedade – P II, art. 5.º/4 e nota II.

Plano de segurança e saúde (PSS) em projecto
– alteração pelo subempreiteiro e executante – P II, art. 11.º/3

– apresentação à IGT – PII, art. 6.º/3 e nota III
– conteúdo – P II, art. 6.º
– elaboração – P II, notas II e IV ao art. 6.º e art. 19.º/1/c)
– falta de elaboração – P II, nota III ao art. 18.º
– inclusão no concurso – P II, art. 8.º
– obrigatoriedade – P II, art. 5.º/4 e nota II

Prescrições técnicas
– P I, n. 6; n. 14.9; P II, art. 25.º/4 e 26.º/d.
– violação – Art. 29.º – Jurisp.

Prevenção – definição e princípios gerais – P II, art. 4.º, nota II
Princípios gerais
– do DL 273/2003 – P II, art. 1.º
– de prevenção – P II, art. 4.º/1 e nota I
– de shst – P II, art. 3.º, nota IV

Projecto da obra
– noção – P II, art. 3.º, nota I; art. 4.º
– obrigatoriedade –P II, art. 5.º, nota III

Quedas em altura (vd. Riscos) – Nota III ao art. 7.º; Jurisp. no art. 29.º

Registo
– conservação por um ano – P II art. 21.º/4.
– das actividades de coordenação no livro de obra – P II, art. 19.º/2/h)
– dos subempreiteiros e trabalhadores independentes – P II, art. 20.º/j); art. 21.º
– dos trabalhadores – P II, art. 21.º/2.

Regulamento de higiene e segurança no Comércio, Escritórios e Serviços – aplicabilidade na Administração Pública – P I, n. 11 (nota de rodapé)

Regulamento de segurança na construção civil – P II, art. 25.º/4; art. 26.º/e); art. 29.º

Representante dos trabalhadores – P II, art. 3.º/m; art. 13.º/3 e nota IV; art. 14.º/5; art. 20.º/c)

Responsabilidade
– civil: acidentes de trabalho – P I, n. 13:

Índice Temático 313

– civil e criminal – P I, n. 11.

– conjunta coordenador/dono da obra – P I, n.º 3.3

– concessionárias de obras públicas – P II, art. 3.º, nota IV;

– contra-ordenacional no Dec-Lei n.º 155/95- P I, n.º 2.

– contra-ordenacional no Dec-Lei n.º 273/2003- P I, n.º 3; 3.2

– contra-ordenacional do dono da obra – P I, n. 8.2

– contra-ordenacional das pessoas colectivas públicas – PI, n.11; PII, art. 2.º, nota III;

– contratual e extracontratual – P I; n. 13.

– contravencional (diplomas de 1958 e 1965) – P I, n.º 1.1

– coordenadores de segurança – P I, n. 3.2; n. 4; n. 8.2; n. 15.1

– criminal – P I, n.º 2; n.º 3.3.

– critério de imputação às pessoas colectivas – P I, n. 8.1

– disciplinar por contra-ordenações dos titulares de pessoas públicas – P I, n.11.

– em cadeia dos diversos intervenientes – P II, art. 19.º, nota IV

– outros intervenientes – P I, n.º 3.2; n. 15.4; P II, art. 10.º

– pessoas colectivas – P I, n. 8.

– por actuação em nome de outrem – P I, n.º 2;

– solidária – P I, n. 10

– solidária pela própria infracção – P I, n. 15.5.

– solidária pelo pagamento da coima pelo contratante – P I, n.10.2

– solidária pelo pagamento da coima pelos gerentes, administradores, – P I, n. 10.4

– solidária no trabalho de estrangeiros – P I, n. 10.3

– técnicos responsáveis das obras – P I, n.º 1.1

– trabalhadores subordinados – P I, n. 3.4; 4

Responsável pela direcção técnica da obra – P I, n.º 1.1; P II, art. 3.º/d

Riscos

– definição – P II, art. 7.º, nota I

– efectivos – P I, n. 5; 7.2

– especiais – P II, art. 7.º, nota III; 25.º/4 e nota IV

– potenciais – P I, n. 5; 7.3

Salário – apuramento salarial – título executivo – P I, n. 10.3

Sanções acessórias – P I, n. 10.3 e nota de rodapé.

Segurança, Higiene e Saúde no Trabalho (SHST)

– evolução histórica – P I, n.º1;

– no Dec-Lei n.º 155/95 – P I, n.º 1.2

– violação dos deveres pelas empresas – P II, art. 3.º, nota VII.

Sinistralidade

– causas – P I, n.º 1

– mortal (estatísticas) – P I, n.º 1, nota de rodapé n. 4.

Solidariedade (ver também Responsabilidade solidária)

– pelo pagamento da coima do contratante – P I, n. 10.2; 15.3

– pelo pagamento da coima pelos gerentes, administradores – P I, n. 10.4

– pela própria contra-ordenação – P I, n.10.3

Soterramento (vd. Riscos)

Subcontratação – P I, n. 15.3

Subempreitada – P I, n. 15.3

Subempreiteiro

– conservação de registos – P II, art. 21.º/4

– comunicação dos registos ao executante – P II, art. 21.º/3

– definição -P II, art. 3.º/n, nota III;

– registo – P II, art. 21.º/2

– sub-subempreiteiros – P I, 15.3; P II, art. 12.º; nota III; art. 22.º, nota I.

Sujeitos de contra-ordenações no DL 273/ /2003 – P I, n. 3.1:

314 Responsabilidade pela segurança na construção civil e obras públicas

Suspensão dos trabalhos – P I, n.5; 15.2
Técnico responsável (ver Responsabilidade)
– da obra – P I, n.º 3.2
Trabalhador independente
– contra-ordenações – P II, arts. 25.º/3/e e 26.º/e
– definição – P II, art. 3.º/o, nota III; art. 23.º, nota I
– obrigações – P II, art. 23.º
– por quem pode ser contratado – P II, nota II ao art. 24.º

– registo – P II, art. 21.º/2
Trabalhadores subordinados
– critério de imputação da responsabilidade às empresas – P I, n. 8.1
– responsabilidade – P I, n. 3.4; n.4
Unidade e pluralidade de infracções – P I, n. 6.1
Urbanização e edificação
– regime jurídico – P II, art. 5.º, nota III

Violação de prescrições técnicas art. 29.º- Jurisp.

BIBLIOGRAFIA

Autores Vários – Livro Branco dos Serviços de Prevenção das Empresas, edição do IDICT, 1999.

Aurélio, José Alexandrino – Segurança, Higiene e Saúde na Construção Civil – Vislis Editores, 2003

Beleza, Teresa Pizarro – A Estrutura da Autoria nos Crimes de Violação de Dever, Titularidade versus Domínio do Facto?, RPCC 2 (1992).

Brito, Cláudia – "Uma questão prática do contrato de subempreitada: A acção directa e suas implicações" *in* Maia Jurídica, Ano II, N.º 1 – Jan/Jun 2004, pp. 3 a 20

Cabral, Fernando A. e Manuel M. Roxo – Segurança e Saúde do Trabalho – Almedina, 3.ª edição, 2004
  – Construção Civil e Obras Públicas (colaboração técnica de José Manuel santos, Aurélio Paulino Pereira, João Fraga de Oliveira, Germano Rodrigues) – Edição do IDICT-1996.

Caetano, Marcello, Manual de Direito Administrativo, Vol. I, 10.ª edição, (reimpressão) e Vol. II, 9.ª edição(reimpressão), Coimbra, 1980.

Carvalho, Taipa de – *Comentário Conimbricense ao Código Penal*, AA. VV. T. I.

Coimbra, A. Dias – *Empresas exteriores e condições de higiene e segurança: o dever de cooperação*, Questões Laborais, n.º 8, 1996.

Cordeiro Menezes, *A Isenção do horário de trabalho*, Coimbra, Almedina, 2001.

Correia, Eduardo – Direito Criminal, Almedina, Coimbra 1971, Vol. I e II.

Costa, Adalberto – Contra-Ordenações Laborais, Regime Jurídico Anotado, edição da Vislis, 2002.

Costa, Joaquim Pedro Formigal Cardoso da – *O Recurso para os Tribunais Judiciais da Aplicação de Coimas pelas Autoridades Administrativas*, Ciência e Técnica Fiscal, n.º 366.

Dias, L.M. Alves – *Segurança no Trabalho da Construção, Que Perspectivas*? – Revista *Segurança*, pp.29 a 34.

Dias, Jorge de Figueiredo – *Para uma dogmática do direito penal secundário* – Revista Direito e Justiça, vol. IV, 1998/1999, pp. 7 a 57.

Faria, Paula Ribeiro de-*Comentário Conimbricense ao Código Penal*, AA.VV. T. II.

Fernandes, António de Lemos Monteiro – Direito do Trabalho, Almedina, 11.ª edição, 2000.

Fernandes, F. Liberal "Aspectos da interferência do direito social comunitário no direito laboral português" – Estudos em comemoração dos cinco anos (1995-2000) da Faculdade de Direito da Universidade do Porto – Coimbra Editora, 2001

316 *Responsabilidade pela segurança na construção civil e obras públicas*

Ferreira. Alberto Leite – Código de Processo de Trabalho anotado, 1972, Coimbra Editora, Ld.ª, 2.ª edição.

IDICT. Livro Branco dos Serviços de Prevenção das Empresas, edição do IDICT, 1999

IGT – Relatório Anual de Actividades dos anos de 2001, 2002 e 2003.

Leite, Jorge – sentença anotada do Tribunal Colectivo de Coimbra de 5/6/97, publicada em *Questões Laborais,* 1998, n.º 11.

– Observatório legislativo – Questões Laborais, n.º 8, ano de 1996, pp. 197 e ss..

Machado, Miguel Pedrosa – Elemento para o Estudo da Legislação Portuguesa sobre Contr-Ordenação – Scientia Jurídica (1986) pp. 59-134.

Machado, Luís Fontes – Construção Civil (manual de segurança no estaleiro), Lisboa, 1996, edição da AECOPS

Martinez, Pedro Romano – Responsabilidade civil em direito do trabalho, texto apresentado no seminário de Direito do Trabalho realizado na FDUC em 30/31 de Janeiro de 2003.

Miguel, Alberto Sérgio S R – Manual de Higiene e Segurança do Trabalho – Porto Editora, S/D

Pereira, António Beça – Contra-Ordenações laborais. Breves reflexões quanto ao seu âmbito e sujeitos – Questões Laborais, Ano VIII – 2001, n.º 18, pp. 142 a 154.

PGR: Parecer n.º 102/89, DR, 2.ªs., n.º 55, de 07/03/91, p. 2684 e ss.

PGR: Parecer no Proc. 10/94, DR, 2.ªs., n.º 99, de 28/04/95, p. 4576 e ss.

Pinto, Frederico Lacerda da Costa, *"O Ilícito de Mera Ordenação Social e a Erosão do Princípio da Subsidiariedade da Intervenção Penal"* in RPCC, 7, 1997.

Pinto, Paulo Mota – Voto de vencido no Acórdão do Tribunal Constitucional n.º 576/99, publicado no DR, 2.ªs., n.º 43, de 21/02/2000

Pires de Lima e Antunes Varela – Noções Fundamentais de Direito Civil, 4.ªed. 1.º V.

Ribeiro, João Soares – A responsabilidade solidária no Código do Trabalho", in Prontuário do Direito do Trabalho, n.º 67, p. 87 e ss.

Serra, Teresa *"Contra-Ordenações: Responsabilidade de Entidades Colectivas,* RPCC 9 (1999).

Silva, Jorge Andrade – Regime Jurídico da Empreitada de Obras Públicas – 9.ª edição, Almedina, 2003

Triunfante, Armando – Responsabilidade Civil das Concessionárias das Auto-Estradas, *in* Direito e Justiça (2001); vol. XV, T.I, pp. 45 e ss..

Varela, Antunes – *Direito das Obrigações (edição policopiada),* Coimbra, 1969.

Vieira, Iva Carla e Maria Manuel Busto — Manual Jurídico da Empresa — Ecla Editora, 1990.

ÍNDICE GERAL

Pág.

PARTE I – Evolução histórica. Princípios e ideias gerais 9

1. Introdução 11
   - 1.1. A responsabilidade contravencional nos diplomas de 1958 e 1965. 13
   - 1.2. O enquadramento legal da segurança no Dec-Lei n.º 155/95 14
2. Os responsáveis contra-ordenacionais pela segurança na construção civil e obras públicas no âmbito do Dec-Lei n.º 155/95 16
3. Os responsáveis contra-ordenacionais pela segurança na construção civil e obras públicas no âmbito do Decreto-Lei n.º 273/2003 22
   - 3.1. Os sujeitos no Dec-Lei n.º 273/2003 22
   - 3.2. O desaparecimento da referência sobre responsabilidade do técnico responsável da obra 23
   - 3.3. As obrigações do dono da obra 26
   - 3.4. A responsabilidade dos trabalhadores subordinados 28
     - 3.4.1. A questão até à entrada em vigor do Código 28
     - 3.4.2. A questão após a entrada em vigor do Código 33
4. A responsabilidade dos coordenadores de segurança 34
5. A suspensão dos trabalhos. medida de polícia 38
6. A questão das prescrições mínimas da Portaria e das normas técnicas do Regulamento 43
   - 6.1. A unidade e pluralidade de infracções 45
   - 6.2. A determinação da moldura da coima pelo número de trabalhadores 50
   - 6.3. As "infracções em massa" 52
   - 6.4. A "pluralidade de infracções" no Código do Trabalho 53
7. Os crimes de infracção de regras de segurança e de regras de construção 56
   - 7.1. Infracção de regras de segurança 56
   - 7.2. Infracção de regras de construção 58
   - 7.3. A actuação da IGT perante indícios de infracção sobre segurança 62
8. O critério de imputação da responsabilidade às pessoas colectivas 64
   - 8.1. A (in)imputação de responsabilidade à entidade empregadora por alteração da norma sobre os sujeitos 68
   - 8.2. O especial critério de imputação ao dono da obra no âmbito da segurança nos estaleiros móveis 71
9. A comparticipação 74
   - 9.1. Os deveres de cooperação e coordenação 76
   - 9.2. A comparticipação resultante da lei 78

318 *Responsabilidade pela segurança na construção civil e obras públicas*

10. A responsabilidade solidária 81
    10.1. A responsabilidade solidária natural 81
    10.2. A responsabilidade solidária do empreiteiro no regime do Código 82
    10.3. A responsabilidade solidária no trabalho de estrangeiros ilegais 85
    10.4. A responsabilidade solidária dos gerentes, directores e administradores 90
11. A fiscalização da legislação de SHST e aplicação de coimas à Administração
    Pública 93
12. Aplicação de coimas a empresas estrangeiras não domiciliadas em Portugal ... 101
13. A responsabilidade civil pelos acidentes de trabalho 102
14. Principais alterações ao regime da segurança na construção civil resultantes da
    substituição do Dec-Lei 155/95, pelo Dec-Lei 273/2003 94
    14.1. Entidade executante 107
    14.2. Plano de segurança e saúde 107
    14.3. Identificação dos coordenadores de segurança 108
    14.4. Fichas de procedimentos de segurança 109
    14.5. Registo de subempreiteiros e trabalhadores independentes 109
    14.6. Escolha de executante principal 109
    14.7. Comunicação de abertura do estaleiro 110
    14.8. Responsabilidade do dono da obra pelas obrigações dos coordenadores 110
    14.9. Violação das prescrições técnicas 112
15. Debilidades do regime do Dec-Lei 273/2003 112
    15.1. A não consagração da responsabilidade contra-ordenacional do coor-
        denador de segurança 113
    15.2. A falta de referência à competência da IGT para suspender os trabalhos 114
    15.3. O dever de cooperação nas situações em que várias empresas laboram
        no mesmo local, a comparticipação, a subcontratação e a solidariedade 115
    15.4. A imputação da responsabilidade contra-ordenacional às diversas enti-
        dades intervenientes nos estaleiros 119
    15.5. A falta de regulamentação da responsabilidade contra-ordenacional dos
        consórcios e dos agrupamentos complementares de empresas 120

**PARTE II. Regime Jurídico da Coordenação de Segurança da Construção
    Civil e Obras Públicas** 125

Decreto-Lei n.º 273/2003, de 29 de Outubro 127
Artigo 1.º Objecto 132
Artigo 2.º Âmbito 135
Artigo 3.º Definições 138
Artigo 4.º Princípios gerais do projecto da obra 147
Artigo 5.º Planificação da segurança e saúde no trabalho 150
Artigo 6.º Plano de segurança e saúde em projecto 152
Artigo 7.º Riscos especiais 156
Artigo 8.º Obras públicas e obras abrangidas pelo regime jurídico da urbanização
    e edificação 158
Artigo 9.º Coordenadores de segurança 160
Artigo 10.º Responsabilidade dos outros intervenientes 164

Índice Geral

Artigo 11.º Desenvolvimento do plano de segurança e saúde para a execução da obra 164
Artigo 12.º Aprovação do plano de segurança e saúde para a execução da obra 167
Artigo 13.º Aplicação do plano de segurança e saúde para a execução da obra 169
Artigo 14.º Fichas de procedimentos de segurança 171
Artigo 15.º Comunicação prévia de abertura do estaleiro 173
Artigo 16.º Compilação técnica da obra 176
Artigo 17.º Obrigações do dono da obra 178
Artigo 18.º Obrigações do autor do projecto 180
Artigo 19.º Obrigações dos coordenadores de segurança 181
Artigo 20.º Obrigações da entidade executante 185
Artigo 21.º Registo de subempreiteiros e trabalhadores independentes 188
Artigo 22.º Obrigações dos empregadores 190
Artigo 23.º Obrigações dos trabalhadores independentes 193
Artigo 24.º Acidentes graves e mortais 194
Artigo 25.º Contra-ordenações muito graves 197
Artigo 26.º Contra-ordenações graves 200
Artigo 27.º Contra-ordenações leves 202
Artigo 28.º Critérios de determinação do valor das coimas 202
Artigo 28.º-A. Regiões Autónomas 205
Artigo 29.º Regulamentação em vigor 205
Artigo 30.º Revogação 207
Artigo 31.º Entrada em vigor 208
Anexo I 208
Anexo II 209
Anexo III 210

PARTE III. **Legislação de SHST (avulsa. por ordem cronológica)** 211

Decreto-Lei n.º 41820 213
Decreto n.º 41821 219
Decreto n.º 46427 255
Regulamento das Instalações provisórias destinadas ao pessoal empregado nas obras 257
Directiva n.º 92/57/CEE 275
Portaria n.º 101/96 287
Índice de diplomas de SHST 299
Índice Temático 309
Bibliografia 315
Índice Geral 317